建筑施工技术人员上岗必修课系列

质量员上岗必修课

主 编 李 燕

参 编 李吉桢 李 委 谢 荣
　　　 周 帆 杨 毅

机械工业出版社

本书以建筑工程领域国家法律、法规、标准、规范、合同为依据，本着现场适用的原则，以现场实际操作为主线，结合编者多年的现场实际经验，对现场质量员的各项工作做以总结和归纳。

全书共分为四个部分。第一部分为质量员应知应会知识。第二部分为土建工程质量控制，属于现场质量检查、验收的依据。第三部分为安装及节能工程质量控制，属于现场质量检查、验收的依据。第四部分为质量管理理论知识，属于管理理论基础。

本书适合现场质量员阅读，同时适合在校的大学生以及工作在现场的施工人员、监理人员、业主等相关质量控制人员阅读。

图书在版编目（CIP）数据

质量员上岗必修课/李燕主编. —北京：机械工业出版社，2018.2
（建筑施工技术人员上岗必修课系列）
ISBN 978-7-111-59008-8

Ⅰ.①质… Ⅱ.①李… Ⅲ.①建筑工程－工程质量－质量管理－岗位培训－教材 Ⅳ.①TU712

中国版本图书馆 CIP 数据核字（2018）第 014079 号

机械工业出版社（北京市百万庄大街 22 号 邮政编码 100037）
策划编辑：闫云霞 责任编辑：闫云霞 王乃娟
封面设计：鞠 杨 责任校对：佟瑞鑫 郑 婕
责任印制：张 博
河北鑫兆源印刷有限公司印刷
2018 年 2 月第 1 版第 1 次印刷
184mm×260mm · 14.25 印张 · 343 千字
标准书号：ISBN 978-7-111-59008-8
定价：45.00 元

前　言

　　本书以建筑工程领域新国家法律、法规、标准、规范、合同为依据，本着现场适用的原则，以现场实际操作为主线，结合编者多年的现场实际经验，对现场质量员的各项工作做以总结和归纳。

　　本书编者均在建筑工程领域工作多年，具有丰富的现场实际工作经验。

　　主编也在建筑工程领域工作了三十多年，一直工作在施工现场第一线，从技术员、施工员、工程师，到走向领导岗位的建筑公司副经理，南下做监理工程师、总监、监理公司技术负责人、施工单位总工、业主现场主管等职位，接触最多的就是现场的质量控制。我一直想把涉及质量的一些内容集结成书出版，感谢机械工业出版社让我与几位编者把质量员这本书能够呈现给读者。

　　本书是根据编者现场多年对质量控制的经验，系统编写建筑工程实际工作中涉及的质量方面的内容，是现场质量员应知、应会、应了解的内容，是质量员现场必备的一本质量管理知识性教程。适合现场质量员阅读，同时适合在校的大学生以及工作在现场的施工人员、监理人员、业主等相关质量控制人员阅读。

编　者

目　　录

第三部分　安装及节能工程质量控制

第四部分　质量管理理论知识

第一部分　质量员应知应会知识

第一课　施工单位的质量责任和义务

一、施工单位的质量责任和义务

1. 施工单位应当依法取得相应等级的资质证书，并在其资质等级许可的范围内承揽工程。

禁止施工单位超越本单位资质等级许可的业务范围或者以其他施工单位的名义承揽工程。禁止施工单位允许其他单位或者个人以本单位的名义承揽工程。

施工单位不得转包或者违法分包工程。

2. 施工单位对建设工程的施工质量负责。

施工单位应当建立质量责任制，确定工程项目的项目经理、技术负责人和施工管理负责人。

建设工程实行总承包的，总承包单位应当对全部建设工程质量负责；建设工程勘察、设计、施工、设备采购的一项或者多项实行总承包的，总承包单位应当对其承包的建设工程或者采购的设备的质量负责。

3. 总承包单位依法将建设工程分包给其他单位的，分包单位应当按照分包合同的约定对其分包工程的质量向总承包单位负责，总承包单位与分包单位对分包工程的质量承担连带责任。

4. 施工单位必须按照工程设计图纸和施工技术标准施工，不得擅自修改工程设计，不得偷工减料。

施工单位在施工过程中发现设计文件和图纸有差错的，应当及时提出意见和建议。

5. 施工单位必须按照工程设计要求、施工技术标准和合同约定，对建筑材料、建筑构配件、设备和商品混凝土进行检验，检验应当有书面记录和专人签字；未经检验或者检验不合格的，不得使用。

6. 施工单位必须建立、健全施工质量的检验制度，严格工序管理，作好隐蔽工程的质量检查和记录。隐蔽工程在隐蔽前，施工单位应当通知建设单位和建设工程质量监督机构。

7. 施工人员对涉及结构安全的试块、试件以及有关材料，应当在建设单位或者工程监理单位监督下现场取样，并送具有相应资质等级的质量检测单位进行检测。

8. 施工单位对施工中出现质量问题的建设工程或者竣工验收不合格的建设工程，应当负责返修。

9. 施工单位应当建立、健全教育培训制度，加强对职工的教育培训；未经教育培训或者考核不合格的人员，不得上岗作业。

二、建设工程保修期限

1. 建设工程实行质量保修制度。

建设工程承包单位在向建设单位提交工程竣工验收报告时，应当向建设单位出具质量保修书。质量保修书中应当明确建设工程的保修范围、保修期限和保修责任等。

2. 在正常使用条件下，建设工程的最低保修期限为：

（1）基础设施工程、房屋建筑的地基基础工程和主体结构工程，为设计文件规定的该工程的合理使用年限；

（2）屋面防水工程、有防水要求的卫生间、房间和外墙面的防渗漏，为 5 年；

（3）供热与供冷系统，为 2 个采暖期、供冷期；

（4）电气管线、给排水管道、设备安装和装修工程，为 2 年。

其他项目的保修期限由发包方与承包方约定。

建设工程的保修期，自竣工验收合格之日起计算。

3. 建设工程在保修范围和保修期限内发生质量问题的，施工单位应当履行保修义务，并对造成的损失承担赔偿责任。

4. 建设工程在超过合理使用年限后需要继续使用的，产权所有人应当委托具有相应资质等级的勘察、设计单位鉴定，并根据鉴定结果采取加固、维修等措施，重新界定使用期。

三、质量事故

1. 建设工程发生质量事故，有关单位应当在 24 小时内向当地建设行政主管部门和其他有关部门报告。对重大质量事故，事故发生地的建设行政主管部门和其他有关部门应当按照事故类别和等级向当地人民政府和上级建设行政主管部门和其他有关部门报告。

特别重大质量事故的调查程序按照国务院有关规定办理。

2. 任何单位和个人对建设工程的质量事故、质量缺陷都有权检举、控告、投诉。

四、罚则

1. 违反规定，施工单位在施工中偷工减料的，使用不合格的建筑材料、建筑构配件和设备的，或者有不按照工程设计图纸或者施工技术标准施工的其他行为的，责令改正，处工程合同价款 2% 以上 4% 以下的罚款；造成建设工程质量不符合规定的质量标准的，负责返工、修理，并赔偿因此造成的损失；情节严重的，责令停业整顿，降低资质等级或者吊销资质证书。

2. 违反规定，施工单位未对建筑材料、建筑构配件、设备和商品混凝土进行检验，或者未对涉及结构安全的试块、试件以及有关材料取样检测的，责令改正，处 10 万元以上 20 万元以下的罚款；情节严重的，责令停业整顿，降低资质等级或者吊销资质证书；造成损失的，依法承担赔偿责任。

3. 违反规定，施工单位不履行保修义务或者拖延履行保修义务的，责令改正，处 10 万元以上 20 万元以下的罚款，并对在保修期内因质量缺陷造成的损失承担赔偿责任。

4. 工程监理单位与被监理工程的施工承包单位以及建筑材料、建筑构配件和设备供应单位有隶属关系或者其他利害关系承担该项建设工程的监理业务的，责令改正，处 5 万元以上 10 万元以下的罚款，降低资质等级或者吊销资质证书；有违法所得的，予以没收。

5. 违反本条例规定，涉及建筑主体或者承重结构变动的装修工程，没有设计方案擅自施工的，责令改正，处 50 万元以上 100 万元以下的罚款；房屋建筑使用者在装修过程中擅自变动房屋建筑主体和承重结构的，责令改正，处 5 万元以上 10 万元以下的罚款。

有前款所列行为，造成损失的，依法承担赔偿责任。

6. 发生重大工程质量事故隐瞒不报、谎报或者拖延报告期限的，对直接负责的主管人员和其他责任人员依法给予行政处分。

第二课 工程术语与质量验收基本规定

一、工程术语（见表 1-1）

表 1-1 工程术语

序 号	名 称	术 语 解 释
1	建筑工程	通过对各类房屋建筑及其附属设施的建造和与其配套线路、管道、设备等的安装所形成的工程实体
2	检验	对被检验项目的特征、性能进行量测、检查、试验等，并将结果与标准规定的要求进行比较，以确定项目每项性能是否合格的活动
3	进场检验	对进入施工现场的建筑材料、构配件、设备及器具，按相关标准的要求进行检验，并对其质量、规格及型号等是否符合要求做出确认的活动
4	见证检验	施工单位在工程监理单位或建设单位的见证下，按照有关规定从施工现场随机抽取试样，送至具备相应资质的检测机构进行检验的活动
5	复验	建筑材料、设备等进入施工现场后，在外观质量检查和质量证明文件核查符合要求的基础上，按照有关规定从施工现场抽取试样送至试验室进行检验的活动
6	检验批	按相同的生产条件或按规定的方式汇总起来供抽样检验用的，由一定数量样本组成的检验体
7	验收	建筑工程质量在施工单位自行检查合格的基础上，由工程质量验收责任方组织，工程建设相关单位参加，对检验批、分项、分部、单位工程及其隐蔽工程的质量进行抽样检验，对技术文件进行审核，并根据设计文件和相关标准以书面形式对工程质量是否达到合格做出确认
8	主控项目	建筑工程中对安全、节能、环境保护和主要使用功能起决定性作用的检验项目
9	一般项目	除主控项目以外的检验项目
10	抽样方案	根据检验项目的特性所确定的抽样数量和方法
11	计数检验	通过确定抽样样本中不合格的个体数量，对样本总体质量做出判定的检验方法
12	计量检验	以抽样样本的检测数据计算总体均值、特征值或推定值，并以此判断或评估总体质量的检验方法

（续）

序　号	名　　称	术　语　解　释
13	错判概率	合格批被判为不合格批的概率，即合格批被拒收的概率，用 α 表示
14	漏判概率	不合格批被判为合格批的概率，即不合格批被误收的概率，用 β 表示
15	观感质量	通过观察和必要的测试所反映的工程外在质量和功能状态
16	返修	对施工质量不符合标准规定的部位采取的整修等措施
17	返工	对施工质量不符合标准规定的部位采取的更换、重新制作、重新施工等措施

二、质量验收基本规定

1. 施工现场应具有健全的质量管理体系、相应的施工技术标准、施工质量检验制度和综合施工质量水平评定考核制度。施工现场质量管理可按《施工现场质量管理检查记录》的要求进行检查记录。

2. 施工现场质量管理检查记录表（见表1-2）

表1-2　施工现场质量管理检查记录

工程名称			施工许可证号		
建设单位			项目负责人		
设计单位			项目负责人		
监理单位			总监理工程师		
施工单位		项目负责人		项目技术负责人	
序　号	项　　目		主　要　内　容		
1	项目部质量管理体系				
2	现场质量责任制				
3	主要专业工种操作岗位证书				
4	分包单位管理制度				
5	图纸会审记录				
6	地质勘察资料				
7	施工技术标准				
8	施工组织设计、施工方案编制及审批				
9	物资采购管理制度				
10	施工设施和机械设备管理制度				
11	计量设备配备				
12	检测试验管理制度				
13	工程质量检查验收制度				
自检结果：			检查结论：		
施工单位项目负责人： 　　　　　年 月 日			总监理工程师： 　　　　　年 月 日		

3. 建筑工程施工质量控制应符合下列规定：

（1）建筑工程采用的主要材料、半成品、成品、建筑构配件、器具和设备应进行进场检验。

凡涉及安全、节能、环境保护和主要使用功能的重要材料、产品，应按各专业工程施工规范、验收规范和设计文件等规定进行复验，并应经监理工程师检查认可。

（2）各施工工序应按施工技术标准进行质量控制，每道施工工序完成后，经施工单位自检符合规定后，才能进行下道工序施工。各专业工种之间的相关工序应进行交接检验，并应记录。

（3）对于监理单位提出检查要求的重要工序，应经监理工程师检查认可，才能进行下道工序施工。

4. 符合下列条件之一时，可按相关专业验收规范的规定适当调整抽样复验、试验数量，调整后的抽样复验、试验方案应由施工单位编制，并报监理单位审核确认。

（1）同一项目中由相同施工单位施工的多个单位工程，使用同一生产厂家的同品种、同规格、同批次的材料、构配件、设备。

（2）同一施工单位在现场加工的成品、半成品、构配件用于同一项目中的多个单位工程。

（3）在同一项目中，针对同一抽样对象已有的检验成果可以重复利用。

5. 当专业验收规范对工程中的验收项目未作出相应规定时，应由建设单位组织监理、设计、施工等相关单位制定专项验收要求。涉及安全、节能、环境保护等项目的专项验收要求应由建设单位组织专家论证。

6. 建筑工程施工质量应按下列要求进行验收：

（1）工程质量验收均应在施工单位自检合格的基础上进行；

（2）参加工程施工质量验收的各方人员应具备相应的资格；

（3）检验批的质量应按主控项目和一般项目验收；

（4）对涉及结构安全、节能、环境保护和主要使用功能的试块、试件及材料，应在进场时或施工中按规定进行见证检验；

（5）隐蔽工程在隐蔽前应由施工单位通知监理单位进行验收，并应形成验收文件，验收合格后方可继续施工；

（6）对涉及结构安全、节能、环境保护和使用功能的重要分部工程，应在验收前按规定进行抽样检验；

（7）工程的观感质量应由验收人员现场检查，并应共同确认。

7. 建筑工程施工质量验收合格应符合下列规定：

（1）符合工程勘察、设计文件的要求；

（2）符合本标准和相关专业验收规范的规定。

8. 检验批的质量检验，可根据检验项目的特点在下列抽样方案中选取：

（1）计量、计数或计量—计数的抽样方案；

（2）一次、二次或多次抽样方案；

（3）对重要的检验项目，当有简易快速的检验方法时，选用全数检验方案；

（4）根据生产连续性和生产控制稳定性情况，采用调整型抽样方案；

（5）经实践证明有效的抽样方案。

9. 检验批抽样样本应随机抽取，满足分布均匀、具有代表性的要求，抽样数量应符合有关专业验收规范的规定。当采用计数抽样时，最小抽样数量应符合表1-3要求。

表1-3 检验批抽样样本数量要求

检验批的容量	最小抽样数量	检验批的容量	最小抽样数量
2~15	2	151~280	13
16~25	3	281~500	20
26~90	5	501~120	32
91~150	8	1201~3200	50

明显不合格的个体可不纳入检验批，但应进行处理，使其满足有关专业验收规范的规定，对处理的情况应予以记录并重新验收。

10. 计量抽样的错判概率 α 和漏判概率 β 可按下列规定采取：

（1）主控项目：对应于合格质量水平的 α 和 β 均不宜超过5%。

（2）一般项目：对应于合格质量的 α 不宜超过5%，β 不宜超过10%。

第三课 建筑工程质量验收的划分

1. 工程质量验收划分的原则（见表1-4）

表1-4 工程质量验收划分的原则

序 号	名 称	内 容
1	划分	单位工程、分部工程、分项工程
2	单位工程划分原则	具备独立施工条件并能形成独立使用功能的建筑物或构筑物为一个单位工程 对于规模较大的单位工程，可将其能形成独立使用功能的部分划分为一个子单位工程
3	分部工程划分原则	可按专业性质、工程部位确定 当分部工程较大或较复杂时，可按材料种类、施工特点、施工程序、专业系统及类别将分部工程划分为若干子分部工程
4	分项工程划分	按主要工种、材料、施工工艺、设备类别进行划分
5	检验批划分	可根据施工、质量控制和专业验收的需要，按工程量、楼层、施工段、变形缝进行划分

2. 建筑工程的分部工程、分项工程的具体划分（见表1-5）

表1-5　建筑工程的分部工程、分项工程划分

序号	分部工程	子分部工程	分 项 工 程
1	地基与基础	地基	素土、灰土地基，砂和砂石地基，土工合成材料地基，粉煤灰地基，强夯地基，注浆地基，预压地基，砂石桩复合地基，高压旋喷注浆地基，水泥土搅拌桩地基，土和灰土挤密桩复合地基，水泥粉煤灰碎石桩复合地基，夯实水泥土桩复合地基
		基础	无筋扩展基础，钢筋混凝土扩展基础，筏形与箱形基础，钢结构基础，钢管混凝土结构基础，型钢混凝土结构基础，钢筋混凝土预制桩基础，泥浆护壁成孔灌注桩基础，干作业成孔桩基础，长螺旋钻孔压灌桩基础，沉管灌注桩基础，钢桩基础，锚杆静压桩基础，岩石锚杆基础，沉井与沉箱基础
		基坑支护	灌注桩排桩围护墙，板桩围护墙，咬合桩围护墙，型钢水泥土搅拌墙，土钉墙，地下连续墙，水泥土重力式挡墙，内支撑，锚杆，与主体结构相结合的基坑支护
		地下水控制	降水与排水，回灌
		土方	土方开挖，土方回填，场地平整
		边坡	喷锚支护，挡土墙，边坡开挖
		地下防水	主体结构防水，细部构造防水，特殊施工法结构防水，排水，注浆
2	主体结构	混凝土结构	模板，钢筋，混凝土，预应力，现浇结构，装配式结构
		砌体结构	砖砌体，混凝土小型空心砌块砌体，石砌体，配筋砌体，填充墙砌体
		钢结构	钢结构焊接，紧固件连接，钢零部件加工，钢构件组装及预拼装，单层钢结构安装，多层及高层钢结构安装，钢管结构安装，预应力钢索和膜结构，压型金属板，防腐涂料涂装，防火涂料涂装
		钢管混凝土结构	构件现场拼装，构件安装，钢管焊接，构件连接，钢管内钢筋骨架，混凝土
		型钢混凝土	构件现场拼装，构件安装，钢管焊接，构件连接，钢管内钢筋骨架，混凝土
		铝合金结构	铝合金焊接，紧固件连接，铝合金零部件加工，铝合金构件组装，铝合金构件预拼装，铝合金框架结构安装，铝合金空间网格结构安装，铝合金面板，铝合金幕墙结构安装，防腐处理
		木结构	方木与原木结构，胶合木结构，轻型木结构，木结构的防护
3	建筑装饰装修	建筑地面	基层铺设，整体面层铺设，板块面层铺设，木、竹面层铺设
		抹灰	一般抹灰，保温层薄抹灰，装饰抹灰，清水砌体勾缝
		外墙防水	外墙砂浆防水，涂膜防水，透气膜防水
		门窗	木门窗安装，金属门窗安装，塑料门窗安装，特种门安装，门窗玻璃安装
		吊顶	整体面层吊顶，板块面层吊顶，格栅吊顶
		轻质隔墙	板材隔墙，骨架隔墙，活动隔墙，玻璃隔墙
		饰面板	石板安装，陶瓷板安装，木板安装，金属板安装，塑料板安装
		饰面砖	外墙饰面砖粘贴，内墙饰面砖粘贴
		幕墙	玻璃幕墙安装，金属幕墙安装，石材幕墙安装，陶板幕墙安装
		涂饰	水性涂料涂饰，溶剂型涂料涂饰，美术涂饰
		裱糊与软包	裱糊，软包
		细部	橱柜制作与安装，窗帘盒和窗台板制作与安装，门窗套制作与安装，护栏和扶手制作与安装，花饰制作与安装

（续）

序号	分部工程	子分部工程	分 项 工 程
4	屋面	基层与保护	找坡层和找平层，隔汽层，隔离层，保护层
		保温与隔热	板状材料保温层，纤维材料保温层，喷涂硬泡聚氨酯保温层，现浇泡沫混凝土保温层，种植隔热层，架空隔热层，蓄水隔热层
		防水与密封	卷材防水层，涂膜防水层，复合防水层，接缝密封防水
		瓦面与板面	烧结瓦和混凝土瓦铺装，沥青瓦铺装，金属板铺装，玻璃采光顶铺装
		细部构造	檐口，檐沟和天沟，女儿墙和山墙，水落口，变形缝，伸出屋面管道，屋面出入口，反梁过水孔，设施基座，屋脊，屋顶窗
5	建筑给水排水及供暖	室内给水系统	给水管道及配件安装，给水设备安装，室内消火栓系统安装，消防喷淋系统安装，防腐，绝热，管道冲洗、消毒，试验与调试
		室内排水系统	排水管道及配件安装，雨水管道及配件安装，防腐，试验与调试
		室内热水系统	管道及配件安装，辅助设备安装，防腐，绝热，试验与调试
		卫生器具	卫生器具安装，卫生器具给水配件安装，卫生器具排水管道安装，试验与调试
		室内供暖系统	管道及配件安装，辅助设备安装，散热器安装，低温热水地板辐射供暖系统安装，电加热供暖系统安装，燃气红外辐射供暖系统安装，试验与调试，防腐，绝热
		室外给水管网	给水管道安装，室外消火栓系统安装，试验与调试
		室外排水管网	排水管道安装，排水管沟与井池，试验与调试
		室外供热管网	管道及配件安装，系统水压试验，土建结构，防腐，绝热，试验与调试
		建筑饮用水供应系统	管道及配件安装，水处理设备及控制设施安装，防腐，绝热，试验与调试
		建筑中水系统及雨水利用系统	建筑中水系统、雨水利用系统管道及配件安装，水处理设备及控制设施安装，防腐，绝热试验与调试
		游泳池及公共浴池水系统	管道及配件系统安装，水处理设备及控制设施安装，防腐，绝热，试验与调试
		水景喷泉系统	管道系统及配件安装，防腐，绝热，试验与调试
		热源及辅助设备	锅炉安装，辅助设备及管道安装，安全附件安装，换热站安装，防腐，绝热，试验与调试
		监测与控制仪表	检测仪器及仪表安装，试验与调试
6	通风与空调	送风系统	风管与配件制作，部件制作，风管系统安装，风机与空气处理设备安装，风管与设备防腐，旋流风口、岗位送风口、织物（布）风管安装，系统调试
		排风系统	风管与配件制作，部件制作，风管系统安装，风机与空气处理设备安装，风管与设备防腐，吸风罩及其他空气处理设备安装，厨房、卫生间排风系统安装，系统调试
		防排烟系统	风管与配件制作，部件制作，风管系统安装，风机与空气处理设备安装，风管与设备防腐，排烟风阀（口）、常闭正压风口、防火风管安装，系统调试

（续）

序号	分部工程	子分部工程	分项工程
6	通风与空调	除尘系统	风管与配件制作，部件制作，风管系统安装，风机与空气处理设备安装，风管与设备防腐，除尘器与排污设备安装，吸尘罩安装，高温风管绝热，系统调试
		舒适性空调系统	风管与配件制作，部件制作，风管系统安装，风机与空气处理设备安装，风管与设备防腐，组合式空调机组安装，消声器、静电除尘器、换热器、紫外线灭菌器等设备安装，风机盘管、变风量与定风量送风装置、射流喷口等末端设备安装，风管与设备绝热，系统调试
		恒温恒湿空调系统	风管与配件制作，部件制作，风管系统安装，风机与空气处理设备安装，风管与设备防腐，组合式空调机组安装，电加热器、加湿器等设备安装，精密空调机组安装，风管与设备绝热，系统调试
		净化空调系统	风管与配件制作，部件制作，风管系统安装，风机与空气处理设备安装，风管与设备防腐，净化空调机组安装，消声器、静电除尘器、换热器、紫外线灭菌器等设备安装，中、高效过滤器及风机过滤单元等末端设备清洗与安装，洁净度测试，风管与设备绝热，系统调试
		地下人防通风系统	风管与配件制作，部件制作，风管系统安装，风机与空气处理设备安装，风管与设备防腐，过滤吸收器、防爆破活门、防爆超压排气活门等专用设备安装，系统调试
		真空吸尘系统	风管与配件制作，部件制作，风管系统安装，风机与空气处理设备安装，风管与设备防腐，管道安装，快速接口安装，风机与滤尘设备安装，系统压力试验及调试
		冷凝水系统	管道系统及部件安装，水泵及附属设备安装，管道冲洗，管道、设备防腐，板式热交换器，辐射板及辐射供热、供冷地埋管，热泵机组设备安装，管道、设备绝热，系统压力试验及调试
		空调（冷、热）水系统	管道系统及部件安装。水泵及附属设备安装，管道冲洗，管道、设备防腐，冷却塔与水处理设备安装，防冻伴热设备安装，管道、设备绝热，系统压力试验及调试
		冷却水系统	管道系统及部件安装，水泵及附属设备安装，管道冲洗，管道、设备防腐，系统灌水渗漏及排放试验，管道、设备绝热
		土壤源热泵换热系统	管道系统及部件安装，水泵及附属设备安装，管道冲洗，管道、设备防腐，系统灌水渗漏及排放试验，管道、设备绝热
		土壤源热泵换热系统	管道系统及部件安装，水泵及附属设备安装，管道冲洗，管道、设备防腐，埋地换热系统与管网安装，管道、设备绝热，系统压力试验及调试
		水源热泵换热系统	管道系统及部件安装，水泵及附属设备安装，管网安装，管道、设备绝热，系统压力试验及管道冲洗，管道、设备防腐，埋地换热系统与调试
		蓄能系统	管道系统及部件安装，水泵及附属设备安装，管道冲洗，管道、设备防腐，蓄水罐与蓄冰槽、罐安装，管道、设备绝热，系统压力试验及调试
		压缩式制冷（热）设备系统	制冷机组及附属设备安装，管道、设备防腐，制冷剂管道及部件安装，制冷剂灌注，管道、设备绝热，系统压力试验及调试

（续）

序号	分部工程	子分部工程	分项工程
6	通风与空调	吸收式制冷设备系统	制冷机组及附属设备安装，管道、设备防腐，系统真空试验，溴化锂溶液加灌，蒸汽管道系统安装，燃气或燃油设备安装，管道、设备绝热，试验及调试
		多联机（热泵）空调系统	室外机组安装，室内机组安装，制冷剂管路连接及控制开关安装，风管安装，冷凝水管道安装，制冷剂灌注，系统压力试验及调试
		太阳能供暖空调系统	太阳能集热器安装，其他辅助能源、换热设备安装，蓄能水箱、管道及配件安装，防腐，绝热，低温热水地板辐射采暖系统安装，系统压力试验及调试
		设备自控系统	温度、压力与流量传感器安装，执行机构安装调试，防排烟系统功能测试，自动控制及系统智能控制软件调试
7	建筑电气	室外电气	变压器、箱式变电所安装，成套配电柜、控制柜（屏、台）和动力、照明配电箱（盘）及控制柜安装，梯架、支架、托盘和槽盒安装，导管敷设，电缆敷设，管内穿线和槽盒内敷线，电缆头制作，导线连接和线路绝缘测试，普通灯具安装，专用灯具安装，建筑照明通电试运行，接地装置安装
		变配电室	变压器、箱式变电所安装，成套配电柜、控制柜（屏、台）和动力、照明配电箱（盘）安装，母线槽安装，梯架、支架、托盘和槽盒安装，电缆敷设，电缆头制作，导线连接和线路绝缘测试，接地装置安装，接地干线敷设
		供电干线	电气设备试验和试运行，母线槽安装，梯架、支架、托盘和槽盒安装，导管敷设，电缆敷设，管内穿线和槽盒内敷线，电缆头制作，导线连接和线路绝缘测试，接地干线敷设
		电气动力	成套配电柜、控制柜（屏、台）和动力配电箱（盘）安装，电动机、电加热器及电动执行机构检查接线，电气设备试验和试运行，梯架、支架、托盘和槽盒安装，导管敷设，电缆敷设，管内穿线和槽盒内敷线，电缆头制作，导线连接和线路绝缘测试
		电气照明	成套配电柜、控制柜（屏、台）和照明配电箱（盘）安装，梯架、支架、托盘和槽盒安装，导管敷设，管内穿线和槽盒内敷线，塑料护套线直敷布线，钢索配线，电缆头制作、导线连接和线路绝缘测试，普通灯具安装，专用灯具安装，开关、插座、风扇安装，建筑照明通电试运行
		备用和不间断电源	成套配电柜、控制柜（屏、台）和动力、照明配电箱（盘）安装，柴油发电机组安装，不间断电源装置及应急电源装置安装，母线槽安装，导管敷设，电缆敷设，管内穿线和槽盒内敷线，电缆头制作，导线连接和线路绝缘测试，接地装置安装
		防雷及接地	接地装置安装，防雷引下线及接闪器安装，建筑物等电位连接，浪涌保护器安装
8	智能建筑	智能化集成系统	设备安装，软件安装，接口及系统调试，试运行
		信息接入系统	安装场地检查
		用户电话交换系统	线缆敷设，设备安装，软件安装，接口及系统调试，试运行

（续）

序号	分部工程	子分部工程	分 项 工 程
8	智能建筑	信息网络系统	计算机网络设备安装，计算机网络软件安装，网络安全设备安装，网络安全软件安装，系统调试，试运行
		综合布线系统	梯架、托盘、槽盒和导管安装，线缆敷设，机柜、机架、配线架安装，信息插座安装，链路或信道测试，软件安装，系统调试，试运行
		移动通信室内信号覆盖系统	安装场地检查
		卫星通信系统	安装场地检查
		有线电视及卫星电视接收系统	梯架、托盘、槽盒和导管安装，线缆敷设，设备安装，软件安装，系统调试，试运行
		公共广播系统	梯架、托盘、槽盒和导管安装，线缆敷设，设备安装，软件安装，系统调试，试运行
		会议系统	梯架、托盘、槽盒和导管安装，线缆敷设，设备安装，软件安装，系统调试，试运行
		信息导引及发布系统	梯架、托盘、槽盒和导管安装，线缆敷设，显示设备安装，机房设备安装，软件安装，系统调试，试运行
		时钟系统	梯架、托盘、槽盒和导管安装，线缆敷设，设备安装，软件安装，系统调试，试运行
		信息化应用系统	梯架、托盘、槽盒和导管安装，线缆敷设，设备安装，软件安装，系统调试，试运行
		建筑设备监控系统	梯架、托盘、槽盒和导管安装，线缆敷设，传感器安装，执行器安装，控制器、箱安装，中央管理工作站和操作分站设备安装，软件安装，系统调试，试运行
		火灾自动报警系统	梯架、托盘、槽盒和导管安装，线缆敷设，探测器类设备安装，控制器类设备安装，其他设备安装，软件安装，系统调试，试运行
		安全技术防范系统	梯架、托盘、槽盒和导管安装，线缆敷设，设备安装，软件安装，系统调试，试运行
		应急响应系统	设备安装，软件安装，系统调试，试运行
		机房	供配电系统，防雷与接地系统，空气调节系统，给水排水系统，综合布线系统，监控与安全防范系统，消防系统，室内装饰装修，电磁屏蔽，系统调试，试运行
		防雷与接地	接地装置，接地线，等电位联接，屏蔽设施，电涌保护器，线缆敷设，系统调试，试运行
9	建筑节能	围护系统节能	墙体节能，幕墙节能，门窗节能，屋面节能，地面节能
		供暖空调设备	供暖节能，通风与空调设备节能，空调与供暖系统冷热源节能，空调与供暖系统管网节能
		电气动力节能	配电节能，照明节能
		监控系统节能	监测系统节能，控制系统节能
		可再生能源	地源热泵系统节能，太阳能光热系统节能，太阳能光伏节能

（续）

序号	分部工程	子分部工程	分 项 工 程
10	电梯	电力驱动的曳引式或强制式电梯	设备进场验收，土建交接检验，驱动主机，导轨，门系统，轿厢，对重，安全部件，悬挂装置，随行电缆，补偿装置，电气装置，整机安装验收
		液压电梯	设备进场验收，土建交接检验，液压系统，导轨，门系统，轿厢，对重，安全部件，悬挂装置，随行电缆，电气装置，整机安装验收
		自动扶梯、自动人行道	设备进场验收，土建交接检验，整机安装验收

3. 室外工程的划分（见表1-6）

表1-6　室外工程的划分

单 位 工 程	子单位工程	分 部 工 程
室外设施	道路	路基，基层，面层，广场与停车场，人行道，人行地道，挡土墙，附属构筑物
	边坡	土石方、挡土墙、支护
附属建筑及室外环境	附属建筑	车棚，围墙，大门，挡土墙
	室外环境	建筑小品，亭台，水景，连廊，花坛，场坪绿化，景观桥

第四课　《建设工程监理规范》中关于工程质量控制的相关规定

按照中华人民共和国住房和城乡建设部、中华人民共和国国家质量监督检验检疫总局联合发布的《建设工程监理规范》（GB/T 50319—2013）编写此课程，该标准2014年3月1日施行。

作为施工单位质量员，必须了解监理有关文件中对工程质量的要求。

1. 工程开工前，项目监理机构应审查施工单位现场的质量管理组织机构、管理制度及专职管理人员和特种作业人员的资格。

2. 总监理工程师应组织专业监理工程师审查施工单位报审的施工方案，符合要求后应予以签认。

施工方案审查应包括下列基本内容：

（1）编审程序应符合相关规定。

（2）工程质量保证措施应符合有关标准。

3. 专业监理工程师应审查施工单位报送的新材料、新工艺、新技术、新设备的质量认证材料和相关验收标准的适用性，必要时，应要求施工单位组织专题论证，审查合格后报总监理工程师签认。

专业监理工程师审查时，可根据具体情况要求施工单位提供相应的检验、检测、试验、鉴定或评估报告及相应的验收标准。

4. 专业监理工程师应检查、复核施工单位报送的施工控制测量成果及保护措施，签署意见。专业监理工程师应对施工单位在施工过程中报送的施工测量放线成果进行查验。

5. 施工控制测量成果及保护措施的检查、复核，应包括下列内容：

（1）施工单位测量人员的资格证书及测量设备检定证书。

（2）施工平面控制网、高程控制网和临时水准点的测量成果及控制桩的保护措施。

（3）专业监理工程师应审核施工单位的测量依据、测量人员资格和测量成果是否符合规范及标准要求，符合要求的，由专业监理工程师予以签认。

6. 专业监理工程师应检查施工单位为工程提供服务的试验室。

试验室的检查应包括下列内容：

（1）试验室的资质等级及试验范围。

（2）法定计量部门对试验设备出具的计量检定证明。

（3）试验室管理制度。

（4）试验人员资格证书。

7. 项目监理机构应审查施工单位报送的用于工程的材料、构配件、设备的质量证明文件，并应按有关规定、建设工程监理合同约定，对用于工程的材料进行见证取样、平行检验。

项目监理机构对已进场经检验不合格的工程材料、构配件、设备，应要求施工单位限期将其撤出施工现场。

用于工程的材料、构配件、设备的质量证明文件包括出厂合格证、质量检验报告、性能检测报告以及施工单位的质量抽检报告等。工程监理单位与建设单位应在建设工程监理合同中事先约定平行检验的项目、数量、频率、费用等内容。

8. 专业监理工程师应审查施工单位定期提交影响工程质量的计量设备的检查和检定报告。

计量设备是指施工中使用的衡器、量具、计量装置等设备。施工单位应按有关规定定期对计量设备进行检查、检定，确保计量设备的精确性和可靠性。

9. 项目监理机构应根据工程特点和施工单位报送的施工组织设计，确定旁站的关键部位、关键工序，安排监理人员进行旁站，并应及时记录旁站情况。

10. 项目监理机构应安排监理人员对工程施工质量进行巡视。巡视应包括下列主要内容：

（1）施工单位是否按工程设计文件、工程建设标准和批准的施工组织设计、（专项）施工方案施工。

（2）使用的工程材料、构配件和设备是否合格。

（3）施工现场管理人员，特别是施工质量管理人员是否到位。

（4）特种作业人员是否持证上岗。

11. 项目监理机构应根据工程特点、专业要求，以及建设工程监理合同约定，对施工质量进行平行检验。

12. 项目监理机构应对施工单位报验的隐蔽工程、检验批、分项工程和分部工程进行验收，对验收合格的应给予签认；对验收不合格的应拒绝签认，同时应要求施工单位在指定的时间内整改并重新报验。

对已同意覆盖的工程隐蔽部位质量有疑问的，或发现施工单位私自覆盖工程隐蔽部位的，项目监理机构应要求施工单位对该隐蔽部位进行钻孔探测、剥离或其他方法进行重新检验。

项目监理机构可要求施工单位对已覆盖的工程隐蔽部位进行钻孔探测、剥离或其他方法重新检验，经检验证明工程质量符合合同要求的，建设单位应承担由此增加的费用和（或）工期延期，并支付施工单位合理利润；经检验证明工程质量不符合合同要求的，施工单位应承担由此增加的费用和（或）工期延误。

13. 项目监理机构发现施工存在质量问题的，或施工单位采用不适当的施工工艺，或施工不当，造成工程质量不合格的，应及时签发监理通知单，要求施工单位整改。整改完毕后，项目监理机构应根据施工单位报送的监理通知回复单对整改情况进行复查，提出复查意见。

14. 对需要返工处理或加固补强的质量缺陷，项目监理机构应要求施工单位报送经设计等相关单位认可的处理方案，并应对质量缺陷的处理过程进行跟踪检查，同时应对处理结果进行验收。

15. 对需要返工处理或加固补强的质量事故，项目监理机构应要求施工单位报送质量事故调查报告和经设计等相关单位认可的处理方案，并应对质量事故的处理过程进行跟踪检查，同时应对处理结果进行验收。

项目监理机构应及时向建设单位提交质量事故书面报告，并应将完整的质量事故处理记录整理归档。

项目监理机构向建设单位提交的质量事故书面报告应包括下列主要内容：

（1）工程及各参建单位名称。

（2）质量事故发生的时间、地点、工程部位。

（3）事故发生的简要经过、造成工程损伤状况，伤亡人数和直接经济损失的初步估计。

（4）事故发生原因的初步判断。

（5）事故发生后采取的措施及处理方案。

（6）事故处理的过程及结果。

16. 项目监理机构应审查施工单位提交的单位工程竣工验收报审表及竣工资料，组织工程竣工预验收。存在问题的，应要求施工单位及时整改；合格的，总监理工程师应签认单位工程竣工验收报审表。

项目监理机构收到工程竣工验收报审表后，总监理工程师应组织专业监理工程师对工程实体质量情况及竣工资料进行全面检查，需要进行功能试验（包括单机试车和无负荷试车）的，项目监理机构应审查试验报告单。项目监理机构应督促施工单位做好成品保护和现场清理。

17. 工程竣工预验收合格后，项目监理机构应编写工程质量评估报告，并应经总监理工程师和工程监理单位技术负责人审核签字后报建设单位。

18. 项目监理机构应参加由建设单位组织的竣工验收，对验收中提出的整改问题，应督促施工单位及时整改。工程质量符合要求的，总监理工程师应在工程竣工验收报告中签署意见。

第五课　《建设工程监理规范》中涉及的相关质量资料的规定

一、监理资料

监理资料，很多都是要经过施工单位签字或是送施工单位的一些文件，因而，作为施工单位的质量员，就必须要熟悉监理的相关资料。对涉及质量问题的资料，该签字的要签字，该报审的要报审。各个省市一般都有相关的资料要求，这里，只是就监理规范要求的资料列出来，供质量员在实际工作中参考使用。

1. 总监理工程师任命书

工程监理单位法定代表人应根据建设工程监理合同约定，任命有类似工程管理经验的注册监理工程师担任项目总监理工程师。该表明确总监理工程师的授权范围。

工程监理单位法定代表人签字盖章。

该表一式三份，项目监理机构、建设单位、施工单位各一份。

2. 工程开工令

建设单位对《工程开工报审表》签署同意意见后，总监理工程师可签发《工程开工令》。《工程开工令》中的开工日期作为施工单位计算工期的起始日期。

项目监理机构盖章，总监理工程师签字加盖执业印章。

该表一式三份，项目监理机构、建设单位、施工单位各一份。

3. 监理通知单

施工单位收到《监理通知单》并整改合格后，应使用《监理通知回复单》回复，并附相关资料。

项目监理机构盖章，总监理工程师或专业监理工程师签字。

该表一式三份，项目监理机构、建设单位、施工单位各一份。

4. 监理报告

项目监理机构发现工程存在安全事故隐患，发出《监理通知单》或《工程暂停令》后，施工单位拒不整改或者不停工的，应当采用《监理报告》表及时向政府有关主管部门报告，同时应附相应《监理通知单》或《工程暂停令》等证明监理人员所履行安全生产管理职责的相关文件资料。

项目监理机构盖章，总监理工程师签字。

该表一式四份，主管部门、建设单位、工程监理单位、项目监理机构各一份。

5. 工程暂停令

总监理工程师应根据暂停工程的影响范围和程度，按合同约定签发暂停令。签发工程暂停令时，应注明停工部位及范围。

项目监理机构盖章，总监理工程师签字加盖执业印章。

该表一式三份，项目监理机构、建设单位、施工单位各一份。

6. 旁站记录

施工情况包括施工单位质检人员到岗情况、特殊工种人员持证情况以及施工机械、材料准备及关键部位、关键工序的施工是否按（专项）施工方案及工程建设强制性标准执行等情况。

旁站监理人员签字。

该表一式一份，项目监理机构留存。

7. 工程复工令

总监理工程师签字，加盖执业印章，项目监理机构盖章。

该表一式三份，项目监理机构、建设单位、施工单位各一份。

8. 工程款支付证书

总监理工程师签字加盖执业印章，项目监理机构盖章。

该表一式三份，项目监理机构、建设单位、施工单位各一份。

二、施工单位资料

施工单位的资料，目前各个省市，都有自己相关细化的资料，这里只是就《监理规范》里对施工单位的资料，一一列出，供质量员参考学习。

1. 施工组织设计/（专项）施工方案报审表

施工单位编制的施工组织设计应由施工单位技术负责人审核签字并加盖施工单位公章。有分包单位的，分包单位编制的施工组织设计或（专项）施工方案均应由施工单位按规定完成相关审批手续后，报项目监理机构审核。

施工项目经理部盖章，项目经理签字。专业监理工程师签字。项目监理机构盖章，总监理工程师签字加盖执业印章。建设单位盖章，建设单位代表签字。

该表一式三份，项目监理机构、建设单位、施工单位各一份。

2. 工程开工报审表

施工合同中同时开工的单位工程可填报一次。

总监理工程师审核开工条件并经建设单位同意后签发工程开工令。

施工单位盖章，项目经理签字。项目监理机构盖章，总监理工程师签字加盖执业印章。建设单位盖章，建设单位代表签字。

该表一式三份，项目监理机构、建设单位、施工单位各一份。

3. 工程复工报审表

工程复工报审时，应附有能够证明已具备复工条件的相关文件资料，包括相关检查记录、有针对性的整改措施及其落实情况、会议纪要、影像资料等。

施工项目经理部盖章，项目经理签字。项目监理机构盖章，总监理工程师签字。建设单位盖章，建设单位代表签字。

该表一式三份，项目监理机构、建设单位、施工单位各一份。

4. 分包单位资格报审表

分包单位的名称应按《企业法人营业执照》全称填写，分包单位资质材料包括：营业执照、企业资质等级证书、安全生产许可文件、专职管理人员和特种作业人员的资格证书等；分包单位业绩材料是指分包单位近三年完成的与分包工程内容类似的工程业绩材料。

提供的附件包括：

（1）分包单位资质材料。

（2）分包单位业绩材料。

（3）分包单位专职管理人员和特种作业人员的资格证书。

（4）施工单位对分包单位的管理制度。

施工项目经理部盖章，项目经理签字。专业监理工程师签字。项目监理机构盖章，总监理工程师签字。

该表一式三份，项目监理机构、建设单位、施工单位各一份。

5. 施工控制测量成果报验表

测量放线的专业测量人员资格（测量人员的资格证书）及测量设备资料（施工测量放线使用测量仪器的名称、型号、编号、校验资料等）应经项目监理机构确认。

提供附件：

（1）施工控制测量依据资料。

（2）施工控制测量成果表。

测量依据资料及测量成果包括下列内容：

（1）平面、高程控制测量：需报送控制测量依据资料、控制测量成果表（包含误差计算表）及附图。

（2）定位放样：报送放样依据、放样成果表及附图。

施工项目经理部盖章，项目技术负责人签字。项目监理机构盖章，专业监理工程师签字。

该表一式三份，项目监理机构、建设单位、施工单位各一份。

6. 工程材料、构配件、设备报审表

提供附件：

（1）工程材料、构配件或设备清单。

（2）质量证明文件。

（3）自检结果。

质量证明文件是指：生产单位提供的合格证、质量证明书、性能检测报告等证明资料。进口材料、构配件、设备应有商检的证明文件；新产品、新材料、新设备应有相应资质机构的鉴定文件。如无证明文件原件，需提供复印件，并应在复印件上加盖证明文件提供单位的公章。

自检结果是指：施工单位核对所购工程材料、构配件、设备的清单和质量证明资料后，对工程材料、构配件、设备实物及外部观感质量进行验收核实的结果。

由建设单位采购的主要设备则由建设单位、施工单位、项目监理机构进行开箱检查，并由三方在开箱检查记录上签字。

进口材料、构配件和设备应按照合同约定，由建设单位、施工单位、供货单位、项目监理机构及其他有关单位进行联合检查，检查情况及结果应形成记录，并由各方代表签字认可。

施工项目经理部盖章，项目经理签字。项目监理机构盖章，专业监理工程师签字。

该表一式二份，项目监理机构、施工单位各一份。

7. _____报审、报验表

主要用于隐蔽工程、检验批、分项工程的报验，也可用于施工单位试验室等的报审。

有分包单位的，分包单位的报验资料应由施工单位验收合格后向项目监理机构报验。

隐蔽工程、检验批、分项工程需经施工单位自检合格后并附有相应工序和部位的工程质量检查记录，报送项目监理机构验收。

提供的附件：

（1）隐蔽工程质量检验资料。

（2）检验批质量检验资料。

（3）分项工程质量检验资料。

（4）施工试验室证明资料。

（5）其他。

施工项目经理部盖章，项目经理或项目技术负责人签字。项目监理机构盖章，专业监理工程师签字。

该表一式二份，项目监理机构、施工单位各一份。

8. 分部工程报验表

分部工程质量资料包括：《分部（子分部）工程质量验收记录表》及工程质量验收规范要求的质量资料、安全及功能检验（检测）报告等。

施工项目经理部盖章，项目技术负责人签字。专业监理工程师签字，项目监理机构盖章，总监理工程师签字。

该表一式三份，项目监理机构、建设单位、施工单位各一份。

9. 监理通知回复单

回复意见应根据《监理通知单》的要求，简要说明落实整改的过程、结果及自检情况，必要时应附整改相关证明资料，包括检查记录、对应部位的影像资料等。

施工项目经理部盖章，项目经理签字。项目监理机构盖章，总监理工程师或专业监理工程师签字。

该表一式三份，项目监理机构、建设单位、施工单位各一份。

10. 单位工程竣工验收报审表

每个单位工程应单独填报。质量验收资料是指：能够证明工程按合同约定完成并符合竣工验收要求的全部资料，包括单位工程质量资料，有关安全和使用功能的检测资料，主要使用功能项目的抽查结果等。对需要进行功能试验的工程（包括单机试车、无负荷试车和联动调试），应包括试验报告。

提供附件：

（1）工程质量验收报告。

（2）工程功能检验资料。

施工单位盖章，项目经理签字。项目监理机构盖章，总监理工程师签字、加盖执业印章。

该表一式三份，项目监理机构、建设单位、施工单位各一份。

11. 工程款支付报审表

提供的附件包括：

（1）已完成工程量报表。

（2）工程竣工结算证明材料。

（3）相应支持性证明文件。

附件是指与付款申请有关的资料，如已完成合格工程的工程量清单、价款计算及其他与付款有关的证明文件和资料。

施工项目经理部盖章，项目经理签字。专业监理工程师审查签字，项目监理机构盖章，总监理工程师审核签字、加盖执业印章。

建设单位盖章，建设单位代表审批签字。

12. 施工进度计划报审表

提供附件：

（1）施工总进度计划。

（2）阶段性进度计划。

施工项目经理部盖章，项目经理签字。专业监理工程师签字，项目监理机构盖章，总监理工程师签字。

该表一式三份，项目监理机构、建设单位、施工单位各一份。

13. 费用索赔报审表

提供附件：

（1）索赔金额计算。

（2）证明材料。

证明材料应包括：索赔意向书、索赔事项的相关证明材料。

施工项目经理部盖章，项目经理签字。项目监理机构盖章，总监理工程师签字、加盖执业印章，附索赔审查报告。

建设单位盖章，建设单位代表签字。

该表一式三份，项目监理机构、建设单位、施工单位各一份。

14. 工程临时/最终延期报审表

提供附件：

（1）工程延期依据及工期计算。

（2）证明材料。

施工项目经理部盖章，项目经理签字。项目监理机构盖章，总监理工程师签字、加盖执业印章。

建设单位盖章，建设单位代表签字。

该表一式三份，项目监理机构、建设单位、施工单位各一份。

三、通用表格

1. 工作联系单

工程建设有关方相互之间的日常书面工作联系，包括：告知、督促、建议等事项。

发文单位负责人（签字）。

2. 工程变更单

提供附件：

（1）变更内容。

（2）变更设计图。

（3）相关会议纪要。

（4）其他。

变更提出单位负责人签字。

施工项目经理部盖章，项目经理签字。设计单位盖章，设计负责人签字。项目监理机构盖章，总监理工程师签字。建设单位盖章，负责人签字。

该表一式四份，建设单位、项目监理机构、设计单位、施工单位各一份。

第六课 《建设工程施工合同》（示范文本）工程质量的相关条款

施工合同是现场控制施工质量的依据之一，因而，作为质量员，对施工合同的相关条款必须掌握，本课只是列出了通用条款，对于各个工地均有相关的合同专用条款，质量员必修将通用条款仔细阅读，达到对合同心中有数的程度。

本课按照住房和城乡建设部、国家工商行政管理总局制定的《建设工程施工合同（示范文本)》（GF—2013—0201）为依据编写此课程。

一、质量要求

1. 工程质量标准必须符合现行国家有关工程施工质量验收规范和标准的要求。有关工程质量的特殊标准或要求由合同当事人在专用合同条款中约定。

2. 因发包人原因造成工程质量未达到合同约定标准的，由发包人承担由此增加的费用和（或）延误的工期，并支付承包人合理的利润。

3. 因承包人原因造成工程质量未达到合同约定标准的，发包人有权要求承包人返工直至工程质量达到合同约定的标准为止，由承包人承担由此增加的费用和（或）延误的工期。

二、质量保证措施

1. 发包人的质量管理

发包人应按照法律规定及合同约定完成与工程质量有关的各项工作。

2. 承包人的质量管理

承包人按照施工组织设计的约定向发包人和监理人提交工程质量保证体系及措施文件，建立完善的质量检查制度，并提交相应的工程质量文件。对于发包人和监理人违反法律规定和合同约定的错误指示，承包人有权拒绝实施。

承包人应对施工人员进行质量教育和技术培训，定期考核施工人员的劳动技能，严格执行施工规范和操作规程。

承包人应按照法律规定和发包人的要求，对材料、工程设备以及工程的所有部位及其施工工艺进行全过程的质量检查和检验，并作详细记录，编制工程质量报表，报送监理人审查。此外，承包人还应按照法律规定和发包人的要求，进行施工现场取样试验、工程复核测量和设备性能检测，提供试验样品、提交试验报告和测量成果以及其他工作。

3. 监理人的质量检查和检验

监理人按照法律规定和发包人授权对工程的所有部位及其施工工艺、材料和工程设备进行检查和检验。承包人应为监理人的检查和检验提供方便，包括监理人到施工现场，或制造、加工地点，或合同约定的其他地方进行察看和查阅施工原始记录。监理人为此进行的检查和检验，不免除或减轻承包人按照合同约定应当承担的责任。

监理人的检查和检验不应影响施工正常进行。监理人的检查和检验影响施工正常进行的，且经检查检验不合格的，影响正常施工的费用由承包人承担，工期不予顺延；经检查检验合格的，由此增加的费用和（或）延误的工期由发包人承担。

三、隐蔽工程检查

1. 承包人自检

承包人应当对工程隐蔽部位进行自检，并经自检确认是否具备覆盖条件。

2. 检查程序

除专用合同条款另有约定外，工程隐蔽部位经承包人自检确认具备覆盖条件的，承包人应在共同检查前48h书面通知监理人检查，通知中应载明隐蔽检查的内容、时间和地点，并应附有自检记录和必要的检查资料。

监理人应按时到场并对隐蔽工程及其施工工艺、材料和工程设备进行检查。经监理人检查确认质量符合隐蔽要求，并在验收记录上签字后，承包人才能进行覆盖。经监理人检查质量不合格的，承包人应在监理人指示的时间内完成修复，并由监理人重新检查，由此增加的费用和（或）延误的工期由承包人承担。

除专用合同条款另有约定外，监理人不能按时进行检查的，应在检查前24h向承包人提交书面延期要求，但延期不能超过48h，由此导致工期延误的，工期应予以顺延。监理人未按时进行检查，也未提出延期要求的，视为隐蔽工程检查合格，承包人可自行完成覆盖工作，并作相应记录报送监理人，监理人应签字确认。监理人事后对检查记录有疑问的，按照"重新检查"的约定重新检查。

3. 重新检查

承包人覆盖工程隐蔽部位后，发包人或监理人对质量有疑问的，可要求承包人对已覆盖的部位进行钻孔探测或揭开重新检查，承包人应遵照执行，并在检查后重新覆盖恢复原状。经检查证明工程质量符合合同要求的，由发包人承担由此增加的费用和（或）延误的工期，并支付承包人合理的利润；经检查证明工程质量不符合合同要求的，由此增加的费用和（或）延误的工期由承包人承担。

4. 承包人私自覆盖

承包人未通知监理人到场检查，私自将工程隐蔽部位覆盖的，监理人有权指示承包人钻孔探测或揭开检查，无论工程隐蔽部位质量是否合格，由此增加的费用和（或）延误的工期均由承包人承担。

四、不合格工程的处理

1. 因承包人原因造成工程不合格的，发包人有权随时要求承包人采取补救措施，直至达到合同要求的质量标准，由此增加的费用和（或）延误的工期由承包人承担。无法补救的，按照"拒绝接收全部或部分工程"的约定执行。

2. 因发包人原因造成工程不合格的，由此增加的费用和（或）延误的工期由发包人承担，并支付承包人合理的利润。

五、质量争议检测

合同当事人对工程质量有争议的，由双方协商确定的工程质量检测机构鉴定，由此产生的费用及因此造成的损失，由责任方承担。合同当事人均有责任的，由双方根据其责任分别承担。合同当事人无法达成一致的，按照"商定或确定"执行。

六、测量放线

1. 除专用合同条款另有约定外，发包人不得晚于开工通知载明的开工日期前 7 天通过监理人向承包人提供测量基准点、基准线和水准点及其书面资料。发包人应对其提供的测量基准点、基准线和水准点及其书面资料的真实性、准确性和完整性负责。

承包人发现发包人提供的测量基准点、基准线和水准点及其书面资料存在错误或疏漏的，应及时通知监理人。监理人应及时报告发包人，并会同发包人和承包人予以核实。发包人应就如何处理和是否继续施工做出决定，并通知监理人和承包人。

2. 承包人负责施工过程中的全部施工测量放线工作，并配置具有相应资质的人员、合格的仪器、设备和其他物品。承包人应矫正工程的位置、标高、尺寸或准线中出现的任何差错，并对工程各部分的定位负责。

施工过程中对施工现场内水准点等测量标志物的保护工作由承包人负责。

七、材料与设备

1. 发包人供应材料与工程设备

发包人自行供应材料、工程设备的，应在签订合同时在专用合同条款的附件《发包人供应材料设备一览表》中明确材料、工程设备的品种、规格、型号、数量、单价、质量等级和送达地点。

承包人应提前 30d 通过监理人以书面形式通知发包人供应材料与工程设备进场。承包人按照"施工进度计划的修订"的约定修订施工进度计划时，需同时提交经修订后的发包人供应材料与工程设备的进场计划。

2. 承包人采购材料与工程设备

承包人负责采购材料、工程设备的，应按照设计和有关标准要求采购，并提供产品合格证明及出厂证明，对材料、工程设备质量负责。合同约定由承包人采购的材料、工程设备，发包人不得指定生产厂家或供应商，发包人违反本款约定指定生产厂家或供应商的，承包人有权拒绝，并由发包人承担相应责任。

八、材料与工程设备的接收与拒收

1. 发包人应按《发包人供应材料设备一览表》约定的内容提供材料和工程设备，并向承包人提供产品合格证明及出厂证明，对其质量负责。发包人应提前 24h 以书面形式通知承包人、监理人材料和工程设备到货时间，承包人负责材料和工程设备的清点、检验和接收。

发包人提供的材料和工程设备的规格、数量或质量不符合合同约定的，或因发包人原因导致交货日期延误或交货地点变更等情况的，按照"发包人违约"约定办理。

2. 承包人采购的材料和工程设备，应保证产品质量合格，承包人应在材料和工程设备到货前24h通知监理人检验。承包人进行永久设备、材料的制造和生产的，应符合相关质量标准，并向监理人提交材料的样本以及有关资料，并应在使用该材料或工程设备之前获得监理人同意。

承包人采购的材料和工程设备不符合设计或有关标准要求时，承包人应在监理人要求的合理期限内将不符合设计或有关标准要求的材料、工程设备运出施工现场，并重新采购符合要求的材料、工程设备，由此增加的费用和（或）延误的工期，由承包人承担。

九、材料与工程设备的保管与使用

1. 发包人供应材料与工程设备的保管与使用

发包人供应的材料和工程设备，承包人清点后由承包人妥善保管，保管费用由发包人承担，但已标价工程量清单或预算书已经列支或专用合同条款另有约定除外。因承包人原因发生丢失毁损的，由承包人负责赔偿；监理人未通知承包人清点的，承包人不负责材料和工程设备的保管，由此导致丢失毁损的由发包人负责。

发包人供应的材料和工程设备使用前，由承包人负责检验，检验费用由发包人承担，不合格的不得使用。

2. 承包人采购材料与工程设备的保管与使用

承包人采购的材料和工程设备由承包人妥善保管，保管费用由承包人承担。法律规定材料和工程设备使用前必须进行检验或试验的，承包人应按监理人的要求进行检验或试验，检验或试验费用由承包人承担，不合格的不得使用。

发包人或监理人发现承包人使用不符合设计或有关标准要求的材料和工程设备时，有权要求承包人进行修复、拆除或重新采购，由此增加的费用和（或）延误的工期，由承包人承担。

十、禁止使用不合格的材料和工程设备

1. 监理人有权拒绝承包人提供的不合格材料或工程设备，并要求承包人立即进行更换。监理人应在更换后再次进行检查和检验，由此增加的费用和（或）延误的工期由承包人承担。

2. 监理人发现承包人使用了不合格的材料和工程设备，承包人应按照监理人的指示立即改正，并禁止在工程中继续使用不合格的材料和工程设备。

3. 发包人提供的材料或工程设备不符合合同要求的，承包人有权拒绝，并可要求发包人更换，由此增加的费用和（或）延误的工期由发包人承担，并支付承包人合理的利润。

十一、样品

1. 样品的报送与封存

需要承包人报送样品的材料或工程设备，样品的种类、名称、规格、数量等要求均应

在专用合同条款中约定。样品的报送程序如下：

（1）承包人应在计划采购前28天向监理人报送样品。承包人报送的样品均应来自供应材料的实际生产地，且提供的样品的规格、数量足以表明材料或工程设备的质量、型号、颜色、表面处理、质地、误差和其他要求的特征。

（2）承包人每次报送样品时应随附申报单，申报单应载明报送样品的相关数据和资料，并标明每件样品对应的图纸号，预留监理人批复意见栏。监理人应在收到承包人报送的样品后7天向承包人回复经发包人签认的样品审批意见。

（3）经发包人和监理人审批确认的样品应按约定的方法封样，封存的样品作为检验工程相关部分的标准之一。承包人在施工过程中不得使用与样品不符的材料或工程设备。

（4）发包人和监理人对样品的审批确认仅为确认相关材料或工程设备的特征或用途，不得被理解为对合同的修改或改变，也并不减轻或免除承包人任何的责任和义务。如果封存的样品修改或改变了合同约定，合同当事人应当以书面协议予以确认。

2. 样品的保管

经批准的样品应由监理人负责封存于现场，承包人应在现场为保存样品提供适当和固定的场所并保持适当和良好的存储环境条件。

十二、材料与工程设备的替代

1. 出现下列情况需要使用替代材料和工程设备的，承包人应按照本节第2条的程序执行：

（1）基准日期后生效的法律规定禁止使用的。

（2）发包人要求使用替代品的。

（3）因其他原因必须使用替代品的。

2. 承包人应在使用替代材料和工程设备28天前书面通知监理人，并附下列文件：

（1）被替代的材料和工程设备的名称、数量、规格、型号、品牌、性能、价格及其他相关资料。

（2）替代品的名称、数量、规格、型号、品牌、性能、价格及其他相关资料。

（3）替代品与被替代产品之间的差异以及使用替代品可能对工程产生的影响。

（4）替代品与被替代产品的价格差异。

（5）使用替代品的理由和原因说明。

（6）监理人要求的其他文件。

（7）监理人应在收到通知后14天内向承包人发出经发包人签认的书面指示；监理人逾期发出书面指示的，视为发包人和监理人同意使用替代品。

3. 发包人认可使用替代材料和工程设备的，替代材料和工程设备的价格，按照已标价工程量清单或预算书相同项目的价格认定；无相同项目的，参考相似项目价格认定；既无相同项目也无相似项目的，按照合理的成本与利润构成的原则，由合同当事人按照"商定或确定"确定价格。

4. 材料与设备专用要求

承包人运入施工现场的材料、工程设备、施工设备以及在施工场地建设的临时设施，包括备品备件、安装工具与资料，必须专用于工程。未经发包人批准，承包人不得运出施工现场或挪作他用；经发包人批准，承包人可以根据施工进度计划撤走闲置的施工设备和其他物品。

十三、试验与检验

1. 试验设备与试验人员

（1）承包人根据合同约定或监理人指示进行的现场材料试验，应由承包人提供试验场所、试验人员、试验设备以及其他必要的试验条件。监理人在必要时可以使用承包人提供的试验场所、试验设备以及其他试验条件，进行以工程质量检查为目的的材料复核试验，承包人应予以协助。

（2）承包人应按专用合同条款的约定提供试验设备、取样装置、试验场所和试验条件，并向监理人提交相应进场计划表。

承包人配置的试验设备要符合相应试验规程的要求并经过具有资质的检测单位检测，且在正式使用该试验设备前，需要经过监理人与承包人共同校定。

（3）承包人应向监理人提交试验人员的名单及其岗位、资格等证明资料，试验人员必须能够熟练进行相应的检测试验，承包人对试验人员的试验程序和试验结果的正确性负责。

2. 取样

试验属于自检性质的，承包人可以单独取样。试验属于监理人抽检性质的，可由监理人取样，也可由承包人的试验人员在监理人的监督下取样。

3. 材料、工程设备和工程的试验和检验

（1）承包人应按合同约定进行材料、工程设备和工程的试验和检验，并为监理人对上述材料、工程设备和工程的质量检查提供必要的试验资料和原始记录。按合同约定应由监理人与承包人共同进行试验和检验的，由承包人负责提供必要的试验资料和原始记录。

（2）试验属于自检性质的，承包人可以单独进行试验。试验属于监理人抽检性质的，监理人可以单独进行试验，也可由承包人与监理人共同进行。承包人对由监理人单独进行的试验结果有异议的，可以申请重新共同进行试验。约定共同进行试验的，监理人未按照约定参加试验的，承包人可自行试验，并将试验结果报送监理人，监理人应承认该试验结果。

（3）监理人对承包人的试验和检验结果有异议的，或为查清承包人试验和检验成果的可靠性要求承包人重新试验和检验的，可由监理人与承包人共同进行。重新试验和检验的结果证明该项材料、工程设备或工程的质量不符合合同要求的，由此增加的费用和（或）延误的工期由承包人承担；重新试验和检验结果证明该项材料、工程设备和工程符合合同要求的，由此增加的费用和（或）延误的工期由发包人承担。

十四、质量保证金

经合同当事人协商一致扣留质量保证金的，应在专用合同条款中予以明确。

1. 承包人提供质量保证金的三种方式：

（1）质量保证金保函。

（2）相应比例的工程款。

（3）双方约定的其他方式。

（4）除专用合同条款另有约定外，质量保证金原则上采用上述第（1）种方式。

2. 质量保证金的扣留

质量保证金的扣留有以下三种方式：

（1）在支付工程进度款时逐次扣留，在此情形下，质量保证金的计算基数不包括预付款的支付、扣回以及价格调整的金额。

（2）工程竣工结算时一次性扣留质量保证金。

（3）双方约定的其他扣留方式。

（4）除专用合同条款另有约定外，质量保证金的扣留原则上采用上述第（1）种方式。

发包人累计扣留的质量保证金不得超过结算合同价格的5%，如承包人在发包人签发竣工付款证书后28天内提交质量保证金保函，发包人应同时退还扣留的作为质量保证金的工程价款。

第七课　《建设工程项目管理规范》中关于质量的管理规定

一、一般规定

1. 组织应根据需求制定项目质量管理和质量管理绩效考核制度，配备质量管理资源。

2. 项目质量管理应坚持缺陷预防的原则，按照策划、实施、检查、处置的循环方式进行系统运作。

3. 项目管理机构应通过人员、机具、材料、方法、环境要素的全过程管理，确保工程质量满足质量标准和相关方要求。

4. 项目质量管理应按下列程序实施：

（1）确定质量计划。

（2）实施质量控制。

（3）开展质量检查与处置。

（4）落实质量改进。

二、质量计划

1. 项目质量计划应在项目管理策划过程中编制。项目质量计划作为对外质量保证和对内质量控制的依据，体现项目全过程质量管理要求。

2. 项目质量计划编制依据应包括下列内容：

（1）合同中有关产品的质量要求。

（2）项目管理规划大纲。

（3）项目设计文件。

（4）相关法律法规和标准规范。

（5）质量管理其他要求。

3. 项目质量计划应包括下列内容：

（1）质量目标和质量要求。

（2）质量管理体系和管理职责。

（3）质量管理与协调的程序。

（4）法律法规和标准规范。

（5）质量控制点的设置与管理。

（6）项目生产要素的质量控制。

（7）实施质量目标和质量要求所采取的措施。

（8）项目质量文件管理。

4. 项目质量应报组织批准。项目质量计划需修改时，应按原批准程序报批。

三、质量控制

1. 项目质量控制应确保下列内容满足规定要求：

（1）实施过程的各种输入。

（2）实施过程控制点的设置。

（3）施工过程的输入。

（4）各个实施过程之间的接口。

2. 项目管理机构应在质量控制过程中，跟踪、收集、整理实际数据，与质量要求进行比较，分析偏差，采取措施予以纠正和处置，并对处置效果复查。

3. 设计质量控制应包括下列流程：

（1）按照设计合同要求进行设计策划。

（2）实施设计需求确定设计输入。

（3）实施设计活动并进行设计评审。

（4）验证和确认设计输出。

（5）实施设计变更控制。

4. 采购质量控制应包括下列流程：

（1）确定采购程序。

（2）明确采购要求。

（3）选择合格的供应单位。

（4）实施采购合同控制。

（5）进行进货检验及问题处置。

5. 施工质量控制应包括下列流程：

（1）施工质量目标分解。

（2）施工技术交底与工序控制。

（3）施工质量偏差控制。

（4）产品或服务的验证、评价和防护。

6. 项目质量创优控制应符合下列规定：

（1）明确质量创优目标和创优计划。

（2）精心策划和系统管理。

（3）制定高于国家标准的控制标准。

（4）确保工程创优资料和相关证据的管理水平。

7. 分包的质量控制应纳入项目管理控制范围，分包人应按分包合同的约定对其分包的工程质量向项目管理机构负责。

四、质量检查与处置

1. 项目管理机构应根据项目管理策划要求实施检验和监测，并按照规定配备检验和监测设备。

2. 对项目质量计划设置的质量控制点，项目管理机构应按规定进行检验和监测。质量控制点可包括下列内容：

（1）对施工质量有重要影响的关键质量特性、关键部位或重要影响因素。

（2）工艺上有严格要求，对下道工序的活动有重要影响的关键质量特性、部位。

（3）严重影响项目质量的材料质量和性能。

（4）影响下道工序质量的技术间歇时间。

（5）与施工质量密切相关的技术参数。

（6）容易出现质量通病的部位。

（7）紧缺工程材料、构配件和工程设备或可能对生产安排有严重影响的关键项目。

（8）隐蔽工程验收。

3. 项目管理机构对不合格品控制应符合下列规定：

（1）检验和监测中发现不合格品，按规定进行标识、记录、评价、隔离，防止非预期的使用或交付。

（2）采用返修、加固、返工、让步接受和报废措施，对不合格品进行处置。

五、质量改进

1. 组织应根据不合格的信息，评价采取改进措施的要求，实施必要的改进措施。当经过验证效果不佳或未完全达到预期的效果时，应重新分析原因，采取相应措施。

2. 项目管理机构应定期对项目质量状况进行检查、分析，向组织提出质量报告，明确质量状况、发包人及其他相关方满意程度、产品要求的符合性以及项目管理机构的质量改进措施。

3. 组织应对项目管理机构进行培训、检查、考核，定期进行内部审核，确保项目管理机构的质量改进。

4. 组织应了解发包人及其他相关方对质量的意见，确定质量管理改进目标，提出相应的措施并予以落实。

第八课　建筑工程质量员岗位职责

各个施工企业，都会针对自己单位的实际情况制定相关的岗位职责，本课只是将一般建筑企业的岗位职责列出，供学习时参考。

作为质量员应明确自己的岗位职责，明确自己工作的责权利，才会在工作中得心应手的工作。

与施工员平行负责，进行施工各项目的质量预防、检查、控制，完成相关资料等方面的具体工作。

1. 按施工过程参与制定、执行施工方案，明确施工顺序、施工质量措施，做好开工前的各种质量保证工作。

2. 从质量角度考虑参与图纸会审，严格执行规范标准。

3. 对原材料、构配件、设备、仪表配件、订货、采购、运输、保管、分发、使用进行监督和检查，不合格时进行跟踪，严禁使用到工程上。

4. 协助施工员进行质量交底，严格执行技术规程和操作规程，坚持对每一道施工工序都按规范、规程施工，代表企业项目部进行记录和评定，发现质量问题应及时提出整改，不留隐患。参与监理部门的验收工作。

5. 对应项目，分析质量问题产生的各种因素，找出影响质量的主要原因，提出实施有针对性的预防措施。

6. 掌握现场施工进程，做好全过程的安全控制，掌握质量控制点，进行动态管理，深入实际做好质量控制的第一手资料。

7. 坚持"预防为主"的方针，经常组织定期、非定期、主要项目、重点部位的质量检验活动，将"事先预防""事中检查"和"事后把关"结合起来。

8. 参与施工全过程的质量检验，并主动提供各种资料。

9. 帮助操作层找出质量控制要点，提高操作质量。

10. 认真收集、整理、分析、对照各种质量控制、质量保证、质量事故等的资料与报表。

11. 协助企业其他部门做好工程交工后的回访和保修工作。

第九课　建筑工程质量评价的基本规定

依据《建筑工程施工质量评价标准》（GB/T 50375—2016）标准，质量员应该了解相关的条款，对于实行了该评价标准的工地，做到心中有数。

1. 《建筑工程施工质量评价标准》（GB/T 50375—2016）适用于建筑工程施工质量优良等级的评价。

2. 工程施工质量满足规范要求程度所做的检查、量测、试验等活动，包括工程施工过程质量控制、原材料、操作工艺、功能效果、工程实体质量和工程资料等。

3. 建筑工程施工质量评价应实施目标管理，健全质量管理体系，落实质量责任，完善控制手段，提高质量保证能力和持续改进能力。

4. 建筑工程质量管理应加强对原材料、施工过程的控制和结构安全、功能效果检验、具有完整的施工控制资料和质量验收资料。

5. 工程质量验收应完善检验批的质量验收，具有完整的施工操作依据和现场验收检查原始记录。

6. 建筑工程施工质量评价应对工程结构安全、使用功能、建筑节能和观感质量进行综合核查。

7. 建筑工程施工质量评价应按分部工程、子分部工程进行。

8. 建筑工程施工质量评价应根据工程特点分为基础与基础工程、主体结构部分、屋面工程、装饰装修工程、安装工程及建筑节能工程六个部分。

9. 每个评价部分应根据其在整个工程中所占的工作量及重要程度给出相应的权重。

10. 每个评价部分应按工程质量的特点，分为性能检验、质量记录、允许偏差、观感质量四个评价项目。

11. 每个评价项目应包括若干项具体检查内容，对每一个具体检查内容应按其重要性给出分值，其判定结果分为两个档次：一档应为100%的分值；二档应为70%的分值。

12. 结构工程、单位工程施工质量评价综合分达到85分及以上的建筑工程应评定为优良工程。

13. 性能检测评价方法应符合下列规定：

（1）检查标准：检查项目的检测指标一次检测达到设计要求及规范规定的应为一档，取100%的分值；按相关规范规定，经过处理满足设计要求及规范规定的应为二档，取70%的分值。

（2）检查方法：核查性能检测报告。

14. 质量记录评价方法应符合下列规定：

（1）检查标准：材料、设备合格证、进场验收记录及复试报告、施工记录及施工试验等资料完整，能满足设计要求及规范规定的应为一档，取100%的分值；资料基本完整并能满足设计要求及规范规定的应为二档，取70%的分值。

（2）检查方法：核查资料的项目、数量及数据内容。

15. 允许偏差评价方法应符合下列规定：

（1）检查标准：检查项目90%及以上测点实测值达到规范规定值的应为一档，取100%的分值；检查项目80%及以上测点实测值达到规范规定值，但不足90%的应为二档，取70%的分值。

（2）检查方法：在各相关检验批中，随机抽取5个检验批，不足5个的取全部进行核查。

16. 观感质量评价方法应符合下列规定：

（1）检查标准：每个检查项目以随机抽取的检查点按"好""一般"给出评价。项目检查点90%及其以上达到"好"，其余检查点达到"一般"的应为一档，取100%的分值；项目检查点80%及其以上达到"好"，但不足90%，其余检查点达到"一般"的应为二档，取70%的分值。

（2）检查方法：核查分部（子分部）工程质量验收资料。

第十课　施工现场质量保证条件评价

一、施工现场质量保证条件检查评价项目

1. 施工现场应具备基本的质量管理及质量责任制度。

（1）现场项目部组织机构健全，建立质量保证体系并有效运行。

（2）材料、构件、设备的进场验收制度和抽样检验制度。

（3）岗位责任制度及奖罚制度。

2. 施工现场应配置基本的施工操作标准及质量验收规范：

（1）建筑工程施工质量验收规范的配置。

（2）施工工艺标准（企业标准、操作规程）的配置。

3. 施工前应制定较完善的施工组织设计、施工方案。

4. 施工前应制定质量目标及措施。

5. 施工现场质量保证条件检查评价方法。

二、施工现场质量标准条件检查评价方法

1. 施工现场质量标准条件应符合下列检查标准：

（1）质量管理及责任制度健全，能落实的为一档，取 100% 的标准分值；质量管理及责任制度健全，能基本落实的为二档，取 85% 的标准分值；有主要质量管理责任制度，能基本落实的为三档，取 70% 的标准分值。

（2）施工操作标准及质量验收规范配置。工程所需的工程质量验收规范齐全、主要工序有施工工艺标准（企业标准、操作标准）的为一档，取 100% 的标准分值；工程所需的工程质量验收规范齐全、1/2 及其以上主要工程有施工工艺标准（企业标准、操作规程）的为二档，取 85% 的标准分值；主要项目有相应的工程质量验收规范、主要工序施工工艺标准（企业标准、操作规程）达到 1/4 不足 1/2 为三档，取 70% 的标准分值。

（3）施工组织设计、施工方案编制审批手续齐全、可操作性好、针对性强，并认真落实的为一档，取 100% 的标准分值；施工组织设计、施工方案、编制审批手续齐全，可操作性、针对性较好，并基本落实的为二档；取 85% 的标准分值；施工组织设计、施工方案经过审批，落实一般的为三档，取 70% 的标准分值。

（4）质量目标及措施明确、切合实际、措施有效性好，施工好的为一档，取 100% 的标准分值；实施较好的为二档，取 85% 标准分值；实施一般的为三档，取 70% 的标准分值。

2. 施工现场质量保证条件检查方法应符合下列规定：

检查有关制度、措施资料，抽查其实施情况，综合进行判断。

第二部分　土建工程质量控制

第一课　地基基础工程

一、地基基础的基本内容

1. 建筑物地基的施工应具备下述资料：

（1）岩土工程勘察资料。

（2）临近建筑物和地下设施类型、分布及结构质量情况。

（3）工程设计图纸、设计要求及需达到的标准，检验手段。

2. 砂、石子、水泥、钢材、石灰、粉煤灰等原材料的质量、检验项目、批量和检验方法，应符合国家现行标准的规定。

3. 地基施工结束，宜在一个间歇期后，进行质量验收，间歇期由设计确定。

4. 地基加固工程，应在正式施工前进行试验段施工，论证设定的施工参数及加固效果。为验证加固效果所进行的载荷试验，其施加载荷应不低于设计载荷的 2 倍。

5. 对灰土地基，砂和砂石地基、土工合成材料地基、粉煤灰地基、强夯地基、注浆地基、预压地基，其竣工后的结果（地基强度或承载力）必须达到设计要求的标准。检验数量，每单位工程不应少于 3 点，1000 m^2 以上工程，每 100 m^2 至少应有 1 点，3000 m^2 以上工程，每 300 m^2 至少应有 1 点。每一独立基础下至少应有 1 点，基槽每 20 延米应有 1 点。

6. 对水泥土搅拌桩复合地基、高压喷射注浆桩复合地基、砂桩地基、振冲桩复合地基、土和灰土挤密桩复合地基、水泥粉煤灰碎石桩复合地基及夯实水泥土桩复合地基，其承载力检验，数量为总数的 0.5% ~1%，但不应少于 3 处。有单桩强度检验要求时，数量为总数的 0.596% ~1%，但不应少于 3 根。

7. 除以上第 5、6 条规定的主控项目外，其他主控项目及一般项目可随意抽查，但复合地基中的水泥土搅拌桩、高压喷射注浆桩、振冲桩、土和灰土挤密桩、水泥粉煤灰碎石桩及夯实水泥土桩至少应抽查 20%。

8. 地基的种类：

（1）灰土地基。

（2）砂和砂石地基。

（3）土工合成材料地基。

（4）粉煤灰地基。

（5）强夯地基。

（6）注浆地基。

（7）预压地基。

（8）振冲地基。

（9）高压喷射注浆地基。

（10）水泥土搅拌桩地基。

（11）土和灰土挤密桩复合地基。

（12）水泥粉煤灰碎石复合地基。

（13）夯实水泥土桩复合地基。

（14）砂桩地基。

二、灰土地基

1. 灰土土料、石灰或水泥（当水泥替代灰土中的石灰时）等材料及配合比应符合设计要求，灰土应搅拌均匀。

2. 施工过程中应检查分层铺设的厚度、分段施工时上下两层的搭接长度、夯实时加水量、夯压遍数、压实系数。

3. 施工结束后，应检验灰土地基的承载力。

4. 灰土地基的质量验收标准应符合表 2-1 的规定。

表 2-1　灰土地基的质量验收标准

项　目	序号	检查项目	允许偏差或允许值		检查方法
			单位	数值	
主控项目	1	地基承载力	设计要求		按规定方法
	2	配合比	设计要求		检查拌和时的体积比
	3	压实系数	设计要求		现场实测
一般项目	1	石灰粒径	mm	≤5	筛分法
	2	土料有机质含量	%	≤5	试验室焙烧法
	3	土颗粒粒径	mm	≤15	筛分法
	4	含水量（与要求的最优含水量比较）	%	±2	烘干法
	5	分层厚度偏差（与设计要求比较）	mm	±50	水准仪

三、砂和砂石地基

1. 砂、石等原材料质量、配合比应符合设计要求，砂、石应搅拌均匀。

2. 施工过程中必须检查分层厚度、分段施工时搭接部分的压实情况、加水量，压实遍数、压实系数。

3. 施工结束后，应检验砂石地基的承载力。

4. 砂和砂石地基的质量验收标准应符合表 2-2 的规定。

表 2-2　砂和砂石地基的质量验收标准

项　目	序号	检查项目	允许偏差或允许值		检查方法
			单位	数值	
主控项目	1	地基承载力	设计要求		按规定方法
	2	配合比	设计要求		检查拌和时的体积比或重量比
	3	压实系数	设计要求		现场实测
一般项目	1	砂石料有机质含量	%	≤5	焙烧法
	2	砂石料含泥量	%	≤5	水洗法
	3	石料粒径	mm	≤100	筛分法
	4	含水量（与最优含水量比较）	%	±2	烘干法
	5	分层厚度（与设计要求比较）	mm	±50	水准仪

四、注浆地基

1. 施工前应掌握有关技术文件（注浆点位置、浆液配比、注浆施工技术参数、检测要求等）。浆液组成材料的性能应符合设计要求，注浆设备应确保正常运转。

2. 施工中应经常抽查浆液的配比及主要性能指标，注浆的顺序、注浆过程中的压力控制等。

3. 施工结束后，应检查注浆体强度、承载力等。检查孔数为总量的2%～5%，不合格率大于或等于20%时应进行二次注浆。检验应在注浆后15d（砂土、黄土）或60d（黏性土）进行。

4. 注浆地基的质量检验标准应符合表2-3的规定。

表 2-3　注浆地基质量检验标准

项　目	序号	检查项目		允许偏差或允许值		检查方法
				单位	数值	
主控项目	1	原材料检验	水泥	设计要求		查产品合格证书或抽样送检
			注浆用砂：粒径	mm	<2.5	试验室试验
			细度模数		<2.0	
			含泥量及有机物含量	%	>3	
			注浆用粘土：塑性指数		>14	试验室试验
			黏粒含量	%	>25	
			含砂量	%	<5	
			有机物含量	%	<3	
			粉煤灰：细度	不粗于同时使用的水泥		试验室试验
			烧失量	%	<3	
			水玻璃：模数	2.5～3.3		抽样送检
			其他化学浆液	设计要求		在产品合格证书或抽样送检
	2	注浆体强度		设计要求		取样送检
	3	地基承载力		设计要求		按规定方法

（续）

项 目	序号	检 查 项 目	允许偏差或允许值		检 查 方 法
			单位	数值	
一般项目	1	各种注浆材料称量误差	%	<3	抽查
	2	注浆孔位	mm	±20	用钢尺量
	3	注浆孔深	mm	±100	量测注浆管长度
	4	注浆压力（与设计参数比）	%	±10	检查压力表读数

五、高压喷射注浆地基

1. 施工前应检查水泥、外掺剂等的质量，桩位、压力表、流量表的精度和灵敏度，高压喷射设备的性能等。

2. 施工中应检查施工参数（压力、水泥浆量、提升速度、旋转速度等）及施工程序。

3. 施工结束后，应检验桩体强度、平均直径、桩身中心位置、桩体质量及承载力等。桩体质量及承载力检验应在施工结束后28d进行。

4. 高压喷射注浆地基质量检验标准应符合表2-4的规定。

表2-4 高压喷射注浆地基质量检验标准

项 目	序号	检 查 项 目	允许偏差或允许值		检 查 方 法
			单位	数值	
主控项目	1	水泥及外掺剂质量	符合出厂要求		查产品合格证书或抽样送检
	2	水泥用量	设计要求		查看流量计及水泥浆水灰比
	3	桩体强度或完整性检验	设计要求		按规定方法
	4	地基承载力	设计要求		按规定方法
一般项目	1	钻孔位置	mm	≤50	用钢尺量
	2	钻孔垂直度	%	≤1.5	经纬仪测钻杆或实测
	3	孔深	mm	±200	用钢尺量
	4	注浆压力	按设定参数指标		查看压力表
	5	桩体搭接	mm	>200	用钢尺量
	6	桩体直径	mm	≤50	开挖后用钢尺量
	7	桩身中心允许偏差	≤0.2D		开挖后桩顶下500mm处用钢尺量，D为桩径

六、水泥土搅拌桩地基

1. 施工前应检查水泥及外掺剂的质量、桩位、搅拌机工作性能及各种计量设备完好程度（主要是水泥浆流量计及其他计量装置）。

2. 施工中应检查机头提升速度、水泥浆或水泥注入量、搅拌桩的长度及标高。

3. 施工结束后，应检查桩体强度、桩体直径及地基承载力。

4. 进行强度检验时，对承重水泥土搅拌桩应取90d后的试件；对支护水泥土搅拌桩应取28d后的试件。

5. 水泥土搅拌桩地基质量检验标准应符合表 2-5 的规定。

表 2-5　水泥土搅拌桩地基质量检验标准

项　目	序号	检 查 项 目	允许偏差或允许值		检 查 方 法
			单位	数值	
主控项目	1	水泥及外掺剂质量	设计要求		查产品合格证书或抽样送检
	2	水泥用量	参数指标		查看流量计
	3	桩体强度	设计要求		按规定办法
	4	地基承载力	设计要求		按规定办法
一般项目	1	机头提升速度	m/min	≤0.5	量机头上升距离及时间
	2	桩底标高	mm	±200	测机头深度
	3	桩顶标高	mm	+100 −50	水准仪（最上部 500mm 不计入）
	4	桩位偏差	mm	<50	用钢尺量
	5	桩径		<0.04D	用钢尺量，D 为桩径
	6	垂直度	%	≤1.5	经纬仪
	7	搭接	mm	>200	用钢尺量

第二课　桩基础工程

一、基本规定

1. 桩位的放样允许偏差如下：

群桩 20mm；单排桩 10mm。

2. 桩基工程的桩位验收，除设计有规定外，应按下述要求进行检查时，对打入桩可在每根桩桩顶沉至场地标高时，进行中间验收，待全部桩施工结束，承台或底板开挖到设计标高后，再做最终验收。对灌注桩可对护筒位置做中间验收。

3. 打（压）入桩（预制混凝土方桩、先张法预应力管桩、钢桩）的桩位偏差，必须符合表 2-6 的规定。斜桩倾斜度的偏差不得大于倾斜角正切值的 15%（倾斜角系桩的纵向中心线与铅垂线间夹角）。

表 2-6　预制桩（钢桩）桩位的允许偏差

序　号	项　目	允许偏差
1	盖有基础梁的桩： （1）垂直基础梁的中心线 （2）沿基础梁的中心线	100＋0.01H 150＋0.01H
2	桩数为 1~3 根桩基中的桩	100
3	桩数为 4~16 根桩基中的桩	1/2 桩径或边长
4	桩数大于 16 根桩基中的桩： （1）最外边的桩 （2）中间桩	1/3 桩径或边长 1/2 桩径或边长

注：H 为施工现场地面标高与桩顶设计标高的距离。

4. 灌注桩的桩位偏差必须符合表 2-7 的规定，桩顶标高至少要比设计标高高出 0.5m，桩底清孔质量按不同的成桩工艺有不同的要求，应按要求执行。每浇注 50m³ 必须有 1 组试件，小于 50m³ 的桩，每根桩必须有 1 组试件。

表 2-7　灌注桩的平面位置和垂直度的允许偏差

序号	成孔方法		桩径允许偏差/mm	垂直度允许偏差（%）	桩位允许偏差/mm	
					1～3 根桩、单排桩基垂直于中心线方向和群桩基础的边桩	条形基础沿中心线方向和群桩基础的中间桩
1	泥浆护壁钻孔桩	$D \leqslant 1000\text{mm}$	±50	<1	$D/6$，且不大于 100	$D/4$，且不大于 150
		>1000mm	±50		100＋0.01H	150＋0.01H
2	套管成孔灌注桩	$D \leqslant 500\text{mm}$	−20	<1	70	150
		>500mm			100	150
3	干成孔灌注桩		−20	<1	70	150
4	人工挖孔桩	混凝土护壁	＋50	<0.5	50	150
		钢套管护壁	＋50	<1	100	200

注：1. 桩径允许偏差为负值是指个别断面。
2. 采用复打、反插法施工的桩，其桩径允许偏差不受上表限制。
3. H 为施工现场地面标高与桩顶设计标高的距离，D 为设计桩径。

5. 工程桩应进行承载力检验。对于地基基础设计等级为甲级或地质条件复杂，成桩质量可靠性低的灌注桩，应采用静载荷试验的方法进行检验，检验桩数不应少于总数的 1%，且不应少于 3 根，当总桩数少于 50 根时，不应少于 2 根。

6. 桩身质量应进行检验。对设计等级为甲级或地质条件复杂，成桩质量可靠性低的灌注桩，抽检数量不应少于总数的 30%，且不应少于 20 根；其他桩基工程的抽检数量不应少于总数的 20%，且不应少于 10 根；对混凝土预制桩及地下水位以上且终孔后经过核验的灌注桩，检验数量不应少于总桩数的 10%，且不得少于 10 根。每个柱子承台下不得少于 1 根。

7. 对砂、石子、钢材、水泥等原材料的质量、检验项目、批量和检验方法，应符合国家现行标准的规定。

8. 除第 6、7 条规定的主控项目外，其他主控项目应全部检查，对一般项目，除已明确规定外，其他可按 20% 抽查，但混凝土灌注桩应全部检查。

9. 桩基础包括的种类：
（1）静力压桩。
（2）混凝土预制桩。
（3）钢桩。
（4）混凝土灌桩桩。
（5）支盘桩。

二、静力压桩

1. 静力压桩包括锚杆静压桩及其他各种非冲击力沉桩。

2. 施工前应对成品桩（锚杆静压成品桩一般均由工厂制造，运至现场堆放）做外观及强度检验，接桩用焊条或半成品硫黄胶泥应有产品合格证书，或送有关部门检验，压桩用压力表、锚杆规格及质量也应进行检查。硫黄胶泥半成品应每100kg做一组试件（3件）。

3. 压桩过程中应检查压力、桩垂直度、接桩间歇时间、桩的连接质量及压入深度。重要工程应对焊接接桩的接头做10%的探伤检查。对承受压力的结构应加强观测。

4. 施工结束后，应做桩的承载力及桩体质量检验。

三、先张法预应力管桩

1. 施工前应检查进入现场的成品桩，接桩用焊条等产品质量。

2. 施工过程中应检查桩的贯入情况、桩顶完整状况、焊接接桩质量、桩体垂直度、焊后的停歇时间。重要工程应对焊接接头做10%的焊缝探伤检查。

3. 施工结束后，应做承载力检验及桩体质量检验。

四、混凝土灌注桩

1. 施工前应对水泥、砂、石子（如现场搅拌）、钢材等原材料进行检查，对施工组织设计中制定的施工顺序、监测手段（包括仪器、方法）也应检查。

2. 施工中应对成孔、清渣、放置钢筋笼、灌注混凝土等进行全过程检查，人工挖孔桩尚应复验孔底持力层土（岩）性。嵌岩桩必须有桩端持力层的岩性报告。

3. 施工结束后，应检查混凝土强度，并应做桩体质量及承载力的检验。

第三课　土方工程

1. 土方工程施工前应进行挖，填方的平衡计算，综合考虑土方运距最短，运程合理和各个工程项目的合理施工程序等，做好土方平衡调配，减少重复挖运。

2. 土方平衡调配应尽可能与城市规划和农田水利相结合将余土一次性运到指定弃土场，做到文明施工。

3. 在挖方前，应做好地面排水和降低地下水位工作。

4. 平整场地的表面坡度应符合设计要求，如设计无要求时，排水沟方向的坡度不应小于2‰。平整后的场地表面应逐点检查。检查点为每100~400m² 取1点，但不应少于10点；长度、宽度和边坡均为每20m取1点，每边不应少于1点。

5. 土方工程施工，应经常测量和校核其平面位置、水平标高和边坡坡度。平面控制桩和水准控制点应采取可靠的保护措施，定期复测和检查。土方不应堆在基坑边缘。

6. 对雨期和冬期施工还应遵守国家现行有关标准。

7. 土方开挖前应检查定位放线、排水和降低地下水位系统，合理安排土方运输车的行走路线及弃土场。

8. 施工过程中应检查平面位置、水平标高、边坡坡度、压实度、排水、降低地下水位系统，并随时观测周围的环境变化。

9. 土方回填前应清除基底的垃圾、树根等杂物，抽除坑穴内的积水、淤泥，验收基底标高。如在耕植土或松土上填方，应在基底压实后再进行。

10. 对填方土料应按设计要求验收后方可填入。

11. 填方施工过程中应检查排水措施，每层填筑厚度、含水量控制、压实程度。填筑厚度及压实遍数应根据土质，压实系数及所用机具确定。

第四课 基坑工程

1. 在基坑（槽）或管沟工程等开挖施工中，现场不宜进行放坡开挖，当可能对邻近建（构）筑物、地下管线、永久性道路产生危害时，应对基坑（槽）、管沟进行支护后再开挖。

2. 基坑（槽）、管沟开挖前应做好下述工作：

（1）基坑（槽）、管沟开挖前，应根据支护结构形式、挖深、地质条件、施工方法、周围环境、工期、气候和地面载荷等资料制订施工方案、环境保护措施、监测方案，经审批后方可施工。

（2）土方工程施工前，应对降水、排水措施进行设计，系统应经检查和试运转，一切正常时方可开始施工。

3. 土方开挖的顺序、方法必须与设计工况相一致，并遵循"开槽支撑，先撑后挖，分层开挖，严禁超挖"的原则。

4. 基坑（槽）、管沟的挖土应分层进行。在施工过程中基坑（槽）、管沟边堆置土方不应超过设计荷载，挖方时不应碰撞或损伤支护结构、降水设施。

5. 基坑（槽）、管沟土方施工中应对支护结构、周围环境进行观察和监测，如出现异常情况应及时处理，待恢复正常后方可继续施工。

6. 基坑（槽）、管沟开挖至设计标高后，应对坑底进行保护，经验槽合格后，方可进行垫层施工。对特大型基坑，宜分区分块挖至设计标高，分区分块及时浇筑垫层。必要时，可加强垫层。

7. 基坑（槽）、管沟土方工程验收必须确保支护结构安全和周围环境安全为前提。当设计有指标时，以设计要求为依据，如无设计指标时应按表2-8的规定执行。

表2-8 基坑变形的监控值 （单位：cm）

基坑类别	围护结构墙顶位移监控值	围护结构前提最大的位移监控值	地面最大的沉降监控值
一级基坑	3	5	3
二级基坑	6	8	6
三级基坑	8	10	10

注：1. 符合下列情况之一，为一级基坑：

（1）重要工程或支护结构做主体结构的一部分。

（2）开挖深度大于10m。

（3）与临近建筑物、重要设施的距离在开挖深度以内的基坑。

（4）基坑范围内有历史文物、近代优秀建筑、重要管线等需严加保护的基坑。

2. 三级基坑为开挖深度小于7m，且周围环境无特别要求时的基坑。

3. 除一级和三级外的基坑属二级基坑。

4. 当周围已有的设施有特殊要求时，尚应符合这些要求。

8. 支护的种类

（1）排桩墙支护工程。

（2）水泥土桩墙支护工程。

（3）锚杆及土钉墙支护工程。

（4）钢或混凝土支撑系统。

（5）地下连续墙。

（6）沉井与沉箱。

（7）降水与排水。

9. 基坑根据国家《建筑深基坑工程施工安全技术规范》（JGJ 311—2013）施工。基坑监测依据国家《建筑基坑工程监测技术规范》（GB 50497—2009）进行监测。地下渗漏根据《地下工程渗漏治理技术规程》（JGJ/T 212—2010）要求进行治理。

第五课　地基基础分部（子分部）工程质量验收

一、质量验收

1. 分项工程、分部（子分部）工程质量的验收，均应在施工单位自检合格的基础上进行。施工单位确认自检合格后提出工程验收申请，工程验收时应提供下列技术文件和记录：

（1）原材料的质量合格证和质量鉴定文件。

（2）半成品如预制桩、钢桩、钢筋笼等产品合格证书。

（3）施工记录及隐蔽工程验收文件。

（4）检测试验及见证取样文件。

（5）其他必须提供的文件或记录。

2. 对隐蔽工程应进行中间验收。

3. 分部（子分部）工程验收应由总监理工程师或建设单位项目负责人组织勘察、设计单位及施工单位的项目负责人、技术质量负责人，共同按设计要求和本规范及其他有关规定进行。

4. 验收工作应按下列规定进行：

（1）分项工程的质量验收应分别按主控项目和一般项目验收。

（2）隐蔽工程应在施工单位自检合格后，于隐蔽前通知有关人员检查验收，并形成中间验收文件。

（3）分部（子分部）工程的验收，应在分项工程通过验收的基础上，对必要的部位进行见证检验。

5. 主控项目必须符合验收标准规定，发现问题应立即处理直至符合要求，一般项目应有80%合格。混凝土试件强度评定不合格或对试件的代表性有怀疑时，应采用钻芯取样，检测结果符合设计要求可按合格验收。

二、地基与基础施工勘察要点

1. 所有建（构）筑物均应进行施工验槽。遇到下列情况之一时，应进行专门的施工勘察。

（1）工程地质条件复杂，详勘阶段难以查清时。

（2）开挖基槽发现土质、土层结构与勘察资料不符时。

（3）施工中边坡失稳，需查明原因，进行观察处理时。

（4）施工中，地基土受扰动，需查明其性状及工程性质时。

（5）为地基处理，需进一步提供勘察资料时。

（6）建（构）筑物有特殊要求，或在施工时出现新的岩土工程地质问题时。

2. 施工勘察应针对需要解决的岩土工程问题布置工作量，勘察方法可根据具体情况选用施工验槽、钻探取样和原位测试等。

3. 天然地基基础开挖后基槽检验要点：

（1）核对基坑的位置、平面尺寸、坑底标高。

（2）核对基坑土质和地下水情况。

（3）空穴、古墓、古井、防空掩体及地下埋设物的位置、深度、性状。

4. 在进行直接观察时，可用袖珍式贯入仪作为辅助手段。

5. 遇到下列情况之一时，应在基坑底普遍进行轻型动力触探：

（1）持力层明显不均匀。

（2）浅部有软弱下卧层。

（3）有浅埋的坑穴、古墓、古井等，直接观察难以发现时。

（4）勘察报告或设计文件规定应进行轻型动力触探时。

第六课　混凝土工程的基本规定

1. 混凝土结构子分部工程可划分为模板、钢筋、预应力、混凝土、现浇结构和装配式结构等分项工程。各分项工程可根据与生产和施工方式相一致且便于控制施工质量的原则，按进场批次、工作班、楼层、结构缝或施工段划分为若干检验批。

2. 混凝土结构子分部工程的质量验收，应在钢筋、预应力、混凝土、现浇结构和装配式结构等相关分项工程验收合格的基础上，进行质量控制资料检查、观感质量验收及结构实体检验。

3. 分项工程的质量验收应在所含检验批验收合格的基础上，进行质量验收记录检查。

4. 检验批的质量验收应包括实物检查和资料检查，并应符合下列规定：

（1）主控项目的质量经抽样检验均应合格。

（2）一般项目的质量经抽样检验应合格；一般项目当采用计数抽样检验时，除专门规定外，其合格点率应达到80%及以上，且不得有严重缺陷。

（3）应具有完整的质量检验记录，重要工序应具有完整的施工操作记录。

5. 检验批抽样样本应随机抽取，并应满足分布均匀、具有代表性的要求。

6. 不合格检验批的处理应符合下列规定：

（1）材料、构配件、器具及半成品检验批不合格时不得使用。

（2）混凝土浇筑前施工质量不合格的检验批，应返工、返修，并应重新验收。

（3）混凝土浇筑后施工质量不合格的检验批，应按混凝土规范有关规定进行处理。

7. 获得认证的产品或来源稳定且连续三批均一次检验合格的产品，进场验收时检验批的容量可按混凝土规范的有关规定扩大一倍，且检验批容量仅可扩大一倍。扩大检验批后的检验中，出现不合格情况时，应按扩大前的检验批容量重新验收，且该产品不得再次扩大检验批容量。

8. 混凝土结构工程采用的材料、构配件、器具及半成品应按进场批次进行检验。属于同一工程项目且同期施工的多个单位工程，对同一厂家生产的同批材料、构配件、器具及半成品，可统一划分检验批进行验收。

第七课　模板分项工程

一、一般规定

1. 模板工程应编制施工方案。爬升式模板工程、工具式模板工程及高大模板支架工程的施工方案，应按有关规定进行技术论证。

2. 模板及支架应根据安装、使用和拆除工况进行设计，并应满足承载力、刚度和整体稳固性要求。

3. 模板及支架的拆除应符合现行国家标准《混凝土结构工程施工规范》（GB 50666—2011）的规定和施工方案的要求。

二、模板安装主控项目

1. 模板及支架用材料的技术指标应符合国家现行有关标准的规定。进场时应抽样检验模板和支架材料的外观、规格和尺寸。

检查数量：按国家现行有关标准的规定确定。

检验方法：检查质量证明文件；观察，尺量。

2. 现浇混凝土结构模板及支架的安装质量，应符合国家现行有关标准的规定和施工方案的要求。

检查数量：按国家现行有关标准的规定确定。

检验方法：按国家现行有关标准的规定执行。

3. 后浇带处的模板及支架应独立设置。

检查数量：全数检查。

检验方法：观察。

4. 支架竖杆或竖向模板安装在土层上时，应符合下列规定：

（1）土层应坚实、平整，其承载力或密实度应符合施工方案的要求。

（2）应有防水、排水措施；对冻胀性土，应有预防冻融措施。

（3）支架竖杆下应有底座或垫板。

检查数量：全数检查。

检验方法：观察；检查土层密实度检测报告、土层承载力验算或现场检测报告。

三、模板安装的一般项目

1. 模板安装应符合下列规定：

（1）模板的接缝应严密。

（2）模板内不应有杂物、积水或冰雪等。

（3）模板与混凝土的接触面应平整、清洁。

（4）用作模板的地坪、胎模等应平整、清洁，不应有影响构件质量的下沉、裂缝、起砂或起鼓。

（5）对清水混凝土及装饰混凝土构件，应使用能达到设计效果的模板。

检查数量：全数检查。

检验方法：观察。

2. 隔离剂的品种和涂刷方法应符合施工方案的要求。隔离剂不得影响结构性能及装饰施工；不得沾污钢筋、预应力筋、预埋件和混凝土接槎处；不得对环境造成污染。

检查数量：全数检查。

检验方法：检查质量证明文件；观察。

3. 模板的起拱应符合现行国家标准《混凝土结构工程施工规范》（GB 50666—2011）的规定，并应符合设计及施工方案的要求。

检查数量：在同一检验批内，对梁，跨度大于18m时应全数检查，跨度不大于18m时应抽查构件数量的10%，且不应少于3件；对板，应按有代表性的自然间抽查10%，且不应少于3间；对大空间结构，板可按纵、横轴线划分检查面，抽查10%，且不应少于3面。

检验方法：水准仪或尺量。

4. 现浇混凝土结构多层连续支模应符合施工方案的规定。上下层模板支架的竖杆宜对准。竖杆下垫板的设置应符合施工方案的要求。

检查数量：全数检查。

检验方法：观察。

5. 固定在模板上的预埋件和预留孔洞不得遗漏，且应安装牢固。有抗渗要求的混凝土结构中的预埋件，应按设计及施工方案的要求采取防渗措施。

预埋件和预留孔洞的位置应满足设计和施工方案的要求。当设计无具体要求时，其位置偏差应符合规范的规定。

检查数量：在同一检验批内，对梁、柱和独立基础，应抽查构件数量的10%，且不应少于3件；对墙和板，应按有代表性的自然间抽查10%，且不应少于3间；对大空间结构，墙可按相邻轴线间高度5m左右划分检查面，板可按纵、横轴线划分检查面，抽查10%，且均不应少于3面。

6. 现浇结构模板安装的偏差及检验方法应符合表2-9的规定。

检查数量：在同一检验批内，对梁、柱和独立基础，应抽查构件数量的10%，且不应少于3件；对墙和板，应按有代表性的自然间抽查10%，且不应少于3间；对大空间结构，墙可按相邻轴线间高度5m左右划分检查面，板可按纵、横轴线划分检查面，抽查10%，且均不应少于3面。

表 2-9　现浇结构模板安装的允许偏差及检验方法

项　目		允许偏差/mm	检验方法
轴线位置		5	尺量
底模上表面标高		±5	水准仪或拉线、尺量
模板内部尺寸	基础	±10	尺量
	柱、墙、梁	±5	尺量
	楼梯相邻踏步高差	5	尺量
柱、墙、垂直度	层高≤6m	8	经纬仪或吊线、尺量
	层高>6m	10	经纬仪或吊线、尺量
相邻模板表面高度差		2	尺量
表面平整度		5	2m靠尺和塞尺量测

注：检查轴线位置，当有纵横两个方向时，沿纵、横两个方向量测，并取其中偏差的较大值。

7. 预制构件模板安装的偏差及检验方法应符合相应规范规定。

检查数量：首次使用及大修后的模板应全数检查；使用中的模板应抽查10%，且不应少于5件，不足5件时应全数检查。

第八课　钢筋分项工程

一、一般规定

1. 浇筑混凝土之前，应进行钢筋隐蔽工程验收。隐蔽工程验收应包括下列主要内容：

（1）纵向受力钢筋的牌号、规格、数量、位置。

（2）钢筋的连接方式、接头位置、接头质量、接头面积百分率、搭接长度、锚固方式及锚固长度。

（3）箍筋、横向钢筋的牌号、规格、数量、间距、位置，箍筋弯钩的弯折角度及平直段长度。

（4）预埋件的规格、数量和位置。

2. 钢筋、成形钢筋进场检验，当满足下列条件之一时，其检验批容量可扩大一倍：

（1）获得认证的钢筋、成形钢筋。

（2）同一厂家、同一牌号、同一规格的钢筋，连续三批均一次检验合格。

（3）同一厂家、同一类型、同一钢筋来源的成型钢筋，连续三批均一次检验合格。

二、钢筋材料的主控项目

1. 钢筋进场时，应按国家现行相关标准的规定抽取试件作屈服强度、抗拉强度、断后伸长率、弯曲性能和重量偏差检验，检验结果应符合相应标准的规定。

检查数量：按进场批次和产品的抽样检验方案确定。

检验方法：检查质量证明文件和抽样检验报告。

2. 成形钢筋进场时，应抽取试件作屈服强度、抗拉强度、断后伸长率和重量偏差检验，检验结果应符合国家现行有关标准的规定。

对由热轧钢筋制成的成形钢筋，当有施工单位或监理单位的代表驻厂监督生产过程，并提供原材钢筋力学性能第三方检验报告时，可仅进行重量偏差检验。

检查数量：同一厂家、同一类型、同一钢筋来源的成形钢筋，不超过 30t 为一批，每批中每种钢筋牌号、规格均应至少抽取 1 个钢筋试件，总数不应少于 3 个。

检验方法：检查质量证明文件和抽样检验报告。

3. 对按一、二、三级抗震等级设计的框架和斜撑构件（含梯段）中的纵向受力普通钢筋应采用 HRB335E、HRB400E、HRB500E、HRBF335E、HRBF400E 或 HRBF500E 钢筋，其强度和最大力下总伸长率的实测值应符合下列规定：

（1）抗拉强度实测值与屈服强度实测值的比值不应小于 1.25。

（2）屈服强度实测值与屈服强度标准值的比值不应大于 1.30。

（3）最大力下总伸长率不应小于 9%。

检查数量：按进场的批次和产品的抽样检验方案确定。

检验方法：检查抽样检验报告。

三、材料检验的一般项目

1. 钢筋应平直、无损伤，表面不得有裂纹、油污、颗粒状或片状老锈。

检查数量：全数检查。

检验方法：观察。

2. 成形钢筋的外观质量和尺寸偏差应符合国家现行有关标准的规定。

检查数量：同一厂家、同一类型的成形钢筋，不超过 30t 为一批，每批随机抽取 3 个成形钢筋。

检验方法：观察，尺量。

3. 钢筋机械连接套筒、钢筋锚固板以及预埋件等的外观质量应符合国家现行有关标准的规定。

检查数量：按国家现行有关标准的规定确定。

检验方法：检查产品质量证明文件；观察，尺量。

四、钢筋加工的主控项目

1. 钢筋弯折的弯弧内直径应符合下列规定：

（1）光圆钢筋，不应小于钢筋直径的 2.5 倍。

（2）335MPa 级、400MPa 级带肋钢筋，不应小于钢筋直径的 4 倍。

（3）500MPa 级带肋钢筋，当直径为 28mm 以下时不应小于钢筋直径的 6 倍，当直径为 28mm 及以上时不应小于钢筋直径的 7 倍。

（4）箍筋弯折处尚不应小于纵向受力钢筋的直径。

检查数量：同一设备加工的同一类型钢筋，每工作班抽查不应少于 3 件。

检验方法：尺量。

2. 纵向受力钢筋的弯折后平直段长度应符合设计要求。光圆钢筋末端做 180° 弯钩时，弯钩的平直段长度不应小于钢筋直径的 3 倍。

检查数量：同一设备加工的同一类型钢筋，每工作班抽检不应少于 3 件。

检验方法：尺量。

3. 箍筋、拉筋的末端应按设计要求做弯钩，并应符合下列规定：

（1）对一般结构构件，箍筋弯钩的弯折角度不应小于 90°，弯折后平直段长度不应小于箍筋直径的 5 倍；对有抗震设防要求或设计有专门要求的结构构件，箍筋弯钩的弯折角度不应小于 135°，弯折后平直段长度不应小于箍筋直径的 10 倍。

（2）圆形箍筋的搭接长度不应小于其受拉锚固长度，且两末端弯钩的弯折角度不应小于 135°，弯折后平直段长度对一般结构构件不应小于箍筋直径的 5 倍，对有抗震设防要求的结构构件不应小于箍筋直径的 10 倍。

（3）梁、柱复合箍筋中的单肢箍筋两端弯钩的弯折角度均不应小于 135°，弯折后平直段长度应符合本条第 1 款对箍筋的有关规定。

检查数量：同一设备加工的同一类型钢筋，每工作班抽查不应少于 3 件。

检验方法：尺量。

4. 盘卷钢筋调直后应进行力学性能和重量偏差检验，其强度应符合国家现行有关标准的规定，其断后伸长率、重量偏差应符合表 2-10 的规定。力学性能和重量偏差检验应符合规范计算的规定。

检查数量：同一设备加工的同一牌号、同一规格的调直钢筋，重量不大于 30t 为一批，每批随机抽取 3 个试件。

表 2-10　盘卷钢筋调直后的断后伸长率、重量偏差要求

钢筋牌号	断后伸长率 A（%）	重量偏差/%	
		直径 6mm～12mm	直径 14mm～16mm
HPB300	≥21	≥ -10	—
HRB33、HRBF335	≥16		
HRB40、HRBF400	≥15	≥ -8	≥ -6
RRB400	≥13		
HRB50、HRBF500	≥14		

注：断后伸长率 A 的量测标距为 5 倍钢筋直径。

五、钢筋加工的一般检查项目

钢筋加工的形状、尺寸应符合设计要求，其偏差应符合表 2-11 的规定。检查数量：同一设备加工的同一类型钢筋，每工作班抽查不应少于 3 件。

检验方法：尺量。

表 2-11　钢筋加工的允许偏差

项　目	允许偏差/mm
受力钢筋沿长度方向的净尺寸	±10
弯起钢筋的弯折位置	±20
箍筋外廓尺寸	±5

六、钢筋连接的主控项目

1. 钢筋的连接方式应符合设计要求。

检查数量：全数检查。

检验方法：观察。

2. 钢筋采用机械连接或焊接连接时，钢筋机械连接接头、焊接接头的力学性能、弯曲性能应符合国家现行有关标准的规定。接头试件应从工程实体中截取。

检查数量：按现行行业标准《钢筋机械连接技术规程》（JGJ 107—2016）和《钢筋焊接及验收规程》（JGJ 18—2012）的规定确定。

检验方法：检查质量证明文件和抽样检验报告。

3. 钢筋采用机械连接时，螺纹接头应检验拧紧力矩值，挤压接头应量测压痕直径，检验结果应符合现行行业标准《钢筋机械连接技术规程》（JGJ 107—2016）的相关规定。

检查数量：按现行行业标准《钢筋机械连接技术规程》（JGJ 107—2016）规定确定。

检验方法：采用专用扭力扳手或专用量规检查。

七、钢筋检查一般项目

1. 钢筋接头的位置应符合设计和施工方案要求。有抗震设防要求的结构中，梁端、柱端箍筋加密区范围内不应进行钢筋搭接。接头末端至钢筋弯起点的距离不应小于钢筋直径的 10 倍。

检查数量：全数检查。

检验方法：观察，尺量。

2. 钢筋机械连接接头、焊接接头的外观质量应符合现行行业标准《钢筋机械连接技术规程》（JGJ 107—2016）和《钢筋焊接及验收规程》（JGJ 18—2012）的规定。

检查数量：按现行行业标准《钢筋机械连接技术规程》（JGJ 107—2016）和《钢筋焊接及验收规程》（JGJ 18—2012）的规定确定。

检验方法：观察，尺量。

3. 当纵向受力钢筋采用机械连接接头或焊接接头时，同一连接区段内纵向受力钢筋的接头面积百分率应符合设计要求；当设计无具体要求时，应符合下列规定：

（1）受拉接头，不宜大于 50%；受压接头，可不受限制。

（2）直接承受动荷载的结构构件中，不宜采用焊接；当采用机械连接时，不应超过 50%。

检查数量：在同一检验批内，对梁、柱和独立基础，应抽查构件数量的 10%，且不应少于 3 件；对墙和板，应按有代表性的自然间抽查 10%，且不应少于 3 间；对大空间结构，墙可按相邻轴线间高度 5m 左右划分检查面，板可按纵横轴线划分检查面，抽查 10%，且均不应少于 3 面。

检验方法：观察，尺量。

（3）接头连接区段是指长度为 35d 且不小于 500mm 的区段，d 为相互连接两根钢筋的直径较小值。

（4）同一连接区段内纵向受力钢筋接头面积百分率为接头中点位于该连接区段内的纵

向受力钢筋截面面积与全部纵向受力钢筋截面面积的比值。

4. 当纵向受力钢筋采用绑扎搭接接头时，接头的设置应符合下列规定：

（1）接头的横向净间距不应小于钢筋直径，且不应小于25mm。

（2）同一连接区段内，纵向受拉钢筋的接头面积百分率应符合设计要求；当设计无具体要求时，应符合下列规定：

1）梁类、板类及墙类构件，不宜超过25%；基础筏板，不宜超过50%。

2）柱类构件，不宜超过50%。

3）当工程中确有必要增大接头面积百分率时，对梁类构件，不应大于50%。

检查数量：在同一检验批内，对梁、柱和独立基础，应抽查构件数量的10%，且不应少于3件；对墙和板，应按有代表性的自然间抽查10%，且不应少于3间；对大空间结构，墙可按相邻轴线间高度5m左右划分检查面，板可按纵横轴线划分检查面，抽查10%，且均不应少于3面。

检验方法：观察，尺量。

4）接头连接区段是指长度为1.3倍搭接长度的区段。搭接长度取相互连接两根钢筋中较小直径计算。

5）同一连接区段内纵向受力钢筋接头面积百分率为接头中点位于该连接区段长度内的纵向受力钢筋截面面积与全部纵向受力钢筋截面面积的比值。

5. 梁、柱类构件的纵向受力钢筋搭接长度范围内箍筋的设置应符合设计要求；当设计无具体要求时，应符合下列规定：

（1）箍筋直径不应小于搭接钢筋较大直径的1/4。

（2）受拉搭接区段的箍筋间距不应大于搭接钢筋较小直径的5倍，且不应大于100mm。

（3）受压搭接区段的箍筋间距不应大于搭接钢筋较小直径的10倍，且不应大于200mm。

（4）当柱中纵向受力钢筋直径大于25mm时，应在搭接接头两个端面外100mm范围内各设置二道箍筋，其间距宜为50mm。

检查数量：在同一检验批内，应抽查构件数量的10%，且不应少于3件。

检验方法：观察，尺量。

八、钢筋安装主控项目

1. 钢筋安装时，受力钢筋的牌号、规格和数量必须符合设计要求。

检查数量：全数检查。

检验方法：观察。尺量。

2. 钢筋应安装牢固。受力钢筋的安装位置、锚固方式应符合设计要求。

检查数量：全数检查。

检验方法：观察，尺量。

九、钢筋安装的一般检查项目

钢筋安装偏差及检验方法应符合表2-12的规定，受力钢筋保护层厚度的合格点率应达到90%及以上，且不得有超过表2-12中数值1.5倍的尺寸偏差。

表 2-12 钢筋安装允许偏差和检验方法

项　　目		允许偏差/mm	检 验 方 法
绑扎钢筋网	长、宽	±10	尺量
	网眼尺寸	±20	尺量连续三档，取最大偏差值
绑扎钢筋骨架	长	±10	尺量
	宽、高	±20	尺量
纵向受力钢筋	锚固长度	−20	尺量
	间距	±10	尺量两端、中间各一点，取最大偏差值
	排距	±5	
纵向受力钢筋、箍筋的混凝土保护层厚度	基础	±10	尺量
	柱、梁	±5	尺量
	板、墙、壳	±3	尺量
绑扎箍筋、横向钢筋间距		±20	尺量连续三档，取最大偏差值
钢筋弯起点位置		20	尺量
预埋件	中心线位置	5	尺量
	水平高差	+3.0	塞尺测量

注：检查中心线位置时，沿纵、横两个方向量测，并取其中偏差的较大值。

检查数量：在同一检验批内，对梁、柱和独立基础，应抽查构件数量的10%，且不应少于3件；对墙和板，应按有代表性的自然间抽查10%，且不应少于3间；对大空间结构，墙可按相邻轴线间高度5m左右划分检查面，板可按纵、横轴线划分检查面，抽查10%，且均不应少于3面。

第九课　预应力分项工程

一、一般规定

1. 浇筑混凝土之前，应进行预应力隐蔽工程验收。隐蔽工程验收应包括下列主要内容：
（1）预应力筋的品种、规格、级别、数量和位置。
（2）成孔管道的规格、数量、位置、形状、连接以及灌浆孔排气兼泌水孔。
（3）局部加强钢筋的牌号、规格、数量和位置。
（4）预应力筋锚具和连接器及锚垫板的品种、规格、数量和位置。
2. 预应力筋、锚具、夹具、连接器、成孔管道的进场检验，当满足下列条件之一时，其检验批容量可扩大一倍：
（1）获得认证的产品。

（2）同一厂家、同一品种、同一规格的产品，连续三批均一次检验合格。

3. 预应力筋张拉机具及压力表应定期维护。张拉设备和压力表应配套标定和使用，标定期限不应超过半年。

二、预应力材料的主控项目

1. 预应力筋进场时，应按国家现行相关标准的规定抽取试件做抗拉强度、断后伸长率检验，其检验结果应符合相应标准的规定。

检查数量：按进场的批次和产品的抽样检验方案确定。

检验方法：检查质量证明文件和抽样检验报告。

2. 无黏结预应力钢绞线进场时，应进行防腐润滑脂量和护套厚度的检验，检验结果应符合现行行业标准《无粘结预应力钢绞线》（JG 161—2016）的规定。

经观察认为涂包质量有保证时，无黏结预应力筋可不作油脂量和护套厚度的抽样检验。

检查数量：按现行行业标准《无粘结预应力钢绞线》（JG 161—2016）的规定确定。

检验方法：观察，检查质量证明文件和抽样检验报告。

3. 预应力筋用锚具应和锚垫板、局部加强钢筋配套使用，锚具、夹具和连接器进场时，应按现行行业标准《预应力筋用锚具、夹具和连接器应用技术规程》（JGJ 85—2010）的相关规定对其性能进行检验，检验结果应符合该标准的规定。

锚具、夹具和连接器用量不足检验批规定数量的50%，且供货方提供有效的检验报告时，可不作静载锚固性能检验。

检查数量：按现行行业标准《预应力筋用锚具、夹具和连接器应用技术规程》（JGJ 85—2010）的规定确定。

检验方法：检查质量证明文件、锚固区传力性能试验报告和抽样检验报告。

4. 处于三 a、三 b 类环境条件下的无黏结预应力筋用锚具系统，应按现行行业标准《无粘结预应力混凝土结构技术规程》（JGJ 92—2016）的相关规定检验其防水性能，检验结果应符合该标准的规定。

检查数量：同一品种、同一规格的锚具系统为一批，每批抽取 3 套。

检验方法：检查质量证明文件和抽样检验报告。

5. 孔道灌浆用水泥应采用硅酸盐水泥或普通硅酸盐水泥，水泥、外加剂的质量应分别符合规范的规定；成品灌浆材料的质量应符合现行国家标准《水泥基灌浆材料应用技术规范》（GB/T 50448—2015）的规定。

检查数量：按进场批次和产品的抽样检验方案确定。

检验方法：检查质量证明文件和抽样检验报告。

三、预应力材料的一般项目

1. 预应力筋进场时，应进行外观检查，其外观质量应符合下列规定：

（1）有黏结预应力筋的表面不应有裂纹、小刺、机械损伤、氧化铁皮和油污等，展开后应平顺、不应有弯折。

（2）无黏结预应力钢绞线护套应光滑、无裂缝，无明显褶皱；轻微破损处应外包防水塑料胶带修补，严重破损者不得使用。

检查数量：全数检查。

检验方法，观察。

2. 预应力筋用锚具、夹具和连接器进场时，应进行外观检查，其表面应无污物、锈蚀、机械损伤和裂纹。

检查数量：全数检查。

检验方法：观察。

3. 预应力成孔管道进场时，应进行管道外观质量检查、径向刚度和抗渗漏性能检验，其检验结果应符合下列规定：

（1）金属管道外观应清洁，内外表面应无锈蚀、油污、附着物、孔洞；金属波纹管不应有不规则褶皱，咬口应无开裂、脱扣；钢管焊缝应连续。

（2）塑料波纹管的外观应光滑、色泽均匀，内外壁不应有气泡、裂口、硬块、油污、附着物、孔洞及影响使用的划伤。

（3）径向刚度和抗渗漏性能应符合现行行业标准《预应力凝土桥梁用塑料波纹管》（JT/T 529—2016）或《预应力混凝土用金属波纹管》（JG 225—2007）的规定。

检查数量：外观应全数检查；径向刚度和抗渗漏性能的检查数量应按进场的批次和产品的抽样检验方案确定。

检验方法：观察，检查质量证明文件和抽样检验报告。

四、预应力制作与安装的主控项目

1. 预应力筋安装时，其品种、规格、级别和数量必须符合设计要求。

检查数量：全数检查。

检验方法：观察，尺量。

2. 预应力筋的安装位置应符合设计要求。

检查数量：全数检查。

检验方法：观察，尺量。

五、预应力制作与安装的一般项目

1. 预应力筋端部锚具的制作质量应符合下列规定：

（1）钢绞线挤压锚具挤压完成后，预应力筋外端露出挤压套筒的长度不应小于1mm。

（2）钢绞线压花锚具的梨形头尺寸和直线锚固段长度不应小于设计值。

（3）钢丝镦头不应出现横向裂纹，镦头的强度不得低于钢丝强度标准值的98%。

检查数量：对挤压锚，每工作班抽查5%，且不应少于5件；对压花锚，每工作班抽查3件；对钢丝镦头强度，每批钢丝检查6个镦头试件。

检验方法：观察，尺量，检查镦头强度试验报告。

2. 预应力筋或成孔管道的安装质量应符合下列规定：

（1）成孔管道的连接应密封。

（2）预应力筋或成孔管道应平顺，并应与定位支撑钢筋绑扎牢固。

（3）当后张有黏结预应力筋曲线孔道波峰和波谷的高差大于300mm，且采用普通灌浆工艺时，应在孔道波峰设置排气孔。

（4）锚垫板的承压面应与预应力筋或孔道曲线末端垂直，预应力筋或孔道曲线末端直线段长度应符合表2-13的规定。

检查数量：第1~3款应全数检查；第4款应抽查预应力束总数的10%，且不少于5束。

检验方法：观察，尺量。

表 2-13 预应力筋曲线起始点与张拉锚固点之间直线段最小长度

预应力筋张拉控制力 N/kN	$N \leqslant 1500$	$1500 < N \leqslant 6000$	$N > 6000$
直线段最小长度/mm	400	500	600

3. 预应力筋或成孔管道定位控制点的竖向位置偏差应符合表2-14的规定，其合格点率应达到90%及以上，且不得有超过表中数值1.5倍的尺寸偏差。

检查数量：在同一检验批内，应抽查各类型构件总数的10%，且不少于3个构件，每个构件不应少于5处。

检验方法：尺量。

表 2-14 预应力筋或成孔管道定位控制点的竖向位置允许偏差

构件截面高（厚）度/mm	$h \leqslant 300$	$300 < h \leqslant 1500$	$h > 1500$
允许偏差/mm	±5	±10	±15

六、预应力的张拉和放张主控项目

1. 预应力筋张拉或放张前，应对构件混凝土强度进行检验。同条件养护的混凝土立方体试件抗压强度应符合设计要求，当设计无具体要求时应符合下列规定：

（1）应达到配套锚固产品技术要求的混凝土最低强度且不应低于设计混凝土强度等级值的75%。

（2）对采用消除应力钢丝或钢绞线作为预应力筋的先张法构件，不应低于30MPa。

检查数量：全数检查。

检验方法：检查同条件养护试件抗压强度试验报告。

2. 对后张法预应力结构构件，钢绞线出现断裂或滑脱的数量不应超过同一截面钢绞线总根数的3%，且每根断裂的钢绞线断丝不得超过一丝，对多跨双向连续板，其同一截面应按每跨计算。

检查数量：全数检查。

检验方法：观察。检查张拉记录。

3. 先张法预应力筋张拉锚固后，实际建立的预应力值与工程设计规定检验值的相对允许偏差为±5%。

检查数量：每工作班抽查预应力筋总数的1%，且不应少于3根。

检验方法：检查预应力筋应力检测记录。

七、预应力的张拉和放张的一般项目

1. 预应力筋张拉质量应符合下列规定：

（1）采用应力控制方法张拉时，张拉力下预应力筋的实测伸长值与计算伸长值的相对

允许偏差为 ±6%。

（2）最大张拉应力应符合现行国家标准《混凝土结构工程施工规范》（GB 50666—2011）的规定。

检查数量：全数检查。

检验方法：检查张拉记录。

2. 先张法预应力构件，应检查预应力筋张拉后的位置偏差，张拉后预应力筋的位置与设计位置的偏差不应大于 5mm，且不应大于构件截面短边边长的 4%。

检查数量：每工作班抽查预应力筋总数的 3%，且不应少于 3 束。

检验方法：尺量。

3. 锚固阶段张拉端预应力筋的内缩量应符合设计要求；当设计无具体要求时，应符合表 2-15 的规定。

检查数量：每工作班抽查预应力筋总数的 3%，且不应少于 3 束。

检验方法：尺量。

表 2-15　张拉端预应力筋的内缩量限值

锚 具 类 别		内缩量限值/mm
支承式锚具（镦头锚具等）	螺母缝隙	1
	每块后加垫板的缝隙	1
锥塞式锚具		5
夹片式锚具	有顶压	5
	无顶压	6~8

八、灌浆及封锚的主控项目

1. 预留孔道灌浆后，孔道内水泥浆应饱满、密实。

检查数量：全数检查。

检验方法：观察，检查灌浆记录。

2. 灌浆用水泥浆的性能应符合下列规定：

（1）3h 自由泌水率宜为 0，且不应大于 1%，泌水应在 24h 内全部被水泥浆吸收。

（2）水泥浆中氯离子含量不应超过水泥重量的 0.06%。

（3）当采用普通灌浆工艺时，24h 自由膨胀率不应大于 6%；当采用真空灌浆工艺时，24h 自由膨胀率不应大于 3%。

检查数量：同一配合比检查一次。

检验方法：检查水泥浆性能试验报告。

3. 现场留置的灌浆用水泥浆试件的抗压强度不应低于 30MPa。

试件抗压强度检验应符合下列规定：

（1）每组应留取 6 个边长为 70.7mm 的立方体试件，并应标准养护 28d。

（2）试件抗压强度应取 6 个试件的平均值；当一组试件中抗压强度最大值或最小值与平均值相差超过 20% 时，应取中间 4 个试件强度的平均值。

检查数量：每工作班留置一组。

检验方法：检查试件强度试验报告。

4. 锚具的封闭保护措施应符合设计要求。当设计无具体要求时，外露锚具和预应力筋的混凝土保护层厚度不应小于：一类环境时 20mm，二 a、二 b 类环境时 50mm，三 a、三 b 类环境时 80mm。

检查数量：在同一检验批内，抽查预应力筋总数的 5%，且不应少于 5 处。

检验方法：观察，尺量。

5. 一般检查项目。

后张法预应力筋锚固后，锚具外预应力筋的外露长度不应小于其直径的 1.5 倍，且不应小于 30mm。

检查数量：在同一检验批内，抽查预应力筋总数的 3%，且不应少于 5 束。

检验方法：观察，尺量。

第十课 混凝土分项工程

一、一般规定

1. 混凝土强度应按现行国家标准《混凝土强度检验评定标准》（GB/T 50107—2010）的规定分批检验评定。划入同一检验批的混凝土，其施工持续时间不宜超过 3 个月。

检验评定混凝土强度时，应采用 28d 或设计规定龄期的标准养护试件。

试件成型方法及标准养护条件应符合现行国家标准《普通混凝土力学性能试验方法标准》（GB/T 50081—2002）的规定。采用蒸汽养护的构件，其试件应先随构件同条件养护，然后再置入标准养护条件下继续养护至 28d 或设计规定龄期。

2. 当采用非标准尺寸试件时，应将其抗压强度乘以尺寸折算系数，折算成边长为 150mm 的标准尺寸试件抗压强度。尺寸折算系数应按现行国家标准《混凝土强度检验评定标准》（GB/T 50107—2010）采用。

3. 当混凝土试件强度评定不合格时，应委托具有资质的检测机构按国家现行有关标准的规定对结构构件中的混凝土强度进行检测推定，并应按规范规定进行处理。

4. 混凝土有耐久性指标要求时，应按现行行业标准《混凝土耐久性检验评定标准》（JGJ/T 193—2009）的规定检验评定。

5. 大批量、连续生产的同一配合比混凝土，混凝土生产单位应提供基本性能试验报告。

6. 预拌混凝土的原材料质量、制备等应符合现行国家标准《预拌混凝土》（GB/T 14902—2012）的规定。

7. 水泥、外加剂进场检验，当满足下列条件之一时，其检验批容量可扩大一倍。

（1）获得认证的产品。

（2）同一厂家、同一品种、同一规格的产品，连续三次进场检验均一次检验合格。

二、混凝土的原材料的主控项目

1. 水泥进场时，应对其品种、代号、强度等级、包装或散装编号、出厂日期等进行检查，并应对水泥的强度、安定性和凝结时间进行检验，检验结果应符合现行国家标准《通用硅酸盐水泥》（GB 175—2007）等的相关规定。

检查数量：按同一厂家、同一品种、同一代号、同一强度等级、同一批号且连续进场的水泥，袋装不超过200t为一批，散装不超过500t为一批，每批抽样数量不应少于一次。

检验方法：检查质量证明文件和抽样检验报告。

2. 混凝土外加剂进场时，应对其品种、性能、出厂日期等进行检查，并应对外加剂的相关性能指标进行检验，检验结果应符合现行国家标准《混凝土外加剂》（GB 8076—2008）和《混凝土外加剂应用技术规范》（GB 50119—2013）等的规定。

检查数量：按同一厂家、同一品种、同一性能、同一批号且连续进场的混凝土外加剂，不超过50t为一批，每批抽样数量不应少于一次。

检验方法：检查质量证明文件和抽样检验报告。

三、混凝土的原材料的一般项目

1. 混凝土用矿物掺合料进场时，应对其品种、技术指标、出厂日期等进行检查，并应对矿物掺合料的相关技术指标进行检验，检验结果应符合国家现行有关标准的规定。

检查数量：按同一厂家、同一品种、同一技术指标、同一批号且连续进场的矿物掺合料，粉煤灰、石灰石粉、磷渣粉和钢铁渣粉不超过200t为一批，粒化高炉矿渣粉和复合矿物掺合料不超过500t为一批，沸石粉不超过120t为一批，硅灰不超过30t一批，每批抽样数量不应少于一次。

检验方法：检查质量证明文件和抽样检验报告。

2. 混凝土原材料中的粗骨料、细骨料质量应符合现行行业标准《普通混凝土用砂、石质量及检验方法标准》（JGJ 52—2006）的规定，使用经过净化处理的海砂应符合现行行业标准《海砂混凝土应用技术规范》（JGJ 206—2010）的规定，再生混凝土骨料应符合现行国家标准《混凝土用再生粗骨料》（GB/T 25177—2010）和《混凝土和砂浆用再生细骨料》（GB/T 25176—2010）的规定。

检查数量：按现行行业标准《普通混凝土用砂、石质量及检验方法标准》（JGJ 52—2006）的规定确定。

检验方法：检查抽样检验报告。

3. 混凝土拌制及养护用水应符合现行行业标准《混凝土用水标准》（JGJ 63—2006）的规定。采用饮用水时，可不检验；采用中水、搅拌站清洗水、施工现场循环水等其他水源时，应对其成分进行检验。

检查数量：同一水源检查不应少于一次。

检验方法：检查水质检验报告。

四、混凝土拌合物的控制项目

1. 预拌混凝土进场时，其质量应符合现行国家标准《预拌混凝土》（GB/T 14902—2012）的规定。

检查数量：全数检查。

检验方法：检查质量证明文件。

2. 混凝土拌合物不应离析。

检查数量：全数检查。

检验方法：观察。

3. 混凝土中氯离子含量和碱总含量应符合现行国家标准《混凝土结构设计规范》（GB 50010—2010）的规定和设计要求。

检查数量：同一配合比的混凝土检查不应少于一次。

检验方法：检查原材料试验报告和氯离子、碱的总含量计算书。

4. 首次使用的混凝土配合比应进行开盘鉴定，其原材料、强度、凝结时间、稠度等应满足设计配合比的要求。

检查数量：同一配合比的混凝土检查不应少于一次。

检验方法：检查开盘鉴定资料和强度试验报告。

5. 混凝土拌合物稠度应满足施工方案的要求。

检查数量：对同一配合比混凝土，取样应符合下列规定：

（1）每拌制 100 盘且不超过 $100m^3$ 时，取样不得少于一次。

（2）每工作班拌制不足 100 盘时，取样不得少于一次。

（3）连续浇筑超过 $1000m^3$ 时，每 $200m^3$ 取样不得少于一次。

（4）每一楼层取样不得少于一次。

检验方法：检查稠度抽样检验记录。

6. 混凝土有耐久性指标要求时，应在施工现场随机抽取试件进行耐久性检验，其检验结果应符合国家现行有关标准的规定和设计要求。

检查数量：同一配合比的混凝土，取样不应少于一次，留置试件数量应符合国家现行标准《普通混凝土长期性能和耐久性能试验方法标准》（GB/T 50082—2009）和《混凝土耐久性检验评定标准》（JGJ/T 193—2010）的规定。

检验方法：检查试件耐久性试验报告。

7. 混凝土有抗冻要求时，应在施工现场进行混凝土含气量检验，其检验结果应符合国家现行有关标准的规定和设计要求。

检查数量：同一配合比的混凝土，取样不应少于一次，取样数量应符合现行国家标准《普通混凝土拌合物性能试验方法标准》（GB/T 50080—2016）的规定。

检验方法：检查混凝土含气量试验报告。

五、混凝土施工控制项目

1. 混凝土的强度等级必须符合设计要求。用于检验混凝土强度的试件应在浇筑地点随机抽取。

检查数量：对同一配合比混凝土，取样与试件留置应符合下列规定：

（1）每拌制 100 盘且不超过 $100m^3$ 时，取样不得少于一次。

（2）每工作班拌制不足 100 盘时，取样不得少于一次。

（3）连续浇筑超过 $1000m^3$ 时，每 $200m^3$ 取样不得少于一次。

（4）每一楼层取样不得少于一次。

（5）每次取样应至少留置一组试件。

检验方法：检查施工记录及混凝土强度试验报告。

2. 后浇带的留设位置应符合设计要求。后浇带和施工缝的留设及处理方法应符合施工方案要求。

检查数量：全数检查。

3. 混凝土浇筑完毕后应及时进行养护，养护时间以及养护方法应符合施工方案要求。

检查数量：全数检查。

检验方法：观察，检查混凝土养护记录。

第十一课　现浇结构分项工程

一、一般规定

1. 现浇结构质量验收应符合下列规定：

（1）现浇结构质量验收应在拆模后、混凝土表面未作修整和装饰前进行，并应作出记录。

（2）已经隐蔽的不可直接观察和量测的内容，可检查隐蔽工程验收记录。

（3）修整或返工的结构构件或部位应有实施前后的文字及图像记录。

2. 现浇结构的外观质量缺陷应由监理单位、施工单位等各方根据其对结构性能和使用功能影响的严重程度按表2-16确定。

表2-16　现浇结构外观质量缺陷

名　称	现　象	严 重 缺 陷	一 般 缺 陷
露筋	构件内钢筋未被混凝土包裹而外露	纵向受力钢筋有露筋	其他钢筋有少量露筋
蜂窝	混凝土表面缺少水泥砂浆而形成石子外露	构件主要受力部位有蜂窝	其他部位有少量蜂窝
孔洞	混凝土中孔穴深度和长度均超过保护层厚度	构件主要受力部位有孔洞	其他部位有少量孔洞
夹渣	混凝土中央有杂物且深度超过保护层厚度	构件主要受力部位有夹渣	其他部位有少量夹渣
疏松	混凝土中局部不密实	构件主要受力部位有疏松	其他部位有少量疏松
裂缝	裂缝从混凝土表面延伸至混凝土内部	构件主要受力部位有影响结构性能或使用功能的裂缝	其他部位有少量不影响结构性能或使用功能的裂缝
连接部位缺陷	构件连接处混凝土有缺陷或连接钢筋、连接件松动	连接部位有影响结构传力性能的缺陷	连接部位有基本不影响结构传力性能的缺陷
外形缺陷	缺棱掉角、棱角不直、翘曲不平、飞边凸肋等	清水混凝土构件有影响使用功能或装饰效果的外形缺陷	其他混凝土构件有不影响使用功能的外形缺陷
外表缺陷	构件表面麻面、掉皮、起砂、沾污等	具有重要装饰效果的清水混凝土构件有外表缺陷	其他混凝土构件有不影响使用功能的外表缺陷

3. 装配式结构现浇部分的外观质量、位置偏差、尺寸偏差验收应符合本章要求。

二、外观质量控制项目

1. 现浇结构的外观质量不应有严重缺陷。

对已经出现的严重缺陷，应由施工单位提出技术处理方案，并经监理单位认可后进行处理；对裂缝或连接部位的严重缺陷及其他影响结构安全的严重缺陷，技术处理方案应经设计单位认可。对经处理的部位应重新验收。

检查数量：全数检查。

检验方法：观察，检查处理记录。

2. 现浇结构的外观质量不应有一般缺陷。

对已经出现的一般缺陷，应由施工单位按技术处理方案进行处理。对经处理的部位应重新验收。

检查数量：全数检查。

检验方法：观察，检查处理记录。

三、位置和尺寸偏差的控制项目

1. 现浇结构不应有影响结构性能或使用功能的尺寸偏差；混凝土设备基础不应有影响结构性能或设备安装的尺寸偏差。

对超过尺寸允许偏差且影响结构性能或安装、使用功能的部位，应由施工单位提出技术处理方案，并经监理、设计单位认可后进行处理。对经处理的部位应重新验收。

检查数量：全数检查。

检验方法：量测，检查处理记录。

2. 现浇结构的位置和尺寸偏差及检验方法应符合表2-17的规定。

检查数量：按楼层、结构缝或施工段划分检验批。在同一检验批内，对梁、柱和独立基础，应抽查构件数量的10%，且不应少于3件；对墙和板，应按有代表性的自然间抽查10%，且不应少于3间；对大空间结构，墙可按相邻轴线间高度5m左右划分检查面，板可按纵、横轴线划分检查面，抽查10%，且均不应少于3面；对电梯井，应全数检查。

表2-17　现浇结构位置和尺寸允许偏差及检验方法

项　目		允许偏差/mm	检 验 方 法
轴线位置	整体基础	15	经纬仪及尺量
	独立基础	10	经纬仪及尺量
	柱、墙、梁	8	尺量
垂直度	层高　≤6m	10	经纬仪或吊线、尺量
	层高　>6m	12	经纬仪或吊线、尺量
	全高（H）≤300m	$H/30000+20$	经纬仪、尺量
	全高（H）>300m	$H/10000Q$ 且 ≤80	经纬仪、尺量
标高	层高	±10	水准仪或拉线、尺量
	全高	±30	水准仪或拉线、尺量

（续）

项 目		允许偏差/mm	检 验 方 法
截面尺寸	基础	+15，-10	尺量
	柱、梁、板、墙	+10，-5	尺量
	楼梯相邻踏步高差	6	尺量
电梯井	中心位置	10	尺量
	长、宽尺寸	+20，0	尺量
表面平整度		8	2m靠尺和塞尺量测
预埋件中心位置	预埋板	10	尺量
	预埋螺栓	5	尺量
	预埋管	5	尺量
	其他	10	尺量
预留洞、孔中心线位置		15	尺量

注：1. 检查柱轴线、中心线位置时，沿纵、横两个方向测量，并取其中偏差的较大值。

2. H 为全高，单位为mm。

第十二课 装配式结构分项工程

一、一般规定

1. 装配式结构连接部位及叠合构件浇筑混凝土之前，应进行隐蔽工程验收。隐蔽工程验收应包括下列主要内容：

（1）混凝土粗糙面的质量，键槽的尺寸、数量、位置。

（2）钢筋的牌号、规格、数量、位置、间距，箍筋弯钩的弯折角度及平直段长度。

（3）钢筋的连接方式、接头位置、接头数量、接头面积百分率、搭接长度、锚固方式及锚固长度。

（4）预埋件、预留管线的规格、数量、位置。

2. 装配式结构的接缝施工质量及防水性能应符合设计要求和国家现行有关标准的规定。

二、预制构件检查项目

1. 预制构件的质量应符合《混凝土结构工程施工质量验收规范》（GB 50204—2015）、国家现行有关标准的规定和设计的要求。

检查数量：全数检查。

检验方法：检查质量证明文件或质量验收记录。

2. 专业企业生产的预制构件进场时，预制构件结构性能检验应符合下列规定：

（1）梁板类简支受弯预制构件进场时应进行结构性能检验，并应符合下列规定：

1）结构性能检验应符合国家现行有关标准的有关规定及设计的要求，检验要求和试验方法应符合《混凝土结构工程施工质量验收规范》（GB 50204—2015）要求。

2）钢筋混凝土构件和允许出现裂缝的预应力混凝土构件应进行承载力、挠度和裂缝宽度检验；不允许出现裂缝的预应力混凝土构件应进行承载力、挠度和抗裂检验。

3）对大型构件及有可靠应用经验的构件，可只进行裂缝宽度、抗裂和挠度检验。

4）对使用数量较少的构件，当能提供可靠依据时，可不进行结构性能检验。

（2）对其他预制构件，除设计有专门要求外，进场时可不做结构性能检验。

（3）对进场时不做结构性能检验的预制构件，应采取下列措施：

1）施工单位或监理单位代表应驻厂监督生产过程。

2）当无驻厂监督时，预制构件进场时应对其主要受力钢筋数量、规格、间距、保护层厚度及混凝土强度等进行实体检验。

检验数量：同一类型预制构件不超过1000个为一批，每批随机抽取1个构件进行结构性能检验。

检验方法：检查结构性能检验报告或实体检验报告。

注："同类型"是指同一钢种、同一混凝土强度等级、同一生产工艺和同一结构形式。抽取预制构件时，宜从设计荷载最大、受力最不利或生产数量最多的预制构件中抽取。

3. 预制构件的外观质量不应有严重缺陷，且不应有影响结构性能和安装、使用功能的尺寸偏差。

检查数量：全数检查。

检验方法：观察，尺量；检查处理记录。

4. 预制构件上的预埋件、预留插筋、预埋管线等的规格和数量以及预留孔、预留洞的数量应符合设计要求。

检查数量：全数检查。

检验方法：观察。

5. 预制构件应有标识。

检查数量：全数检查。

检验方法：观察。

6. 预制构件的外观质量不应有一般缺陷。

检查数量：全数检查。

检验方法：观察，检查处理记录。

7. 预制构件尺寸偏差及检验方法应符合规范的规定；设计有专门规定时，尚应符合设计要求。

检查数量：同一类型的构件，不超过100个为一批，每批应抽查构件数量的5%，且不应少于3个。

8. 预制构件的粗糙面的质量及键槽的数量应符合设计要求。

检查数量：全数检查。

检验方法：观察。

三、预制构件安装与连接的控制项目

1. 预制构件临时固定措施应符合施工方案的要求。

检查数量：全数检查。

检验方法：观察。

2. 钢筋采用套筒灌浆连接时，灌浆应饱满、密实，其材料及连接质量应符合国家现行行业标准《钢筋套筒灌浆连接应用技术规程》（JGJ 355—2015）的规定。

检查数量：按国家现行行业标准《钢筋套筒灌浆连接应用技术规程》（JGJ 355—2015）的规定确定。

检验方法：检查质量证明文件、灌浆记录及相关检验报告。

3. 钢筋采用焊接连接时，其接头质量应符合现行行业标准《钢筋焊接及验收规程》（JGJ 18—2012）的规定。

4. 检查数量：按现行行业标准《钢筋机械连接技术规程》（JGJ 107—2016）的规定确定。

检查数量：按现行行业标准《钢筋机械连接技术规程》（JGJ 107—2016）的规定确定。

检验方法：检查质量证明文件、施工记录及平行加工试件的检验报告。

5. 预制构件采用焊接、螺栓连接等连接方式时，其材料性能及施工质量应符合国家现行标准《钢结构工程施工质量验收规范》（GB 50205—2001）和《钢筋焊接及验收规程》（JGJ 18—2012）的相关规定。

检查数量：按国家现行标准《钢结构工程施工质量验收规范》（GB 50205—2001）和《钢筋焊接及验收规程》（JGJ 18—2012）的规定确定。

检验方法：检查施工记录及平行加工试件的检验报告。

6. 装配式结构采用现浇混凝土连接构件时，构件连接处后浇混凝土的强度应符合设计要求。

检查数量：按《混凝土结构工程施工质量验收规范》（GB 50204—2015）规定确定。

检验方法：检查混凝土强度试验报告。

7. 装配式结构施工后，其外观质量不应有严重缺陷，且不应有影响结构性能和安装、使用功能的尺寸偏差。

检查数量：全数检查。

检验方法：观察，量测；检查处理记录。

8. 装配式结构施工后，其外观质量不应有一般缺陷。

检查数量：全数检查。

检验方法：观察，检查处理记录。

9. 装配式结构施工后，预制构件位置、尺寸偏差及检验方法应符合设计要求；当设计无具体要求时，应符合表2-18的规定。预制构件与现浇结构连接部位的表面平整度应符合表2-18的规定。

表2-18 装配式结构构件位置和尺寸允许偏差及检验方法

项　　目		允许偏差/mm	检验方法
构件轴线位置	竖向构件（柱、墙板、桁架）	8	经纬仪及尺寸
	水平构件（梁、楼板）	5	
标高	梁、板、墙板楼板底面或顶面	±5	水准仪拉线、尺量
构件垂直度	柱、墙板安装后的高度 ≤6m	5	经纬仪或吊线、尺量
	>6m	10	

（续）

项　　目			允许偏差/mm	检验方法
构件倾斜度	梁、桁架		5	经纬仪或吊线、尺量
相邻构件平整度	梁、楼板 底面	外露	3	2m靠尺和塞尺测
		不外露	5	
	柱、墙板	外露	5	
		不外露	8	
构件搁置长度	梁、板		±10	尺量
支座、支垫中心位置	板、梁、柱、墙板、桁架		10	尺量
墙板接缝宽度			±5	尺量

检查数量：按楼层、结构缝或施工段划分检验批。在同一检验批内，对梁、柱和独立基础，应抽查构件数量的10%，且不应少于3件；对墙和板，应按有代表性的自然间抽查10%，且不应少于3间；对大空间结构，墙可按相邻轴线间高度5m左右划分检查面，板可按纵、横轴线划分检查面，抽查10%，且均不应少于3面。

第十三课　混凝土结构子分部验收

一、结构实体检验

1. 对涉及混凝土结构安全的有代表性的部位应进行结构实体检验。结构实体检验应包括混凝土强度、钢筋保护层厚度、结构位置与尺寸偏差以及合同约定的项目；必要时可检验其他项目。

结构实体检验应由监理单位组织施工单位实施，并见证实施过程。施工单位应制定结构实体检验专项方案，并经监理单位审核批准后实施。除结构位置与尺寸偏差外的结构实体检验项目，应由具有相应资质的检测机构完成。

2. 结构实体混凝土强度应按不同强度等级分别检验，检验方法宜采用同条件养护试件方法；当未取得同条件养护试件强度或同条件养护试件强度不符合要求时，可采用回弹-取芯法进行检验。

混凝土强度检验时的等效养护龄期可取日平均温度逐日累计达到600℃·d时所对应的龄期，且不应小于14d。日平均温度为0℃及以下的龄期不计入。

冬期施工时，等效养护龄期计算时温度可取结构构件实际养护温度，也可根据结构构件的实际养护条件，按照同条件养护试件强度与在标准养护条件下28d龄期试件强度相等的原则由监理、施工等各方共同确定。

3. 结构实体检验中，当混凝土强度或钢筋保护层厚度检验结果不满足要求时，应委托具有资质的检测机构按国家现行有关标准的规定进行检测。

二、混凝土结构子分部工程验收

1. 混凝土结构子分部工程施工质量验收合格应符合下列规定：

（1）所含分项工程质量验收应合格。

（2）应有完整的质量控制资料。

（3）观感质量验收应合格。

（4）结构实体检验结果应符合规范的要求。

2. 当混凝土结构施工质量不符合要求时，应按下列规定进行处理：

（1）经返工、返修或更换构件、部件的，应重新进行验收。

（2）经有资质的检测机构按国家现行有关标准检测鉴定达到设计要求的，应予以验收。

（3）经有资质的检测机构按国家现行有关标准检测鉴定达不到设计要求，但经原设计单位核算并确认仍可满足结构安全和使用功能的，可予以验收。

（4）经返修或加固处理能够满足结构可靠性要求的，可根据技术处理方案和协商文件进行验收。

3. 混凝土结构子分部工程施工质量验收时，应提供下列文件和记录：

（1）设计变更文件。

（2）原材料质量证明文件和抽样检验报告。

（3）预拌混凝土的质量证明文件。

（4）混凝土、灌浆料试件的性能检验报告。

（5）钢筋接头的试验报告。

（6）预制构件的质量证明文件和安装验收记录。

（7）预应力筋用锚具、连接器的质量证明文件和抽样检报告。

（8）预应力筋安装、张拉的检验记录。

（9）钢筋套筒灌浆连接及预应力孔道灌浆记录。

（10）隐蔽工程验收记录。

（11）混凝土工程施工记录。

（12）混凝土试件的试验报告。

（13）分项工程验收记录。

（14）结构实体检验记录。

（15）工程的重大质量问题的处理方案和验收记录。

（16）其他必要的文件和记录。

4. 混凝土结构工程子分部工程施工质量验收合格后，应按有关规定将验收文件存档备案。

第十四课 砌体工程的基本规定

1. 砌体结构工程所用的材料应有产品合格证书、产品性能型式检验报告，质量应符合国家现行有关标准的要求。块体、水泥、钢筋、外加剂尚应有材料主要性能的进场复验报告，并应符合设计要求。严禁使用国家明令淘汰的材料。

2. 砌体结构工程施工前，应编制砌体结构工程施工方案。

3. 砌体结构的标高、轴线，应引自基准控制点。

4. 砌筑基础前，应校核放线尺寸，允许偏差应符合表 2-19 的规定。

表 2-19 放线尺寸的允许偏差

长度 L、宽度 B/m	允许偏差/mm
L（或 B）≤30	±5
30 < L（或 B）≤60	±10
60 < L（或 B）≤90	±15
L（或 B）>90	±20

5. 伸缩缝、沉降缝、防震缝中的模板应拆除干净，不得夹有砂浆、块体及碎渣等杂物。

6. 砌筑顺序应符合下列规定：

（1）基底标高不同时，应从低处砌起，并应由高处向低处搭砌。当设计无要求时，搭接长度 L 不应小于基础底的高差 H，搭接长度范围内下层基础应扩大砌筑。

（2）砌体的转角处和交接处应同时砌筑，当不能同时砌筑时，应按规定留槎、接槎。

7. 砌筑墙体应设置皮数杆。

8. 在墙上留置临时施工洞口，其侧边离交接处墙面不应小于 500mm，洞口净宽度不应超过 1m。抗震设防烈度为 9 度地区建筑物的临时施工洞口位置，应会同设计单位确定。临时施工洞口应做好补砌。

9. 不得在下列墙体或部位设置脚手眼：

（1）120mm 厚墙、清水墙、料石墙、独立柱和附墙柱。

（2）过梁上与过梁成 60°角的三角形范围及过梁净跨度 1/2 的高度范围内。

（3）宽度小于 1m 的窗间墙。

（4）门窗洞口两侧石砌体 300mm，其他砌体 200mm 范围内；转角处石砌体 600mm，其他砌体 450mm 范围内。

（5）梁或梁垫下及其左右 500mm 范围内。

（6）设计不允许设置脚手眼的部位。

（7）轻质墙体。

（8）夹心复合墙外叶墙。

10. 脚手眼补砌时，应清除脚手眼内掉落的砂浆、灰尘；脚手眼处砖及填塞用砖应湿润，并应填实砂浆。

11. 设计要求的洞口、沟槽、管道应于砌筑时正确留出或预埋，未经设计单位同意，不得打凿墙体和在墙体上开凿水平沟槽。宽度超过 300mm 的洞口上部，应设置钢筋混凝土过梁。不应在截面长边小于 500mm 的承重墙体、独立柱内埋设管线。

12. 尚未施工楼面或屋面的墙或柱，其抗风允许自由高度必须符合规范的规定。

13. 砌筑完基础或每一楼层后，应校核砌体的轴线和标高。在允许偏差范围内，轴线偏差可在基础顶面或楼面上校正，标高偏差宜通过调整上部砌体灰缝厚度校正。

14. 搁置预制梁、板的砌体顶面应平整，标高一致。

15. 砌体施工质量控制等级分为三级，并应按规范划分。

16. 砌体结构中钢筋（包括夹心复合墙内外叶墙间的拉结件或钢筋）的防腐，应符合设计规定。

17. 雨天不宜在露天砌筑墙体，对下雨当日砌筑的墙体应进行遮盖。继续施工时，应复核墙体的垂直度，如果垂直度超过允许偏差，应拆除重新砌筑。

18. 砌体施工时，楼面和屋面堆载不得超过楼板的允许荷载值。当施工层进料口处施工荷载较大时，楼板下宜采取临时支撑措施。

19. 正常施工条件下，砖砌体、小砌块砌体每日砌筑高度宜控制在 1.5m 或一步脚手架高度内；石砌体不宜超过 1.2m。

20. 砌体结构工程检验批的划分应同时符合下列规定：

（1）所用材料类型及同类型材料的强度等级相同。

（2）不超过 250m³ 砌体。

（3）主体结构砌体一个楼层（基础砌体可按一个楼层计）；填充墙砌体量少时可多个楼层合并。

21. 砌体结构工程检验批验收时，其主控项目应全部符合《砌体结构工程施工质量验收规范》（GB 50203—2011）的规定；一般项目应有 80% 及以上的抽检处符合规范的规定；有允许偏差的项目，最大超差值为允许偏差值的 1.5 倍。

22. 砌体结构分项工程中检验批抽检时，各抽检项目的样本最小容量除有特殊要求外，按不应小于 5 确定。

23. 在墙体砌筑过程中，当砌筑砂浆初凝后，块体被撞动或需移动时，应将砂浆清除后再铺浆砌筑。

第十五课　砌筑砂浆

1. 水泥使用应符合下列规定：

（1）水泥进场时应对其品种、等级、包装或散装仓号、出厂日期等进行检查，并应对其强度、安定性进行复验，其质量必须符合现行国家标准《通用硅酸盐水泥》（GB 175—2007）的有关规定。

（2）当在使用中对水泥质量有怀疑或水泥出厂超过三个月（快硬硅酸盐水泥超过一个月）时，应复查试验，并按复验结果使用。

（3）不同品种的水泥，不得混合使用。

抽检数量：按同一生产厂家、同品种、同等级、同批号连续进场的水泥，袋装水泥不超过 200t 为一批，散装水泥不超过 500t 为一批，每批抽样不少于一次。

检验方法：检查产品合格证、出厂检验报告和进场复验报告。

2. 砂浆用砂宜采用过筛中砂，并应满足下列要求：

（1）不应混有草根、树叶、树枝、塑料、煤块、炉渣等杂物。

（2）砂中含泥量、泥块含量、石粉含量、云母、轻物质、有机物、硫化物、硫酸盐及氯盐含量（配筋砌体砌筑用砂）等应符合现行行业标准《普通混凝土用砂、石质量及检验方法标准》（JGJ 52—2006）的有关规定。

（3）人工砂、山砂及特细砂，应经试配能满足砌筑砂浆技术条件要求。

3. 拌制水泥混合砂浆的粉煤灰、建筑生石灰、建筑生石灰粉及石灰膏应符合下列规定：

（1）粉煤灰、建筑生石灰、建筑生石灰粉的品质指标应符合现行行业标准《粉煤灰在混凝土和砂浆中应用技术规程》（JGJ 28—1986）、《建筑生石灰》（JC/T 479—2013）、《建筑生石灰粉》（JC/T 480—1992）的有关规定。

（2）建筑生石灰、建筑生石灰粉熟化为石灰膏，其熟化时间分别不得少于 7d 和 2d；沉淀池中储存的石灰膏，应防止干燥、冻结和污染，严禁采用脱水硬化的石灰膏；建筑生石灰粉、消石灰粉不得替代石灰膏配制水泥石灰砂浆。

（3）石灰膏的用量，应按稠度 120mm ±5mm 计量现场施工中石灰膏不同稠度的换算系数，可按规范确定。

4. 拌制砂浆用水的水质，应符合现行行业标准《混凝土用水标准》（JGJ 63—2006）的有关规定。

5. 砌筑砂浆应进行配合比设计。当砌筑砂浆的组成材料有变更时，其配合比应重新确定。砌筑砂浆的稠度宜按表 2-20 的规定采用。

表 2-20　砌筑砂浆的稠度

砌 体 种 类	砂浆稠度/mm
烧结普通砖砌体 蒸压粉煤灰砖砌体	70～90
混凝土实心砖、混凝土多孔砖砌体 普通混凝土小型空心砌块砌体 蒸压灰砂砖砌体	50～70
烧结多孔砖、空心砖砌体 轻骨料小型空心砌块砌体 蒸压加气混凝土砌块砌体	60～80
石砌体	30～50

注：1. 采用薄灰砌筑法砌筑蒸压加气混凝土砌块砌体时，加气混凝土粘结砂浆的加水量按照其产品说明书控制。

　　2. 当砌筑其他块体时，其砌筑砂浆的稠度可根据块体吸水特性及气候条件确定。

6. 施工中不应采用强度等级小于 M5 水泥砂浆替代同强度等级水泥混合砂浆，如需替代，应将水泥砂浆提高一个强度等级。

7. 在砂浆中掺入的砌筑砂浆增塑剂、早强剂、缓凝剂、防冻剂、防水剂等砂浆外加剂，其品种和用量应经有资质的检测单位检验和试配确定。所用外加剂的技术性能应符合国家现行有关标准《砌筑砂浆增塑剂》（JG/T 164—2004）、《混凝土外加剂》（GB 8076—2008）和《砂浆、混凝土防水剂》（JC 474—2008）的质量要求。

8. 配制砌筑砂浆时，各组分材料应采用质量计量，水泥及各种外加剂配料的允许偏差为 ±2%；砂、粉煤灰、石灰膏等配料的允许偏差为 ±5%。

9. 砌筑砂浆应采用机械搅拌，搅拌时间自投料完算起应符合下列规定：

（1）水泥砂浆和水泥混合砂浆不得少于 120s。

（2）水泥粉煤灰砂浆和掺用外加剂的砂浆不得少于 180s。

（3）掺增塑剂的砂浆，其搅拌方式、搅拌时间应符合现行行业标准《砌筑砂浆增塑剂》（JG/T 164—2004）的有关规定。

（4）干混砂浆及加气混凝土砌块专用砂浆宜按掺用外加剂的砂浆确定搅拌时间或按产品说明书采用。

10. 现场拌制的砂浆应随拌随用，拌制的砂浆应在 3h 内使用完毕；当施工期间最高气温超过 30℃ 时，应在 2h 内使用完毕。预拌砂浆及蒸压加气混凝土砌块专用砂浆的使用时间应按照厂方提供的说明书确定。

11. 砌体结构工程使用的湿拌砂浆，除直接使用外必须储存在不吸水的专用容器内，并根据气候条件采取遮阳、保温、防雨雪等措施，砂浆在储存过程中严禁随意加水。

12. 砌筑砂浆试块强度验收时其强度合格标准应符合下列规定：

（1）同一验收批砂浆试块强度平均值应大于或等于设计强度等级值的 1.10 倍。

（2）同一验收批砂浆试块抗压强度的最小一组平均值应大于或等于设计强度等级值的 85%。

1）砌筑砂浆的验收批，同一类型、强度等级的砂浆试块不应少于 3 组；同一验收批砂浆只有 1 组或 2 组试块时，每组试块抗压强度平均值应大于或等于设计强度等级值的 1.10 倍；对于建筑结构的安全等级为一级或设计使用年限为 50 年及以上的房屋，同一验收批砂浆试块的数量不得少于 3 组。

2）砂浆强度应以标准养护，28d 龄期的试块抗压强度为准。

3）制作砂浆试块的砂浆稠度应与配合比设计一致。

抽检数量：每一检验批且不超过 250m³ 砌体的各类、各强度等级的普通砌筑砂浆，每台搅拌机应至少抽检一次。验收批的预拌砂浆、蒸压加气混凝土砌块专用砂浆，抽检可为 3 组。

检验方法：在砂浆搅拌机出料口或在湿拌砂浆的储存容器出料口随机取样制作砂浆试块（现场拌制的砂浆，同盘砂浆只应作 1 组试块），试块标养 28d 后作强度试验。预拌砂浆中的湿拌砂浆稠度应在进场时取样检验。

13. 当施工中或验收时出现下列情况，可采用现场检验方法对砂浆或砌体强度进行实体检测，并判定其强度：

（1）砂浆试块缺乏代表性或试块数量不足。

（2）对砂浆试块的试验结果有怀疑或有争议。

（3）砂浆试块的试验结果，不能满足设计要求。

（4）发生工程事故，需要进一步分析事故原因。

第十六课　砖砌体工程

一、一般规定

1. 本课内容适用于烧结普通砖、烧结多孔砖、混凝土多孔砖、混凝土实心砖、蒸压灰砂砖、蒸压粉煤灰砖等砌体工程。

2. 用于清水墙、柱表面的砖，应边角整齐，色泽均匀。

3. 砌体砌筑时，混凝土多孔砖、混凝土实心砖、蒸压灰砂砖、蒸压粉煤灰砖等块体的产品龄期不应小于28d。

4. 有冻胀环境和条件的地区，地面以下或防潮层以下的砌体，不应采用多孔砖。

5. 不同品种的砖不得在同一楼层混砌。

6. 砌筑烧结普通砖、烧结多孔砖、蒸压灰砂砖、蒸压粉煤灰砖砌体时，砖应提前 1 ~ 2d 适度湿润，严禁采用干砖或处于吸水饱和状态的砖砌筑，块体湿润程度应符合下列规定：

（1）烧结类块体的相对含水率为 60% ~ 70%。

（2）混凝土多孔砖及混凝土实心砖不需浇水湿润，但在气候干燥炎热的情况下，宜在砌筑前对其喷水湿润。其他非烧结类块体的相对含水率为 40% ~ 50%。

7. 采用铺浆法砌筑砌体，铺浆长度不得超过 750mm；当施工期间气温超过 30℃ 时，铺浆长度不得超过 500mm。

8. 240mm 厚承重墙的每层墙的最上一皮砖，砖砌体的阶台水平面上及挑出层的外皮砖，应整砖丁砌。

9. 弧拱式及平拱式过梁的灰缝应砌成楔形缝，拱底灰缝宽度不宜小于 5mm，拱顶灰缝宽度不应大于 15mm，拱体的纵向及横向灰缝应填实砂浆；平拱式过梁拱脚下面应伸入墙内不小于 20mm；砖砌平拱过梁底应有 1% 的起拱。

10. 砖过梁底部的模板及其支架拆除时，灰缝砂浆强度不应低于设计强度的 75%。

11. 多孔砖的孔洞应垂直于受压面砌筑。半盲孔多孔砖的封底面应朝上砌筑。

12. 竖向灰缝不应出现瞎缝、透明缝和假缝。

13. 砖砌体施工临时间断处补砌时，必须将接槎处表面清理干净，洒水湿润，并填实砂浆，保持灰缝平直。

14. 夹心复合墙的砌筑应符合下列规定：

（1）墙体砌筑时，应采取措施防止空腔内掉落砂浆和杂物。

（2）拉结件设置应符合设计要求，拉结件在叶墙上的搁置长度不应小于叶墙厚度的 2/3，并不应小于 60mm。

（3）保温材料品种及性能应符合设计要求。保温材料的浇注压力不应对砌体强度、变形及外观质量产生不良影响。

二、主控项目

1. 砖和砂浆的强度等级必须符合设计要求。

抽检数量：每一生产厂家，烧结普通砖、混凝土实心砖每 15 万块，烧结多孔砖、混凝土多孔砖、蒸压灰砂砖及蒸压粉煤灰砖每 10 万块各为一验收批，不足上述数量时按 1 批计，抽检数量为 1 组。

检验方法：检查砖和砂浆试块试验报告。

2. 砌体灰缝砂浆应密实饱满，砖墙水平灰缝的砂浆饱满度不得低于 80%；砖柱水平灰缝和竖向灰缝饱满度不得低于 90%。

抽检数量：每检验批抽查不应少于 5 处。

检验方法：用百格网检查砖底面与砂浆的粘结痕迹面积，每处检测 3 块砖，取其平均值。

3. 砖砌体的转角处和交接处应同时砌筑，严禁无可靠措施的内外墙分砌施工。在抗震设防烈度为 8 度及 8 度以上地区，对不能同时砌筑而又必须留置的临时间断处应砌成斜槎，普通砖砌体斜槎水平投影长度不应小于高度的 2/3，多孔砖砌体的斜槎长高比不应小于 1/2。斜槎高度不得超过一步脚手架的高度。

抽检数量：每检验批抽查不应少于 5 处。

检验方法：观察检查。

4. 非抗震设防及抗震设防烈度为 6 度、7 度地区的临时间断处，当不能留斜槎时，除转角处外，可留直槎，但直槎必须做成凸槎，且应加设拉结钢筋，拉结钢筋应符合下列规定：

（1）每 120mm 墙厚放置 1φ6 拉结钢筋（120mm 厚墙应放置 2φ6 拉结钢筋）。

（2）间距沿墙高不应超过 500mm，且竖向间距偏差不应超过 100mm。

（3）埋入长度从留槎处算起每边均不应小于 500mm，对抗震设防烈度 6 度、7 度的地区，不应小于 1000mm。

（4）末端应有 90°弯钩。

三、一般项目

1. 砖砌体组砌方法应正确，内外搭砌，上、下错缝。清水墙、窗间墙无通缝；混水墙中不得有长度大于 300mm 的通缝，长度 200～300mm 的通缝每间不超过 3 处，且不得位于同一面墙体上。砖柱不得采用包心砌法。

抽检数量：每检验批抽查不应少于 5 处。

检验方法：观察检查。砌体组砌方法抽检每处应为 3～5m。

2. 砖砌体的灰缝应横平竖直，厚薄均匀，水平灰缝厚度及竖向灰缝宽度宜为 10mm，但不应小于 8mm，也不应大于 12mm。

抽检数量：每检验批抽查不应少于 5 处。

检验方法：水平灰缝厚度用尺量 10 皮砖砌体高度折算；竖向灰缝宽度用尺量 2m 砌体长度折算。

3. 砖砌体尺寸、位置的允许偏差及检验应符合表 2-21 的规定。

表 2-21　砖砌体尺寸、位置的允许偏差及检验

项次	项　　目			允许偏差/mm	检验方法	抽检数量
1	轴线位移			10	用经纬仪和尺或用其他测量仪器检查	承重墙、柱全数检查
2	基础、墙、柱顶面标高			±15	用水准仪和尺检查	不应少于 5 处
3	墙面垂直度	每层		5	用 2m 托线板检查	不应少于 5 处
		全高	≤10m	10	用经纬仪、吊线和尺或用其他测量仪器检查	外墙全部阳角
			>10m	20		
4	表面平整度	清水墙、柱		5	用 2m 靠尺和楔形塞尺检查	不应少于 5 处
		混水墙、柱		8		
5	水平灰缝平直度	清水墙		7	拉 5m 线和尺检查	不应少于 5 处
		混水墙		10		

（续）

项次	项　目	允许偏差/mm	检 验 方 法	抽检数量
6	门窗洞口高宽（后塞口）	±10	用尺检查	不应少于 5 处
7	外墙上下窗口偏移	20	以底层窗口为准，用经纬仪或吊线检查	不应少于 5 处
8	清水墙油丁走缝	20	以每层第一皮砖为准，用吊线和尺检查	不应少于 5 处

第十七课　砖砌体冬期施工及子分部验收

一、冬期施工

1. 当室外日平均气温连续 5d 稳定低于 5℃时，砌体工程应采取冬期施工措施。

注：（1）气温根据当地气象资料确定。

（2）冬期施工期限以外，当日最低气温低于 0℃时，也应按冬期施工的规定执行。

2. 冬期施工的砌体工程质量验收除应符合冬期施工的要求，还应符合现行行业标准《建筑工程冬期施工规程》（JGJ/T 104—2011）的有关规定。

3. 砌体工程冬期施工应有完整的冬期施工方案。

4. 冬期施工所用材料应符合下列规定：

（1）石灰膏、电石膏等应防止受冻，如遭冻结，应经融化后使用。

（2）拌制砂浆用砂，不得含有冰块和大于 10mm 的冻结块。

（3）砌体用块体不得遭水浸冻。

5. 冬期施工砂浆试块的留置，除应按常温规定要求外，尚应增加 1 组与砌体同条件养护的试块，用于检验转入常温 28d 的强度。如有特殊需要，可另外增加相应龄期的同条件养护的试块。

6. 地基土有冻胀性时，应在未冻的地基上砌筑，并应防止在施工期间和回填土前地基受冻。

7. 冬期施工中砖、小砌块浇（喷）水湿润应符合下列规定：

（1）烧结普通砖、烧结多孔砖、蒸压灰砂砖、蒸压粉煤灰砖、烧结空心砖、吸水率较大的轻骨料混凝土小型空心砌块在气温高于 0℃条件下砌筑时，应浇水湿润；在气温低于、等于 0℃条件下砌筑时，可不浇水，但必须增大砂浆稠度。

（2）普通混凝土小型空心砌块、混凝土多孔砖、混凝土实心砖及采用薄灰砌筑法的蒸压加气混凝土砌块施工时，不应对其浇（喷）水湿润。

（3）抗震设防烈度为 9 度的建筑物，当烧结普通砖、烧结多孔砖、蒸压粉煤灰砖、烧结空心砖无法浇水湿润时，如无特殊措施，不得砌筑。

8. 拌和砂浆时水的温度不得超过 80℃，砂的温度不得超过 40℃。

9. 采用砂浆掺外加剂法、暖棚法施工时，砂浆使用温度不应低于 5℃。

10. 采用暖棚法施工，块体在砌筑时的温度不应低于5℃，距离所砌的结构底面0.5m处的棚内温度也不应低于5℃。

11. 采用外加剂法配制的砌筑砂浆，当设计无要求，且最低气温等于或低于－15℃时，砂浆强度等级应较常温施工提高一级。

12. 配筋砌体不得采用掺氯盐的砂浆施工。

二、子分部工程验收

1. 砌体工程验收前，应提供下列文件和记录：

（1）设计变更文件。

（2）施工执行的技术标准。

（3）原材料出厂合格证书、产品性能检测报告和进场复验报告。

（4）混凝土及砂浆配合比通知单。

（5）混凝土及砂浆试件抗压强度试验报告单。

（6）砌体工程施工记录。

（7）隐蔽工程验收记录。

（8）分项工程检验批的主控项目、一般项目验收记录。

（9）填充墙砌体植筋锚固力检测记录。

（10）重大技术问题的处理方案和验收记录。

（11）其他必要的文件和记录。

2. 砌体子分部工程验收时，应对砌体工程的观感质量做出总体评价。

3. 当砌体工程质量不符合要求时，应按现行国家标准《建筑工程施工质量验收统一标准》（GB 50300—2013）有关规定执行。

4. 有裂缝的砌体应按下列情况进行验收：

（1）对不影响结构安全性的砌体裂缝，应予以验收，对明显影响使用功能和观感质量的裂缝，应进行处理。

（2）对有可能影响结构安全性的砌体裂缝，应由有资质的检测单位检测鉴定，需返修或加固处理的，待返修或加固处理满足使用要求后进行二次验收。

第十八课　钢结构工程施工质量验收的基本规定

基本规定

1. 钢结构工程施工单位应具备相应的钢结构工程施工资质，施工现场质量管理应有相应的施工技术标准、质量管理体系、质量控制及检验制度，施工现场应有经项目技术负责人审批的施工组织设计、施工方案等技术文件。

2. 钢结构工程施工质量的验收，必须采用经计量检定、校准合格的计量器具。

3. 钢结构工程应按下列规定进行施工质量控制：

（1）采用的原材料及成品应进行进场验收。凡涉及安全、功能的原材料及成品应按

《钢结构工程施工质量验收规范》（GB 50205—2001）规定进行复验，并应经监理工程师（建设单位技术负责人）见证取样、送样。

（2）各工序应按施工技术标准进行质量控制，每道工序完成后，应进行检查。

（3）相关各专业工种之间，应进行交接检验，并经监理工程师（建设单位技术负责人）检查认可。

4. 钢结构工程施工质量验收应在施工单位自检基础上，按照检验批、分项工程、分部（子分部）工程进行。钢结构分部（子分部）工程中分项工程划分应按照现行国家标准《建筑工程施工质量验收统一标准》（GB 50300—2013）的规定执行。钢结构分项工程应由一个或若干检验批组成，各分项工程检验批应按《钢结构工程施工质量验收规范》（GB 50205—2001）的规定进行划分。

5. 分项工程检验批合格质量标准应符合下列规定：

（1）主控项目必须符合《钢结构工程施工质量验收规范》（GB 50205—2001）合格质量标准的要求。

（2）一般项目其检验结果应有80%及以上的检查点（值）符合《钢结构工程施工质量验收规范》（GB 50205—2001）合格质量标准的要求，且最大值不应超过其允许偏差值的1.2倍。

（3）质量检查记录、质量证明文件等资料应完整。

6. 分项工程合格质量标准应符合下列规定：

（1）分项工程所含的各检验批均应符合《钢结构工程施工质量验收规范》（GB 50205—2001）合格质量标准。

（2）分项工程所含的各检验批质量验收记录应完整。

7. 当钢结构工程施工质量不符合《钢结构工程施工质量验收规范》（GB 50205—2001）要求时，应按下列规定进行处理：

（1）经返工重做或更换构（配）件的检验批，应重新进行验收。

（2）经有资质的检测单位检测鉴定能够达到设计要求的检验批，应予以验收。

（3）经有资质的检测单位检测鉴定达不到设计要求，但经原设计单位核算认可能够满足结构安全和使用功能的检验批，可予以验收。

（4）经返修或加固处理的分项、分部工程，虽然改变外形尺寸但仍能满足安全使用要求，可按处理技术方案和协商文件进行验收。

8. 通过返修或加固处理仍不能满足安全使用要求的钢结构分部工程，严禁验收。

第十九课　钢结构原材料及成品进场检查

一、钢材

1. 钢材、钢铸件的品种、规格、性能等应符合现行国家产品标准和设计要求。进口钢材产品的质量应符合设计和合同规定标准的要求。

检查数量：全数检查。

检验方法：检查质量合格证明文件、中文标志及检验报告等。

2. 对属于下列情况之一的钢材，应进行抽样复验，其复验结果应符合现行国家产品标准和设计要求。

（1）国外进口钢材。

（2）钢材混批。

（3）板厚等于或大于 40mm，且设计有 Z 向性能要求的厚板；

（4）建筑结构安全等级为一级，大跨度钢结构中主要受力构件所采用的钢材；

（5）设计有复验要求的钢材；

（6）对质量有疑义的钢材。

检查数量：全数检查。

检验方法：检查复验报告。

3. 钢板厚度及允许偏差应符合其产品标准的要求。

检查数量：每一品种、规格的钢板抽查 5 处。

检验方法：用游标卡尺量测。

4. 型钢的规格尺寸及允许偏差符合其产品标准的要求。

检查数量：每一品种、规格的型钢抽查 5 处。

检验方法：用钢尺和游标卡尺量测。

5. 钢材的表面外观质量除应符合国家现行有关标准的规定外，尚应符合下列规定：

（1）当钢材的表面有锈蚀、麻点或划痕等缺陷时，其深度不得大于该钢材厚度负允许偏差值的 1/2。

（2）钢材表面的锈蚀等级应符合现行国家标准《涂覆、涂料前钢材表面处理表面清洁度的目视评定 第 1 部分：未涂覆过的钢材表面和全面清除原有涂层后的钢材表面的锈蚀等级和处理等级》（GB 8923.1—2011）规定的 C 级及 C 级以上。

（3）钢材端边或断口处不应有分层、夹渣等缺陷。

检查数量：全数检查。

检验方法：观察检查。

二、焊接材料

1. 焊接材料的品种、规格、性能等应符合现行国家产品标准和设计要求。

检查数量：全数检查。

检验方法：检查焊接材料的质量合格证明文件、中文标志及检验报告等。

2. 重要钢结构采用的焊接材料应进行抽样复验，复验结果应符合现行国家产品标准和设计要求。

检查数量：全数检查。

检验方法：检查复验报告。

3. 焊钉及焊接瓷环的规格、尺寸及偏差应符合现行国家标准《电弧螺柱焊用圆柱头焊钉》（GB/T 10433—2002）中的规定。

检查数量：按量抽查 1%，且不应少于 10 套。

检验方法：用钢尺和游标卡尺量测。

4. 焊条外观不应有药皮脱落、焊芯生锈等缺陷，焊剂不应受潮结块。

检查数量：按量抽查1%，且不应少于10包。

检验方法：观察检查。

三、连接用紧固标准件

1. 钢结构连接用高强度大六角头螺栓连接副、扭剪型高强度螺栓连接副、钢网架用高强度螺栓、普通螺栓、铆钉、自攻钉、拉铆钉、射钉、锚栓（机械型和化学试剂型）、地脚锚栓等紧固标准件及螺母、垫圈等标准配件，其品种、规格、性能等应符合现行国家产品标准和设计要求。高强度大六角头螺栓连接副和扭剪型高强度螺栓连接副出厂时应分别随箱带有扭矩系数和紧固轴力（预拉力）的检验报告。

检查数量：全数检查。

检验方法：检查产品的质量合格证明文件、中文标志及检验报告等。

2. 高强度大六角头螺栓连接副应按《钢结构工程施工质量验收规范》（GB 50205—2001）的规定检验其扭矩系数，其检验结果应符合规范的规定。

检查数量：符合规范规定。

检验方法：检查复验报告。

3. 扭剪型高强度螺栓连接副应按规范的规定检验预拉力，其检验结果应符合规范的规定。

检查数量：符合规范。

检验方法：检查复验报告。

4. 高强度螺栓连接副，应按包装箱配套供货，包装箱上应标明批号、规格、数量及生产日期。螺栓、螺母、垫圈外观表面应涂油保护，不应出现生锈和沾染赃物，螺纹不应损伤。

检查数量：按包装箱数抽查5%，且不应少于3箱。

检验方法：观察检查。

5. 对建筑结构安全等级为一级，跨度40m及以上的螺栓球节点钢网架结构，其连接高强度螺栓应进行表面硬度试验，对8.8级的高强度螺栓其硬度应为21~29HRC；10.9级高强度螺栓其硬度应为32~36HRC，且不得有裂纹或损伤。

检查数量：按规格抽查8只。

检验方法：硬度计、10倍放大镜或磁粉探伤。

四、焊接球

1. 焊接球及制造焊接球所采用的原材料，其品种、规格、性能等应符合现行国家产品标准和设计要求。

检查数量：全数检查。

检验方法：检查产品的质量合格证明文件、中文标志及检验报告等。

2. 焊接球焊缝应进行无损检验，其质量应符合设计要求，当设计无要求时应符合《钢结构工程施工质量验收规范》（GB 50205—2001）中规定的二级质量标准。

检查数量：每一规格按数量抽查5%，且不应少于3个。

检验方法：超声波探伤或检查检验报告。

3. 焊接球直径、圆度、壁厚减薄量等尺寸及允许偏差应符合规范的规定。

检查数量：每一规格按数量抽查 5%，且不应少于 3 个。

检验方法：用卡尺和测厚仪检查。

4. 焊接球表面应无明显波纹及局部凹凸不平不大于 1.5mm。

检查数量：每一规格按数量抽查 5%，且不应少于 3 个。

检验方法：用弧形套模、卡尺和观察检查。

五、螺栓球

1. 螺栓球及制造螺栓球节点所采用的原材料，其品种、规格、性能等应符合现行国家产品标准和设计要求。

检查数量：全数检查。

检验方法：检查产品的质量合格证明文件、中文标志及检验报告等。

2. 螺栓球不得有过烧、裂纹及褶皱。

检查数量：每种规格抽查 5%，且不应少于 5 只。

检验方法：用 10 倍放大镜观察和表面探伤。

3. 螺栓球螺纹尺寸应符合现行国家标准《普通螺纹 基本尺寸》（GB/T 196—2003）中粗牙螺纹的规定，螺纹公差必须符合现行国家标准《普通螺纹 公差》（GB/T 197—2003）中 6H 级精度的规定。

检查数量：每种规格抽查 5%，且不应少于 5 只。

检验方法：用标准螺纹规检查。

4. 螺栓球直径、圆度、相邻两螺栓孔中心线夹角等尺寸及允许偏差应符合规范的规定。

检查数量：每一规格按数量抽查 5%，且不应少于 3 个。

检验方法：用卡尺和分度头仪检查。

六、封板、锥头和套筒

1. 封板、锥头和套筒及制造封板、锥头和套筒所采用的原材料，其品种、规格、性能等应符合现行国家产品标准和设计要求。

检查数量：全数检查。

检验方法：检查产品的质量合格证明文件、中文标志及检验报告。

2. 封板、锥头、套筒外观不得有裂纹、过烧及氧化皮。

检查数量：每种抽查 5%，且不应少于 10 只。

检验方法：用放大镜观察检查和表面探伤。

七、金属压型板

1. 金属压型板及制造金属压型板所采用的原材料，其品种、规格、性能等应符合现行国家产品标准和设计要求。

检查数量：全数检查。

检验方法：检查产品的质量合格证明文件、中文标志及检验报告等。

2. 压型金属泛水板、包角板和零配件的品种、规格以及防水密封材料的性能应符合现行国家产品标准和设计要求。

检查数量：全数检查。

检验方法：检查产品的质量合格证明文件、中文标志及检验报告等。

3. 压型金属板的规格尺寸及允许偏差、表面质量、涂层质量等应符合设计要求和规范的规定。

检查数量：每种规格抽查5%，且不应少于3件。

检验方法：观察和用10倍放大镜检查及尺量。

八、涂装材料

1. 钢结构防腐涂料、稀释剂和固化剂等材料的品种、规格、性能等应符合现行国家产品标准和设计要求。

检查数量：全数检查。

检验方法：检查产品的质量合格证明文件、中文标志及检验报告等。

2. 钢结构防火涂料的品种和技术性能应符合设计要求，并应经过具有资质的检测机构检测符合国家现行有关标准的规定。

检查数量：全数检查。

检验方法：检查产品的质量合格证明文件、中文标志及检验报告等。

3. 防腐涂料和防火涂料的型号、名称、颜色及有效期应与其质量证明文件相符。开启后，不应存在结皮、结块、凝胶等现象。

检查数量：按桶数抽查5%，且不应少于3桶。

检验方法：观察检查。

4. 钢结构用橡胶垫的品种，规格、性能等应符合现行国家产品标准和设计要求。

检查数量：全数检查。

检验方法，检查产品的质量合格证明文件、中文标志及检验报告等。

5. 钢结构工程所涉及的其他特殊材料，其品种、规格、性能等应符合现行国家产品标准和设计要求。

检查数量：全数检查。

检验方法：检查产品的质量合格证明文件、中文标志及检验报告等。

第二十课　钢结构焊接工程

一、一般规定

1. 钢结构焊接工程可按相应的钢结构制作或安装工程检验批的划分原则划分为一个或若干个检验批。

2. 碳素结构钢应在焊缝冷却到环境温度、低合金结构钢应在完成焊接24h以后，进行焊缝探伤检验。

3. 焊缝施焊后应在工艺规定的焊缝及部位打上焊工钢印。

二、钢构件焊接工程

1. 焊条、焊丝、焊剂、电渣焊熔嘴等焊接材料与母材的匹配应符合设计要求及国家现行行业标准《建筑钢结构焊接技术规程》（JGJ 81—2002）的规定。焊条、焊剂、药芯焊丝、熔嘴等在使用前，应按其产品说明书及焊接工艺文件的规定进行烘焙和存放。

检查数量：全数检查。

检验方法：检查质量证明书和烘焙记录。

2. 焊工必须经考试合格并取得合格证书。持证焊工必须在其考试合格项目及其认可范围内施焊。

检查数量：全数检查。

检验方法：检查焊工合格证及其认可范围、有效期。

3. 施工单位对其首次采用的钢材、焊接材料、焊接方法、焊后热处理等，应进行焊接工艺评定，并应根据评定报告确定焊接工艺。

4. 设计要求全焊透的一、二级焊缝应采用超声波探伤进行内部缺陷的检验，超声波探伤不能对缺陷作出判断时，应采用射线探伤，其内部缺陷分级及探伤方法应符合现行国家标准《焊缝无损检测超声波检测技术、检测等级和评定》（GB/T 11345—2013）或《金属熔化焊焊接接头射线照相》（GB/T 3323—2005）的规定。

焊接球节点网架焊缝、螺栓球节点网架焊缝及圆管 T、K、Y 形节点相关线焊缝，其内部缺陷分级及探伤方法应分别符合国家现行标准《焊接球节点钢网架焊缝超声波探伤方法及质量分级法》（JBJ/T 3034.1—1996）、《螺栓球节点钢网架焊缝超声波探伤方法及质量分级法》（JBJ/T 3034.2—1996）、《建筑钢结构焊接技术规程》（JGJ 81—2002）的规定。

一级、二级焊缝的质量等级及缺陷分级应符合表 2-22 的规定。

检查数量：全数检查。

检验方法：检查超声波或射线探伤记录。

表 2-22 一级、二级焊缝的质量等级及缺陷分级

焊缝质量等级		一 级	二 级
内部缺陷超声波探伤	评定等级	Ⅱ	Ⅲ
	检验等级	B 级	B 级
	探伤比例	100%	20%
内部缺陷射线探伤	评定等级	Ⅱ	Ⅲ
	检验等级	AB 级	AB 级
	探伤比例	100%	20%

注：探伤比例的计数方法按以下原则规定：（1）对工厂制作焊缝，应按每条焊缝计算百分比，且探伤长度应不小于 200mm，当焊缝长度不足 200mm 时，应对整条焊缝进行探伤。（2）对现场安装焊缝，应按同一类型、同一施焊条件的焊缝条数计算百分比，探伤长度应不小于 200mm，并应不少于 1 条焊缝。

5. T 形接头、十字接头、角接接头等要求熔透的对接和角对接组合焊缝，其焊脚尺寸不应小于 t/4（t 为高度），设计有疲劳验算要求的吊车梁或类似构件的腹板与上翼缘连接焊

缝的焊脚尺寸为 $t/2$，且不应大于 10mm。焊脚尺寸的允许偏差为 0~4mm。

检查数量：资料全数检查，同类焊缝抽查 10%，且不应少于 3 条。

检验方法：观察检查，用焊缝量规抽查测量。

6. 焊缝表面不得有裂纹、焊瘤等缺陷。一级、二级焊缝不得有表面气孔、夹渣、弧坑裂纹、电弧擦伤等缺陷。且一级焊缝不得有咬边、未焊满、根部收缩等缺陷。

检查数量：每批同类构件抽查 10%，且不应少于 3 件；被抽查构件中，每一类型焊缝按条数抽查 5%，且不应少于 1 条，每条检查 1 处，总抽查数不应少于 10 处。

检验方法：观察检查或使用放大镜、焊缝量规和钢尺检查，当存在疑义时，采用渗透或磁粉探伤检查。

7. 对于需要进行焊前预热或焊后热处理的焊缝，其预热温度或后热温度应符合国家现行有关标准的规定或通过工艺试验确定。预热区在焊道两侧，每侧宽度均应大于焊件厚度的 1.5 倍以上，且不应小于 100mm；后热处理应在焊后立即进行，保温时间应根据板厚按每 25mm 板厚 1h 确定。

检查数量：全数检查。

检验方法：检查预、后热施工记录和工艺试验报告。

8. 二级、三级焊缝外观质量标准应符合规范的规定。三级对接焊缝应按二级焊缝标准进行外观质量检验。

检查数量：每批同类构件抽查 10%，且不应少于 3 件；被抽查构件中，每一类型焊缝按条数抽查 5%，且不应少于 1 条，每条检查 1 处，总抽查数不应少于 10 处。

检验方法：观察检查或使用放大镜、焊缝量规和钢尺检查。

9. 焊缝尺寸允许偏差应符合规范的规定。

检查数量：每批同类构件抽查 10%，且不应少于 3 件，被抽查构件中，每种焊缝按条数各抽查 5%，但不应少于 1 条；每条检查 1 处，总抽查数不应少于 10 处。

检验方法：用焊缝量规检查。

10. 焊成凹形的角焊缝，焊缝金属与母材间应平缓过渡，加工成凹形的角焊缝，不得在其表面留下切痕。

检查数量：每批同类构件抽查 10%，且不应少于 3 件。

检验方法：观察检查。

11. 焊缝感观应达到：外形均匀、成型较好，焊道与焊道、焊道与基本金属间过渡较平滑，焊渣和飞溅物基本清除干净。

检查数量：每批同类构件抽查 10%，且不应少于 3 件；被抽查构件中，每种焊缝按数量各抽查 5%，总抽查处不应少于 5 处。

检验方法：观察检查。

三、焊钉（栓钉）焊接工程

1. 施工单位对其采用的焊钉和钢材焊接应进行焊接工艺评定，其结果应符合设计要求和国家现行有关标准的规定。瓷环应按其产品说明书进行烘焙。

检查数量：全数检查。

检验方法：检查焊接工艺评定报告和烘焙记录。

2. 焊钉焊接后应进行弯曲试验检查，其焊缝和热影响区不应有肉眼可见的裂纹。

检查数量：每批同类构件抽查 10%，且不应少于 10 件；被抽查构件中，每件检查焊钉数量的 1%，但不应少于 1 个。

检验方法：焊钉弯曲 30° 后用角尺检查和观察检查。

3. 焊钉根部焊脚应均匀，焊脚立面的局部未熔合或不足 360° 的焊脚应进行修补。

检查数量：按总焊钉数量抽查 1%，且不应少于 10 个。

检验方法：观察检查。

第二十一课　钢结构紧固件连接工程及钢构件组装工程

一、普通紧固件连接

1. 紧固件连接工程可按相应的钢结构制作或安装工程检验批的划分原则划分为一个或若干个检验批。

2. 普通螺栓作为永久性连接螺栓时，当设计有要求或对其质量有疑义时，应进行螺栓实物最小拉力载荷复验，试验方法按照规范规定，其结果应符合现行国家标准《紧固件机械性能　螺栓、螺钉和螺柱》（GB/T 3098.1—2010）的规定。

检查数量；每一规格螺栓抽查 8 个。

检验方法：检查螺栓实物复验报告。

3. 连接薄钢板采用的自攻钉、拉铆钉、射钉等其规格尺寸应与被连接钢板相匹配，其间距、边距等应符合设计要求。

检查数量：按连接节点数抽查 1%，且不应少于 3 个。

检验方法：观察和尺量检查。

4. 永久性普通螺栓紧固应牢固、可靠，外露丝扣不应少于 2 扣。

检查数量：按连接节点数抽查 10%，且不应少于 3 个。

检验方法：观察和用小锤敲击检查。

5. 自攻螺钉、钢拉铆钉、射钉等与连接钢板应紧固密贴，外观排列整齐。

检查数量：按连接节点数抽查 10%，且不应少于 3 个。

检验方法：观察或用小锤敲击检查。

二、高强度螺栓连接

1. 钢结构制作和安装单位应按《钢结构工程施工质量验收规范》（GB 50205—2001）的规定分别进行高强度螺栓连接摩擦面的抗滑移系数试验和复验，现场处理的构件摩擦面应单独进行摩擦面抗滑移系数试验，其结果应符合设计要求。

检查数量：按规范规定。

检验方法：检查摩擦面抗滑移系数试验报告和复验报告。

2. 高强度大六角头螺栓连接副终拧完成 1h 后、48h 内应进行终拧扭矩检查，检查结果应符合规范的规定。

检查数量：按节点数抽查 10%，且不应少于 10 个，每个被抽查节点按螺栓数抽查 10%，且不应少于 2 个。

3. 扭剪型高强度螺栓连接副终拧后，除因构造原因无法使用专用扳手终拧掉梅花头者外，未在终拧中拧掉梅花头的螺栓数不应大于该节点螺栓数的 5%。对所有梅花头未拧掉的扭剪型高强度螺栓连接副应采用扭矩法或转角法进行终拧并作标记，且按规范的规定进行终拧扭矩检查。

检查数量：按节点数抽查 10%，但不应少于 10 个节点，被抽查节点中梅花头未拧掉的扭剪型高强度螺栓连接副全数进行终拧扭矩检查。

检验方法：观察检查及按规范的规定。

4. 高强度螺栓连接副的施拧顺序和初拧、复拧扭矩应符合设计要求和国家现行行业标准《钢结构高强度螺栓连接的设计、施工及验收规程》（JGJ 82—1991）的规定。

检查数量：全数检查资料。

检验方法：检查扭矩扳手标定记录和螺栓施工记录。

5. 高强度螺栓连接副终拧后，螺栓丝扣外露应为 2~3 扣，其中允许有 10% 的螺栓丝扣外露 1 扣或 4 扣。

检查数量：按节点数抽查 5%，且不应少于 10 个。

检验方法：观察检查。

6. 高强度螺栓连接摩擦面应保持干燥、整洁，不应有飞边、毛刺、焊接飞溅物、焊疤、氧化铁皮、污垢等，除设计要求外摩擦面不应涂漆。

检查数量：全数检查。

检验方法：观察检查。

7. 高强度螺栓应自由穿入螺栓孔。高强度螺栓孔不应采用气割扩孔，扩孔数量应征得设计同意，扩孔后的孔径不应超过 1.2d（d 为螺栓直径）。

检查数量：被扩螺栓孔全数检查。

检验方法：观察检查及用卡尺检查。

8. 螺栓球节点网架总拼完成后，高强度螺栓与球节点应紧固连接，高强度螺栓拧入螺栓球内的螺纹长度不应小于 1.0d（d 为螺栓直径），连接处不应出现有间隙、松动等未拧紧情况。

检查数量：按节点数抽查 5%，且不应少于 10 个。

检验方法：普通扳手及尺量检查。

三、钢构件组装工程

1. 焊接 H 型钢一般规定

（1）焊接 H 型钢的翼缘板拼接缝和腹板拼接缝的间距不应小于 200mm。翼缘板拼接长度不应小于 2 倍板宽；腹板拼接宽度不应小于 300mm，长度不应小于 600mm。

检查数量：全数检查。

检验方法：观察和用钢尺检查。

（2）焊接 H 型钢的允许偏差应符合《钢结构工程施工质量验收规范》（GB 50205—2001）的规定。

检查数量：按钢构件数抽查10%，且不应少于3件。

检验方法：用钢尺、角尺、塞尺等检查。

2. 组装

（1）吊车梁和吊车桁架不应下挠。

检查数量：全数检查。

检验方法：构件直立，在两端支承后，用水准仪和钢尺检查。

（2）焊接连接组装的允许偏差应符合规范的规定。

检查数量：按构件数抽查10%，且不应少于3个。

检验方法：用钢尺检验。

（3）顶紧接触面应有75%以上的面积紧贴。

检查数量：按接触面的数量抽查10%，且不应少于10个。

检验方法：用0.3mm塞尺检查，其塞入面积应小于25%，边缘间隙不应大于0.8mm。

（4）桁架结构杆件轴线交点错位的允许偏差不得大于3.0mm，允许偏差不得大于4.0mm。

检查数量：按构件数抽查10%，且不应少于3个，每个抽查构件按节点数抽查10%，且不应少于3个节点。

检验方法：尺量检查。

3. 端部铣平及安装焊缝坡口

（1）端部铣平的允许偏差应符合表2-23的规定。

检查数量：按铣平面数量抽查10%，且不应少于3个。

检验方法：用钢尺、角尺、塞尺等检查。

表2-23 端部铣平的允许偏差

项　　目	允许偏差/mm
两端铣平时构件长度	±2.0
两端铣平时零件长度	±0.5
铣平面的平面度	0.3
铣平面对轴线的垂直度	$L/1500$

（2）安装焊缝坡口的允许偏差应符合表2-24的规定。

检查数量：按坡口数量抽查10%，且不应少于3条。

检验方法：用焊缝量规检查。

表2-24 安装焊缝坡口的允许偏差

项　　目	允　许　偏　差
坡口角度	±5°
钝边	±1.0mm

（3）外露铣平面应防锈保护。

检查数量：全数检查。

检验方法：观察检查。

4. 钢构件外形尺寸

（1）钢构件外形尺寸主控项目的允许偏差应符合表 2-25 的规定。

检查数量：全数检查。

检验方法：用钢尺检查。

表 2-25　钢构件外形尺寸主控项目的允许偏差

项　　　目	允许偏差/mm
单层柱、梁、桁架受力支托（支承面）表面至第一个安装孔距离	±1.0
多节柱铣平面至第一个安装孔距离	±1.0
实腹梁两端最外侧安装孔距离	±3.0
构件连接处的截面几何尺寸	±3.0
柱、梁连接处的腹板中心线偏移	2.0
受压构件（杆件）弯曲矢高	$L/1000$，且不应大于 10.0

（2）钢构件外形尺寸一般项目的允许偏差应符合规范的规定。

检查数量：按构件数量抽查 10%，且不应少于 3 件。

检验方法：按照规范要求。

第二十二课　钢结构分部工程竣工验收

1. 根据现行国家标准《建筑工程施工质量验收统一标准》（GB 50300—2013）的规定，钢结构作为主体结构之一应按子分部工程竣工验收；当主体结构均为钢结构时应按分部工程竣工验收。大型钢结构工程可划分成若干个子分部工程进行竣工验收。

2. 钢结构分部工程有关安全及功能的检验和见证检测项目检验应在其分项工程验收合格后进行。

3. 钢结构分部工程有关观感质量检验应按《钢结构工程施工质量验收规范》（GB 50205—2001）执行。

4. 钢结构分部工程合格质量标准应符合下列规定：

（1）各分项工程质量均应符合合格质量标准。

（2）质量控制资料和文件应完整。

（3）有关安全及功能的检验和见证检测结果应符合规范相应合格质量标准的要求。

（4）有关观感质量应符合规范相应合格质量标准的要求。

5. 钢结构分部工程竣工验收时，应提供下列文件和记录：

（1）钢结构工程竣工图纸及相关设计文件。

（2）施工现场质量管理检查记录。

（3）有关安全及功能的检验和见证检测项目检查记录。

（4）有关观感质量检验项目检查记录。

（5）分部工程所含各分项工程质量验收记录。

（6）分项工程所含各检验批质量验收记录。

（7）强制性条文检验项目检查记录及证明文件。

（8）隐蔽工程检验项目检查验收记录。

（9）原材料、成品质量合格证明文件、中文标志及性能检测报告。

（10）不合格项的处理记录及验收记录。

（11）重大质量、技术问题实施方案及验收记录。

（12）其他有关文件和记录。

6. 钢结构工程质量验收记录应符合下列规定：

（1）施工现场质量管理检查记录可按现行国家标准《建筑工程施工质量验收统一标准》（GB 50300—2013）中附录 A 进行。

（2）分项工程检验批验收记录按《钢结构工程施工质量验收规范》（GB 50205—2001）进行。

（3）分项工程验收记录可按现行国家标准《建筑工程施工质量验收统一标准》（GB 50300—2013）中附录 E 进行。

（4）分部（子分部）工程验收记录可按现行国家标准《建筑工程施工质量验收统一标准》（GB 50300—2013）中附录 F 进行。

第二十三课　木结构工程施工质量验收的基本规定

1. 木结构工程施工单位应具备相应的资质、健全的质量管理体系、质量检验制度和综合质量水平的考评制度。

施工现场质量管理可按现行国家标准《建筑工程施工质量验收统一标准》（GB 50300—2013）的有关规定检查记录。

2. 木结构子分部工程应由木结构制作安装与木结构防护两分项工程组成，并应在分项工程皆验收合格后，再进行子分部工程的验收。

3. 检验批应按材料、木产品和构、配件的物理力学性能质量控制和结构构件制作安装质量控制分别划分。

4. 除设计文件另有规定外，木结构工程应按下列规定验收其外观质量：

（1）A 级，结构构件外露，外观要求很高而需油漆，构件表面洞孔需用木材修补，木材表面应用砂纸打磨。

（2）B 级，结构构件外露，外表要求用机具刨光油漆，表面允许有偶尔的漏刨、细小的缺陷和空隙，但不允许有松软节的孔洞。

（3）C 级，结构构件不外露，构件表面无需加工刨光。

5. 木结构工程应按下列规定控制施工质量：

（1）应有本工程的设计文件。

（2）木结构工程所用的木材、木产品、钢材以及连接件等，应进行进场验收。凡涉及结构安全和使用功能的材料或半成品，应按《木结构工程施工质量验收规范》（GB 50206—2012）或相应专业工程质量验收标准的规定进行见证检验，并应在监理工程师或建设单位技术负责人监督下取样、送检。

（3）各工序应按《木结构工程施工质量验收规范》（GB 50206—2012）的有关规定控制质量，每道工序完成后，应进行检查。

（4）相关各专业工种之间，应进行交接检验并形成记录。未经监理工程师和建设单位技术负责人检查认可，不得进行下道工序施工。

（5）应有木结构工程竣工图及文字资料等竣工文件。

6. 当木结构施工需要采用国家现行有关标准尚未列入的新技术（新材料、新结构、新工艺）时，建设单位应征得当地建筑工程质量行政主管部门同意，并应组织专家组，会同设计、监理、施工单位进行论证，同时应确定施工质量验收方法和检验标准，并应依此作为相关木结构工程施工的主控项目。

7. 木结构工程施工所用材料、构配件的材质等级应符合设计文件的规定。可使用力学性能、防火、防护性能超过设计文件规定的材质等级的相应材料、构配件替代。当通过等强（等效）换算处理进行材、构配件替代时，应经设计单位复核，并应签发相应的技术文件认可。

8. 进口木材、木产品、构配件，以及金属连接件等，应有产地国的产品质量合格证书和产品标识，并应符合合同技术条款的规定。

9. 木结构子分部工程验收

（1）木结构子分部工程质量验收的程序和组合，应符合现行国家标准《建筑工程施工质量验收统一标准》（GB 50300—2013）的有关规定。

（2）检验批及木结构分项工程质量合格，应符合下列规定：

1）检验批主控项目检验结果应全部合格。

2）检验批一般项目检验结果应有80%以上的检查点合格，且最大偏差不应超过允许偏差的1.2倍。

3）木结构分项工程所含检验批检验结果均应合格，且应有各检验批质量验收的完整记录。

（3）木结构子分部工程质量验收应符合下列规定：

1）子分部工程所含分项工程的质量验收均应合格。

2）子分部工程所含分项工程的质量资料和验收记录应完整。

3）安全功能检测项目的资料应完整，抽检的项目均应合格。

4）外观质量验收应符合规范的规定。

（4）木结构工程施工质量不合格时，应按现行国家标准《建筑工程施工质量验收统一标准》（GB 50300—2013）的有关规定进行处理。

第二十四课　屋面工程的基本规定及验收

一、屋面工程基本规定

1. 屋面工程应根据建筑物的性质、重要程度、使用功能要求，按不同屋面防水等级进行设防。屋面防水等级和设防要求应符合现行国家标准《屋面工程技术规范》（GB 50345—2012）的有关规定。

2. 施工单位应取得建筑防水和保温工程相应等级的资质证书；作业人员应持证上岗。

3. 施工单位应建立、健全施工质量的检验制度，严格工序管理，作好隐蔽工程的质量检查和记录。

4. 屋面工程施工前应通过图纸会审，施工单位应掌握施工图中的细部构造及有关技术要求；施工单位应编制屋面工程专项施工方案，并应经监理单位或建设单位审查确认后执行。

5. 对屋面工程采用的新技术，应按有关规定经过科技成果鉴定、评估或新产品、新技术鉴定。施工单位应对新的或首次采用的新技术进行工艺评价，并应制定相应技术质量标准。

6. 屋面工程所用的防水、保温材料应有产品合格证书和性能检测报告，材料的品种、规格、性能等必须符合国家现行产品标准和设计要求。产品质量应由经过省级以上建设行政主管部门对其资质认可和质量技术监督部门对其计量认证的质量检测单位进行检测。

7. 防水、保温材料进场验收应符合下列规定：

（1）应根据设计要求对材料的质量证明文件进行检查，并应经监理工程师或建设单位代表确认，纳入工程技术档案。

（2）应对材料的品种、规格、包装、外观和尺寸等进行检查验收，并应经监理工程师或建设单位代表确认，形成相应验收记录。

（3）防水、保温材料进场检验项目及材料标准应符合规范的规定。材料进场检验应执行见证取样送检制度，并应提出进场检验报告。

（4）进场检验报告的全部项目指标均达到技术标准规定应为合格；不合格材料不得在工程中使用。

8. 屋面工程使用的材料应符合国家现行有关标准对材料有害物质限量的规定，不得对周围环境造成污染。

9. 屋面工程各构造层的组成材料，应分别与相邻层次的材料相容。

10. 屋面工程施工时，应建立各道工序的自检、交接检查和专职人员检查的"三检"制度，并应有完整的检查记录。每道工序施工完成后，应经监理单位或建设单位检查验收，并应在合格后再进行下道工序的施工。

11. 当进行下道工序或相邻工程施工时，应对屋面已完成的部分采取保护措施。伸出屋面的管道、设备或预埋件等，应在保温层和防水层施工前安设完毕。屋面保温层和防水层完工后，不得进行凿孔、打洞或重物冲击等有损屋面的作业。

12. 屋面防水工程完工后，应进行观感质量检查和雨后观察或淋水、蓄水试验，不得有渗漏和积水现象。

13. 屋面工程各子分部工程和分项工程的划分见表2-26。

14. 屋面工程各分项工程应按屋面面积每 $500 \sim 1000 m^2$ 划分为一个检验批，不足 $500 m^2$ 应按一个检验批；每个检验批的抽检数量应按规范的规定执行。

表 2-26　屋面工程各子分部工程和分项工程的划分

分部工程	子分部工程	分项工程
屋面工程	基层与保护	找坡层，找平层，隔汽层，隔离层，保护层
	保温与隔热	板状材料保温层，纤维材料保温层，喷涂硬泡聚氨酯保温层，现浇泡沫混凝土保温层，种植隔热层，架空隔热层，蓄水隔热层
	防水与密封	卷材防水层，涂膜防水层，复合防水层，接缝密封防水
	瓦面与楼面	烧结瓦和混凝土瓦铺装，沥青瓦铺装，金属板铺装，玻璃采光顶铺装
	细部构造	檐口，檐沟和天沟，女儿墙和山墙，水落口，变形缝，伸出屋面管道，屋面出入口，反梁过水孔，设施基座，屋脊，顶窗

二、屋面工程验收

1. 屋面工程施工质量验收的程序和组织，应符合现行国家标准《建筑工程施工质量验收统一标准》（GB 50300—2013）的有关规定。

2. 检验批质量验收合格应符合下列规定：

（1）主控项目的质量应经抽查检验合格。

（2）一般项目的质量应经抽查检验合格；有允许偏差值的项目，其抽查点应有80%及其以上在允许偏差范围内，且最大偏差值不得超过允许偏差值的1.5倍。

（3）应具有完整的施工操作依据和质量检查记录。

3. 分项工程质量验收合格应符合下列规定：

（1）分项工程所含检验批的质量均应验收合格。

（2）分项工程所含检验批的质量验收记录应完整。

4. 分部（子分部）工程质量验收合格应符合下列规定：

（1）分部（子分部）所含分项工程的质量均应验收合格。

（2）质量控制资料应完整。

（3）安全与功能抽样检验应符合现行国家标准《建筑工程施工质量验收统一标准》（GB 50300—2013）的有关规定。

（4）观感质量检查应符合规范的规定。

5. 屋面工程验收资料和记录应符合表 2-27 的规定。

表 2-27　屋面工程验收资料和记录

资料项目	验收资料
防水设计	设计图纸及会审记录、设计变更通知单和材料代用核定单
施工方案	施工方法、技术措施、质量保证措施
技术交底记录	施工操作要求及注意事项
材料质量证明文件	出厂合格证、型式检验报告、出厂检验报告、进场验收记录和进场检验报告
施工日记	逐日施工情况
工程检验记录	工序交接检验记录、检验批质量验收记录、隐蔽工程验收记录、淋水或蓄水试验记录、观感质量检查记录、安全与功能抽样检验（检测）记录
其他技术资料	事故处理报告、技术总结

6. 屋面工程应对下列部位进行隐蔽工程验收：

（1）卷材、涂膜防水层的基层。

（2）保温层的隔汽和排汽措施。

（3）保温层的铺设方式、厚度、板材缝隙填充质量及热桥部位的保温措施。

（4）接缝的密封处理。

（5）瓦材与基层的固定措施。

（6）檐沟、天沟、泛水、水落口和变形缝等细部做法。

（7）在屋面易开裂和渗水部位的附加层。

（8）保护层与卷材、涂膜防水层之间的隔离层。

（9）金属板材与基层的固定和板缝间的密封处理。

（10）坡度较大时，防止卷材和保温层下滑的措施。

7. 屋面工程观感质量检查应符合下列要求：

（1）卷材铺贴方向应正确，搭接缝应粘结或焊接牢固，搭接宽度应符合设计要求，表面应平整，不得有扭曲、皱折和翘边等缺陷。

（2）涂膜防水层粘结应牢固，表面应平整，涂刷应均匀，不得有流淌、起泡和露胎体等缺陷。

（3）嵌填的密封材料应与接缝两侧粘结牢固，表面应平滑，缝边应顺直，不得有气泡、开裂和剥离等缺陷。

（4）檐口、檐沟、天沟、女儿墙、山墙、水落口、变形缝和伸出屋面管道等防水构造，应符合设计要求。

（5）烧结瓦、混凝土瓦铺装应平整、牢固，应行列整齐，搭接应紧密，檐口应顺直；脊瓦应搭盖正确，间距应均匀，封固应严密；正脊和斜脊应顺直，应无起伏现象；泛水应顺直整齐，结合应严密。

（6）沥青瓦铺装应搭接正确，瓦片外露部分不得超过切口长度，钉帽不得外露；沥青瓦应与基层钉粘牢固，瓦面应平整，檐口应顺直；泛水应顺直整齐，结合应严密。

（7）金属板铺装应平整、顺滑；连接应正确，接缝应严密；屋脊、檐口、泛水直线段应顺直，曲线段应顺畅。

（8）玻璃采光顶铺装应平整、顺直，外露金属框或压条应横平竖直，压条应安装牢固；玻璃密封胶缝应横平竖直、深浅一致，宽窄应均匀，应光滑顺直。

（9）上人屋面或其他使用功能屋面，其保护及铺面应符合设计要求。

8. 检查屋面有无渗漏、积水和排水系统是否通畅，应在雨后或持续淋水2h后进行，并应填写淋水试验记录。具备蓄水条件的檐沟、天沟应进行蓄水试验，蓄水时间不得少于24h，并应填写蓄水试验记录。

9. 对安全与功能有特殊要求的建筑屋面，工程质量验收除应符合《屋面工程技术规范》（GB 50345—2012）的规定外，尚应按合同约定和设计要求进行专项检验（检测）和专项验收。

10. 屋面工程验收后，应填写分部工程质量验收记录，并应交建设单位和施工单位存档。

第二十五课　地下防水工程质量验收的基本规定

1. 地下工程的防水等级标准应符合表 2-28 的规定。

表 2-28　地下工程的防水等级标准

防水等级	防水标准
一级	不允许渗水，结构表面无湿渍
二级	不允许漏水，结构表面可有少量湿渍 房屋建筑地下工程：总湿渍面积不应大于总防水面积（包括顶板、墙面、地面）的 1/1000；任意 100m² 防水面积上的湿渍不超过 2 处，单个湿渍的最大面积不大于 0.1m² 其他地下工程：总湿渍面积不应大于总防水面积的 2/1000；任意 100m²，防水面积上的湿渍不超过 3 处，单个湿渍的最大面积不大于 0.2m²。其中，隧道工程平均渗水量不大于 0.05L/(m²·d)，任意 100m² 防水面积上的渗水量不大于 0.15L/(m²·d)
三级	有少量漏水点，不得有线流和漏泥砂 任意 100m² 防水面积上的漏水或湿渍点数不超过 7 处，单个漏水点的最大漏水量不大于 2.5L/d，单个湿渍的最大面积不大于 0.3m²
四级	有漏水点，不得有线流和漏泥砂 整个工程平均漏水量不大于 2L/(m²·d) 任意 100md 防水面积上的平均漏水量不大于 4L/(m²·d)

2. 明挖法和暗挖法地下工程的防水设防应按表 2-29 和表 2-30 选用。

表 2-29　明挖法地下工程防水设防要求

工程部位	防水等级				防水措施
	一　级	二　级	三　级	四　级	
主体工程	应选	应选	应选	应选	防水混凝土
	应选一种 至二种	应选一种	宜选一种	—	防水卷材
					防水涂料
					塑料防水板
					膨润土防水材料
					防水砂浆
					金属板
施工缝	应选二种	应选一种 至二种	宜选一种 至二种	宜选一种	遇水膨胀止水条或止水胶
					外贴式止水带
					中埋式止水带
					外抹防水砂浆
					外涂防水涂料
					水泥基渗透结晶型防水涂料
					预埋注浆管

（续）

工程部位	防水等级				防水措施
	一级	二级	三级	四级	
后浇带	应选	应选	应选	应选	补偿收缩混凝土
	应选二种	应选一种至二种	宜选一种至二种	宜选一种	外贴式止水带
					预埋注浆管
					遇水膨胀止水条或止水胶
变形缝、诱导缝	应选	应选	应选	应选	中埋式止水带
	应选二种	应选一种至二种	宜选一种至二种	宜选一种	外贴式止水带
					可卸式止水带
					防水密封材料
					外贴防水卷材
					外涂防水涂料

表 2-30 暗挖法地下工程防水设防要求

工程部位	防水等级				防水措施
	一级	二级	三级	四级	
衬砌结构	必选	必选	必选	必选	防水混凝土
	应选一种至二种	应选一种	宜选一种	宜选一种	防水卷材
					防水涂料
					塑料防水板
					膨润土防水材料
					防水砂浆
					金属板
内衬施工缝	应选一种至二种	应选一种	宜选一种	宜选一种	遇水膨胀止水条或止水胶
					外贴式止水带
					中埋式止水带
					防水密封材料
					水泥基渗透结晶型防水涂料
					预埋注浆管
内衬砌变形缝、诱导缝	应选	应选	应选	应选	中埋式止水带
	应选一种至二种	应选一种	宜选一种	宜选一种	外贴式止水带
					可卸式止水带
					防水密封材料

3. 地下防水工程必须由持有资质等级证书的防水专业队伍进行施工，主要施工人员应持有省级及以上建设行政主管部门或其指定单位颁发的执业资格证书或防水专业岗位证书。

4. 地下防水工程施工前，应通过图纸会审，掌握结构主体及细部构造的防水要求，施工单位应编制防水工程专项施工方案，经监理单位或建设单位审查批准后执行。

5. 地下工程所使用防水材料的品种、规格、性能等必须符合现行国家或行业产品标准和设计要求。

6. 防水材料必须经具备相应资质的检测单位进行抽样检验，并出具产品性能检测报告。

7. 防水材料的进场验收应符合下列规定：

（1）对材料的外观、品种、规格、包装、尺寸和数量等进行检查验收，并经监理单位或建设单位代表检查确认，形成相应验收记录。

（2）对材料的质量证明文件进行检查，并经监理单位或建设单位代表检查确认，纳入工程技术档案。

（3）材料进场后应按《地下防水工程质量验收规范》（GB 50208—2011）的规定抽样检验，检验应执行见证取样送检制度，并出具材料进场检验报告。

（4）材料的物理性能检验项目全部指标达到标准规定时，即为合格；若有一项指标不符合标准规定，应在受检产品中重新取样进行该项指标复验，复验结果符合标准规定，则判定该批材料为合格。

8. 地下工程使用的防水材料及其配套材料，应符合现行行业标准《建筑防水涂料中有害物质限量》（JC 1066—2008）的规定，不得对周围环境造成污染。

9. 地下防水工程的施工，应建立各道工序的自检、交接检和专职人员检查的制度，并有完整的检查记录。工程隐蔽前，应由施工单位通知有关单位进行验收，并形成隐蔽工程验收记录；未经监理单位或建设单位代表对上道工序的检查确认，不得进行下道工序的施工。

10. 地下防水工程施工期间，必须保持地下水位稳定在工程底部最低高程500mm以下，必要时应采取降水措施。对采用明沟排水的基坑，应保持基坑干燥。

11. 地下防水工程的分项工程检验批和抽样检验数量应符合下列规定：

（1）主体结构防水工程和细部构造防水工程应按结构层、变形缝或后浇带等施工段划分检验批。

（2）特殊施工法结构防水工程应按隧道区间、变形缝等施工段划分检验批。

（3）排水工程和注浆工程应各为一个检验批。

（4）各检验批的抽样检验数量：细部构造应为全数检查，其他均应符合《地下防水工程质量验收规范》（GB 50208—2011）的规定。

12. 地下工程应按设计的防水等级标准进行验收。

第二十六课　主体结构防水混凝土

一、防水混凝土

1. 防水混凝土适用于抗渗等级不小于 P6 的地下混凝土结构。不适用于环境温度高于80℃的地下工程。处于侵蚀性介质中，防水混凝土的耐侵蚀性要求应符合现行国家标准《工业建筑防腐蚀设计规范》（GB 50046—2008）和《混凝土结构耐久性设计规范》（GB 50476—2008）的有关规定。

2. 水泥的选择应符合下列规定：

（1）宜采用普通硅酸盐水泥或硅酸盐水泥，采用其他品种水泥时应经试验确定。

（2）在受侵蚀性介质作用时，应按介质的性质选用相应的水泥品种。

（3）不得使用过期或受潮结块的水泥，并不得将不同品种或强度等级的水泥混合使用。

3. 砂、石的选择应符合下列规定：

（1）砂宜选用中粗砂，含泥量不应大于 3.0%，泥块含量不宜大于 1.0%。

（2）不宜使用海砂；在没有使用河砂的条件时，应对海砂进行处理后才能使用，且控制氯离子含量不得大于 0.06%。

（3）碎石或卵石的粒径宜为 5～40mm，含泥量不应大于 1.0%，泥块含量不应大于 0.5%。

（4）对长期处于潮湿环境的重要结构混凝土用砂、石，应进行碱活性检验。

4. 矿物掺合料的选择应符合下列规定：

（1）粉煤灰的级别不应低于 Ⅱ 级，烧失量不应大于 5%。

（2）硅粉的比表面积不应小于 $15000m^2/kg$，SiO_2 含量不应小于 85%。

（3）粒化高炉矿渣粉的品质要求应符合现行国家标准《用于水泥和混凝土中的粒化高炉矿渣粉》（GB/T 18046—2008）的有关规定。

5. 混凝土拌和用水，应符合现行行业标准《混凝土用水标准》（JGJ 63—2006）的有关规定。

6. 外加剂的选择应符合下列规定：

（1）外加剂的品种和用量应经试验确定，所用外加剂应符合现行国家标准《混凝土外加剂应用技术规范》（GB 50119—2013）的质量规定。

（2）掺加引气剂或引气型减水剂的混凝土，其含气量宜控制在 3%～5%。

（3）考虑外加剂对硬化混凝土收缩性能的影响。

（4）严禁使用对人体产生危害、对环境产生污染的外加剂。

7. 防水混凝土的配合比应经试验确定，并应符合下列规定：

（1）试配要求的抗渗水压值应比设计值提 0.2MPa。

（2）混凝土胶凝材料总量不宜小于 $320kg/m^3$，其中水泥用量不宜小于 $260kg/m^3$，粉煤灰掺量宜为胶凝材料总量的 20%～30%，硅粉的掺量宜为胶凝材料总量的 2%～5%。

（3）水胶比不得大于 0.50，有侵蚀性介质时水胶比不宜大于 0.45。

（4）砂率宜为 35%～40%，泵送时可增至 45%。

（5）灰砂比宜为 1:1.5～1:2.5。

（6）混凝土拌合物的氯离子含量不应超过胶凝材料总量的 0.1%；混凝土中各类材料的总碱量即 Na_2O 当量不得大于 $3kg/m^3$。

8. 防水混凝土采用预拌混凝土时，入泵坍落度宜控制在 120～160mm，坍落度每小时损失不应大于 20mm，坍落度总损失值不应大于 40mm。

9. 混凝土拌制和浇筑过程控制应符合下列规定：

（1）拌制混凝土所用材料的品种、规格和用量，每工作班检查不应少于两次。每盘混凝土组成材料计量结果的允许偏差应符合表 2-31 的规定。

表 2-31　混凝土组成材料计量结果的允许偏差　　　　　　　（%）

混凝土组成材料	每盘计量	累计计量
水泥、掺合料	±2	±1
粗、细骨料	±3	±2
水、外加剂	±2	±1

注：累计计量仅适用于计算机控制计量的搅拌站。

（2）混凝土在浇筑地点的坍落度，每工作班至少检查两次，坍落度试验应符合现行国家标准《普通混凝土拌合物性能试验方法标准》（GB/T 50080—2002）的有关规定。混凝土坍落度允许偏差应符合表 2-32 的规定。

表 2-32　混凝土坍落度允许偏差

规定坍落度/mm	允许偏差/mm
≤40	±10
50～90	±15
>90	±20

（3）泵送混凝土在交货地点的入泵坍落度，每工作班至少检查两次。混凝土入泵时的坍落度允许偏差应符合表 2-33 的规定。

表 2-33　混凝土入泵时的坍落度允许偏差

所需坍落度/mm	允许偏差/mm
≤100	±20
>100	±30

（4）当防水混凝土拌合物在运输后出现离析，必须进行二次搅拌。当坍落度损失后不能满足施工要求时，应加入原水胶比的水泥浆或掺加同品种的减水剂进行搅拌，严禁直接加水。

10. 防水混凝土抗压强度试件，应在混凝土浇筑地点随机取样后制作，并应符合下列规定：

（1）同一工程、同一配合比的混凝土，取样频率与试件留置组数应符合现行国家标准《混凝土结构工程施工质量验收规范》（GB 50204—2015）的有关规定。

（2）抗压强度试验应符合现行国家标准《普通混凝土力学性能试验方法标准》（GB/T 50081—2002）的有关规定。

（3）结构构件的混凝土强度评定应符合现行国家标准《混凝土强度检验评定标准》（GB/T 50107—2010）的有关规定。

11. 防水混凝土抗渗性能应采用标准条件下养护混凝土抗渗试件的试验结果评定，试件应在混凝土浇筑地点随机取样后制作，并应符合下列规定：

（1）连续浇筑混凝土每 500m³，应留置一组 6 个抗渗试件，且每项工程不得少于两组；采用预拌混凝土的抗渗试件，留置组数应视结构的规模和要求而定。

（2）抗渗性能试验应符合现行国家标准《普通混凝土长期性能和耐久性能试验方法标

准》（GB/T 50082—2009）的有关规定。

12. 大体积防水混凝土的施工应采取材料选择、温度控制、保温保湿等技术措施。在设计许可的情况下，掺粉煤灰混凝土设计强度等级的龄期宜为 60d 或 90d。

13. 防水混凝土分项工程检验批的抽样检验数量，应按混凝土外露面积每 $100m^2$ 抽查 1 处，每处 $10m^2$，且不得少于 3 处。

二、防水混凝土的控制项目

1. 防水混凝土的原材料、配合比及坍落度必须符合设计要求。

检验方法：检查产品合格证、产品性能检测报告、计量措施和材料进场检验报告。

2. 防水混凝土的抗压强度和抗渗性能必须符合设计要求。

检验方法：检查混凝土抗压强度、抗渗性能检验报告。

3. 防水混凝土结构的施工缝、变形缝、后浇带、穿墙管、埋设件等设置和构造必须符合设计要求。

4. 防水混凝土结构表面应坚实、平整，不得有露筋、蜂窝等缺陷；埋设件位置应准确。

检验方法：观察检查。

5. 防水混凝土结构表面的裂缝宽度不应大于 0.2mm，且不得贯通。

检验方法：用刻度放大镜检查。

6. 防水混凝土结构厚度不应小于 250mm，其允许偏差应为 +8mm、−5mm；主体结构迎水面钢筋保护层厚度不应小于 50mm，其允许偏差应为 ±5mm。

检验方法：尺量检查和检查隐蔽工程验收记录。

三、水泥砂浆防水层

1. 水泥砂浆防水层适用于地下工程主体结构的迎水面或背水面。不适用于受持续振动或环境温度高于 80℃ 的地下工程。

2. 水泥砂浆防水层应采用聚合物水泥防水砂浆、掺外加剂或掺合料的防水砂浆。

3. 水泥砂浆防水层所用的材料应符合下列规定：

（1）水泥应使用普通硅酸盐水泥、硅酸盐水泥或特种水泥，不得使用过期或受潮结块的水泥。

（2）砂宜采用中砂，含泥量不应大于 1.0%，硫化物及硫酸盐含量不应大于 1.0%。

（3）用于拌制水泥砂浆的水，应采用不含有害物质的洁净水。

（4）聚合物乳液的外观为均匀液体，无杂质、无沉淀、不分层。

（5）外加剂的技术性能应符合现行国家或行业有关标准的质量要求。

4. 水泥砂浆防水层的基层质量应符合下列规定：

（1）基层表面应平整、坚实、清洁，并应充分湿润、无明水。

（2）基层表面的孔洞、缝隙，应采用与防水层相同的水泥砂浆堵塞并抹平。

（3）施工前应将埋设件、穿墙管预留凹槽内嵌填密封材料后，再进行水泥砂浆防水层施工。

5. 水泥砂浆防水层施工应符合下列规定：

（1）水泥砂浆的配制，应按所掺材料的技术要求准确计量。

（2）分层铺抹或喷涂，铺抹时应压实、抹平，最后一层表面应提浆压光。

（3）防水层各层应紧密粘合，每层宜连续施工；必须留设施工缝时，应采用阶梯坡形槎，但与阴阳角处的距离不得小于200mm。

（4）水泥砂浆终凝后应及时进行养护，养护温度不宜低于5℃，并应保持砂浆表面湿润，养护时间不得少于14d；聚合物水泥防水砂浆未达到硬化状态时，不得浇水养护或直接受雨水冲刷，硬化后应采用干湿交替的养护方法。潮湿环境中，可在自然条件下养护。

6. 水泥砂浆防水层分项工程检验批的抽样检验数量，应按施工面积每100m² 抽查1处，每处10m²，且不得少于3处。

7. 水泥砂浆防水层的控制项目

（1）防水砂浆的原材料及配合比必须符合设计规定。

检验方法：检查产品合格证、产品性能检测报告、计量措施和材料进场检验报告。

（2）防水砂浆的粘结强度和抗渗性能必须符合设计规定。

检验方法：检查砂浆粘结强度、抗渗性能检验报告。

（3）水泥砂浆防水层与基层之间应结合牢固，无空鼓现象。

检验方法：观察和用小锤轻击检查。

（4）水泥砂浆防水层表面应密实、平整，不得有裂纹、起砂、麻面等缺陷。

检验方法：观察检查。

（5）水泥砂浆防水层施工缝留槎位置应正确，接槎应按层次顺序操作，层层搭接紧密。

检验方法：观察检查和检查隐蔽工程验收记录。

（6）水泥砂浆防水层的平均厚度应符合设计要求，最小厚度不得小于设计厚度的85%。

检验方法：用针测法检查。

（7）水泥砂浆防水层表面平整度的允许偏差应为5mm。

检验方法：用2m靠尺和楔形塞尺检查。

四、卷材防水层

1. 卷材防水层适用于受侵蚀性介质作用或受振动作用的地下工程；卷材防水层应铺设在主体结构的迎水面。

2. 卷材防水层应采用高聚物改性沥青类防水卷材和合成高分子类防水卷材。所选用的基层处理剂、胶粘剂、密封材料等均应与铺贴的卷材相匹配。

3. 在进场材料检验的同时，防水卷材接缝粘结质量检验应按规范执行。

4. 铺贴防水卷材前，基面应干净、干燥，并应涂刷基层处理剂；当基面潮湿时，应涂刷湿固化型胶粘剂或潮湿界面隔离剂。

5. 基层阴阳角应做成圆弧或45°坡角，其尺寸应根据卷材品种确定；在转角处、变形缝、施工缝、穿墙管等部位应铺贴卷材加强层，加强层宽度不应小于500mm。

6. 防水卷材的搭接宽度应符合表2-34的要求，铺贴双层卷材时，上下两层和相邻两幅卷材的接缝应错开1/3 ~ 1/2 幅宽，且两层卷材不得相互垂直铺贴。

表 2-34 防水卷材的搭接宽度

卷材品种	搭接宽度/mm
弹性改性沥青防水卷材	100
改性沥青聚乙烯胎防水卷材	100
自粘聚合物改性沥青防水卷材	80
三元乙丙橡胶防水卷材	100/60（胶粘剂/胶粘带）
聚氯乙烯防水卷材	60/80（单焊缝/双焊缝）
	100（胶结料）
聚乙烯丙纶复合防水卷材	100（粘结料）
高分子自粘胶膜防水卷材	70/80（自粘胶/胶粘带）

7. 冷粘法铺贴卷材应符合下列规定：

（1）胶粘剂应涂刷均匀，不得露底、堆积。

（2）根据胶粘剂的性能，应控制胶粘剂涂刷与卷材铺贴的间隔时间。

（3）铺贴时不得用力拉伸卷材，排除卷材下面的空气，辊压粘贴牢固。

（4）铺贴卷材应平整、顺直，搭接尺寸准确，不得扭曲、皱折。

（5）卷材接缝部位应采用专用胶粘剂或胶粘带满粘，接缝口应用密封材料封严，其宽度不应小于 10mm。

8. 热熔法铺贴卷材应符合下列规定：

（1）火焰加热器加热卷材应均匀，不得加热不足或烧穿卷材。

（2）卷材表面热熔后应立即滚铺，排除卷材下面的空气，并粘贴牢固。

（3）铺贴卷材应平整，顺直，搭接尺寸准确，不得扭曲、皱折。

（4）卷材接缝部位应溢出热熔的改性沥青胶料，并粘贴牢固，封闭严密。

9. 自粘法铺贴卷材应符合下列规定：

（1）铺贴卷材时，应将有黏性的一面朝向主体结构。

（2）外墙、顶板铺贴时，排除卷材下面的空气，辊压粘贴牢固。

（3）铺贴卷材应平整、顺直，搭接尺寸准确，不得扭曲、皱折和起泡。

（4）立面卷材铺贴完成后，应将卷材端头固定，并应用密封材料封严。

（5）低温施工时，应对卷材和基面采用热风适当加热，然后铺贴卷材。

10. 卷材接缝采用焊接法施工应符合下列规定：

（1）焊接前卷材应铺放平整，搭接尺寸准确，焊接缝的结合面应清扫干净。

（2）焊接时应先焊长边搭接缝，后焊短边搭接缝。

（3）控制热风加热温度和时间，焊接处不得漏焊、跳焊或焊接不牢。

（4）焊接时不得损害非焊接部位的卷材。

11. 铺贴聚乙烯丙纶复合防水卷材应符合下列规定：

（1）应采用配套的聚合物水泥防水粘结材料。

（2）卷材与基层粘贴应采用满粘法，粘结面积不应小于 90%，刮涂粘结料应均匀，不得露底、堆积、流淌。

（3）固化后的粘结料厚度不应小于 1.3mm。

（4）卷材接缝部位应挤出粘结料，接缝表面处应涂刮 1.3mm 厚 50mm 宽聚合物水泥粘结料封边。

（5）聚合物水泥粘结料固化前，不得在其上行走或进行后续作业。

12. 高分子自粘胶膜防水卷材宜采用预铺反粘法施工，并应符合下列规定：

（1）卷材宜单层铺设。

（2）在潮湿基面铺设时，基面应平整坚固、无明水。

（3）卷材长边应采用自粘边搭接，短边应采用胶粘带搭接，卷材端部搭接区应相互错开。

（4）立面施工时，在自粘边位置距离卷材边缘 10～20mm 内，每隔 400～600mm 应进行机械固定，并应保证固定位置被卷材完全覆盖。

（5）浇筑结构混凝土时不得损伤防水层。

13. 卷材防水层完工并经验收合格后应及时做保护层。保护层应符合下列规定：

（1）顶板的细石混凝土保护层与防水层之间宜设置隔离层。细石混凝土保护层厚度：机械回填时不宜小于 70mm，人工回填时不宜小于 50mm。

（2）底板的细石混凝土保护层厚度不应小于 50mm。

（3）侧墙宜采用软质保护材料或铺抹 20mm 厚 1:2.5 水泥砂浆。

（4）卷材防水层分项工程检验批的抽样检验数量，应按铺贴面积每 100m² 抽查 1 处，每处 10m²，且不得少于 3 处。

五、卷材防水层的控制项目

1. 卷材防水层所用卷材及其配套材料必须符合设计要求。

检验方法：检查产品合格证、产品性能检测报告和材料进场检验报告。

2. 卷材防水层在转角处、变形缝、施工缝、穿墙管等部位做法必须符合设计要求。

检验方法：观察检查和检查隐蔽工程验收记录。

3. 卷材防水层的搭接缝应粘贴或焊接牢固，密封严密，不得有扭曲、折皱、翘边和起泡等缺陷。

检验方法：观察检查。

4. 采用外防外贴法铺贴卷材防水层时，立面卷材接槎的搭接宽度，高聚物改性沥青类卷材应为 150mm，合成高分子类卷材应为 100mm，且上层卷材应盖过下层卷材。

检验方法：观察和尺量检查。

5. 侧墙卷材防水层的保护层与防水层应结合紧密，保护层厚度应符合设计要求。

检验方法：观察和尺量检查。

6. 卷材搭接宽度的允许偏差应为 -10mm。

检验方法：观察和尺量检查。

第二十七课　细部构造防水工程

一、施工缝的控制项目

1. 施工缝用止水带、遇水膨胀止水条或止水胶、水泥基渗透结晶型防水涂料和预埋注浆管必须符合设计要求。

检验方法：检查产品合格证、产品性能检测报告和材料进场检验报告。

2. 施工缝防水构造必须符合设计要求。

检验方法：观察检查和检查隐蔽工程验收记录。

3. 墙体水平施工缝应留设在高出底板表面不小于300mm的墙体上。拱、板与墙结合的水平施工缝，宜留在拱、板与墙交接处以下150mm、300mm处；垂直施工缝应避开地下水和裂隙水较多的地段，并宜与变形缝相结合。

检验方法：观察检查和检查隐蔽工程验收记录。

4. 在施工缝处继续浇筑混凝土时，已浇筑的混凝土抗压强度不应小于1.2MPa。

检验方法：观察检查和检查隐蔽工程验收记录。

5. 水平施工缝浇筑混凝土前，应将其表面浮浆和杂物清除，然后铺设净浆、涂刷混凝土界面处理剂或水泥基渗透结晶型防水涂料，再铺30～50mm厚的1:1水泥砂浆，并及时浇筑混凝土。

检验方法：观察检查和检查隐蔽工程验收记录。

6. 垂直施工缝浇筑混凝土前，应将其表面清理干净，再涂刷混凝土界面处理剂或水泥基渗透结晶型防水涂料，并及时浇筑混凝土。

检验方法：观察检查和检查隐蔽工程验收记录。

7. 中埋式止水带及外贴式止水带埋设位置应准确，固定应牢靠。

检验方法：观察检查和检查隐蔽工程验收记录。

8. 遇水膨胀止水条应具有缓膨胀性能；止水条与施工缝基面应密贴，中间不得有空鼓、脱离等现象；止水条应牢固地安装在缝表面或预留凹槽内；止水条采用搭接连接时，搭接宽度不得小于30mm。

检验方法：观察检查和检查隐蔽工程验收记录。

9. 遇水膨胀止水胶应采用专用注胶器挤出粘结在施工缝表面，并做到连续、均匀、饱满，无气泡和孔洞，挤出宽度及厚度应符合设计要求；止水胶挤出成形后，固化期内应采取临时保护措施；止水胶固化前不得浇筑混凝土。

检验方法：观察检查和检查隐蔽工程验收记录。

10. 预埋注浆管应设置在施工缝断面中部，注浆管与施工缝基面应密贴并固定牢靠，固定间距宜为200～300mm；注浆导管与注浆管的连接应牢固、严密，导管埋入混凝土内的部分应与结构钢筋绑扎牢固，导管的末端应临时封堵严密。

检验方法：观察检查和检查隐蔽工程验收记录。

二、变形缝的控制项目

1. 变形缝用止水带、填缝材料和密封材料必须符合设计要求。

检验方法：检查产品合格证、产品性能检测报告和材料进场检验报告。

2. 变形缝防水构造必须符合设计要求。

检验方法：观察检查和检查隐蔽工程验收记录。

3. 中埋式止水带埋设位置应准确，其中间空心圆环与变形缝的中心线应重合。

检验方法：观察检查和检查隐蔽工程验收记录。

4. 中埋式止水带的接缝应设在边墙较高位置上，不得设在结构转角处；接头宜采用热压焊接，接缝应平整、牢固，不得有裂口和脱胶现象。

检验方法：观察检查和检查隐蔽工程验收记录。

5. 中埋式止水带在转弯处应做成圆弧形；顶板、底板内止水带应安装成盆状，并宜采用专用钢筋套或扁钢固定。

检验方法：观察检查和检查隐蔽工程验收记录。

6. 外贴式止水带在变形缝与施工缝相交部位宜采用十字配件；外贴式止水带在变形缝转角部位宜采用直角配件。止水带埋设位置应准确，固定应牢靠，并与固定止水带的基层密贴，不得出现空鼓、翘边等现象。

检验方法：观察检查和检查隐蔽工程验收记录。

7. 安设于结构内侧的可卸式止水带所需配件应一次配齐，转角处应做成45°坡角，并增加紧固件的数量。

检验方法：观察检查和检查隐蔽工程验收记录。

8. 嵌填密封材料的缝内两侧基面应平整、洁净、干燥，并应涂刷基层处理剂；嵌缝底部应设置背衬材料；密封材料嵌填应严密、连续、饱满，粘结牢固。

检验方法：观察检查和检查隐蔽工程验收记录。

9. 变形缝处表面粘贴卷材或涂刷涂料前，应在缝上设置隔离层和加强层。

检验方法：观察检查和检查隐蔽工程验收记录。

三、后浇带的控制项目

1. 后浇带用遇水膨胀止水条或止水胶、预埋注浆管、外贴式止水带必须符合设计要求。

检验方法：检查产品合格证、产品性能检测报告和材料进场检验报告。

2. 补偿收缩混凝土的原材料及配合比必须符合设计要求。

检验方法：检查产品合格证、产品性能检测报告、计量措施和材料进场检验报告。

3. 后浇带防水构造必须符合设计要求。

检验方法：观察检查和检查隐蔽工程验收记录。

4. 采用掺膨胀剂的补偿收缩混凝土，其抗压强度、抗渗性能和限制膨胀率必须符合设计要求。

检验方法：检查混凝土抗压强度、抗渗性能和水中养护14d后的限制膨胀率检验报告。

5. 补偿收缩混凝土浇筑前，后浇带部位和外贴式止水带应采取保护措施。

检验方法：观察检查。

6. 后浇带两侧的接缝表面应先清理干净，再涂刷混凝土界面处理剂或水泥基渗透结晶型防水涂料；后浇混凝土的浇筑时间应符合设计要求。

检验方法：观察检查和检查隐蔽工程验收记录。

7. 后浇带混凝土应一次浇筑，不得留设施工缝；混凝土浇筑后应及时养护，养护时间不得少于28d。

检验方法：观察检查和检查隐蔽工程验收记录。

四、穿墙管的控制项目

1. 穿墙管用遇水膨胀止水条和密封材料必须符合设计要求。

检验方法：检查产品合格证、产品性能检测报告。

2. 穿墙管防水构造必须符合设计要求。

检验方法：观察检查和检查隐蔽工程验收记录。

3. 固定式穿墙管应加焊止水环或环绕遇水膨胀止水圈，并作好防腐处理；穿墙管应在主体结构迎水面预留凹槽，槽内应用密封材料嵌填密实。

检验方法：观察检查和检查隐蔽工程验收记录。

4. 套管式穿墙管的套管与止水环及翼环应连续满焊，并作好防腐处理；套管内表面应清理干净，穿墙管与套管之间应用密封材料和橡胶密封圈进行密封处理，并采用法兰盘及螺栓进行固定。

检验方法：观察检查和检查隐蔽工程验收记录。

5. 穿墙盒的封口钢板与混凝土结构墙上预埋的角钢应焊严，并从钢板上的预留浇注孔注入改性沥青密封材料或细石混凝土，封填后将浇注孔口用钢板焊接封闭。

检验方法：观察检查和检查隐蔽工程验收记录。

6. 当主体结构迎水面有柔性防水层时，防水层与穿墙管连接处应增设加强层。

检验方法：观察检查和检查隐蔽工程验收记录。

7. 密封材料嵌填应密实、连续、饱满，粘结牢固。

检验方法：观察检查和检查隐蔽工程验收记录。

五、埋设件的控制项目

1. 埋设件用密封材料必须符合设计要求。

检验方法：检查产品合格证、产品性能检测报告、材料进场检验报告。

2. 埋设件防水构造必须符合设计要求。

检验方法：观察检查和检查隐蔽工程验收记录。

3. 埋设件应位置准确，固定牢靠；埋设件应进行防腐处理。

检验方法：观察、尺量和手扳检查。

4. 埋设件端部或预留孔、槽底部的混凝土厚度不得小于 250mm；当混凝土厚度小于 250mm 时，应局部加厚或采取其他防水措施。

检验方法：尺量检查和检查隐蔽工程验收记录。

5. 结构迎水面的埋设件周围应预留凹槽，凹槽内应用密封材料填实。

检验方法：观察检查和检查隐蔽工程验收记录。

6. 用于固定模板的螺栓必须穿过混凝土结构时，可采用工具式螺栓或螺栓加堵头，螺栓上应加焊止水环。拆模后留下的凹槽应用密封材料封堵密实，并用聚合物水泥砂浆抹平。

检验方法：观察检查和检查隐蔽工程验收记录。

7. 预留孔槽内的防水层应与主体防水层保持连续。

检验方法：观察检查和检查隐蔽工程验收记录。

8. 密封材料嵌填应密实、连续、饱满，粘结牢固。

检验方法：观察检查和检查隐蔽工程验收记录。

六、预留通道接头的控制项目

1. 预留通道接头用中埋式止水带、遇水膨胀止水条或止水胶、预埋注浆管、密封材料和可卸式止水带必须符合设计要求。

检验方法：检查产品合格证、产品性能检测报告、材料进场检验报告。

2. 预留通道接头防水构造必须符合设计要求。

检验方法：观察检查和检查隐蔽工程验收记录。

3. 中埋式止水带埋设位置应准确，其中间空心圆环与通道接头中心线应重合。

检验方法：观察检查和检查隐蔽工程验收记录。

4. 预留通道先浇混凝土结构、中埋式止水带和预埋件应及时保护，预埋件应进行防锈处理。

检验方法：观察检查。

5. 密封材料嵌填应密实、连续、饱满，粘结牢固。

检验方法：观察检查和检查隐蔽工程验收记录。

6. 用膨胀螺栓固定可卸式止水带时，止水带与紧固件压块以及止水带与基面之间应结合紧密。采用金属膨胀螺栓时，应选用不锈钢材料或进行防锈处理。

检验方法：观察检查和检查隐蔽工程验收记录。

7. 预留通道接头外部应设保护墙。

检验方法：观察检查和检查隐蔽工程验收记录。

七、桩头的控制项目

1. 桩头用聚合物水泥防水砂浆、水泥基渗透结晶型防水涂料、遇水膨胀止水条或止水胶和密封材料必须符合设计要求。

检验方法：检查产品合格证、产品性能检测报告和材料进场检验报告。

2. 桩头防水构造必须符合设计要求。

检验方法：观察检查和检查隐蔽工程验收记录。

3. 桩头混凝土应密实，如发现渗漏水应及时采取封堵措施。

检验方法：观察检查和检查隐蔽工程验收记录。

4. 桩头顶面和侧面裸露处应涂刷水泥基渗透结晶型防水涂料，并延伸到结构底板垫层150mm 处；桩头四周300mm 范围内应抹聚合物水泥防水砂浆过渡层。

检验方法：观察检查和检查隐蔽工程验收记录。

5. 结构底板防水层应做在聚合物水泥防水砂浆过渡层上并延伸至桩头侧壁，其与桩头侧壁接缝处应采用密封材料嵌填。

检验方法：观察检查和检查隐蔽工程验收记录。

6. 桩头的受力钢筋根部应采用遇水膨胀止水条或止水胶，并应采取保护措施。

检验方法：观察检查和检查隐蔽工程验收记录。

7. 密封材料嵌填应密实、连续、饱满，粘结牢固。

检验方法：观察检查和检查隐蔽工程验收记录。

八、孔口的控制项目

1. 孔口用防水卷材、防水涂料和密封材料必须符合设计要求。

检验方法：检查产品合格证、产品性能检测报告、材料进场检验报告。

2. 孔口防水构造必须符合设计要求。

检验方法：观察检查和检查隐蔽工程验收记录。

3. 人员出入口高出地面不应小于500mm；汽车出入口设置明沟排水时，其高出地面宜为150mm，并应采取防雨措施。

检验方法：观察和尺量检查。

4. 窗井的底部在最高地下水位以上时，窗井的墙体和底板应作防水处理，并宜与主体结构断开。窗台下部的墙体和底板应做防水层。

检验方法：观察检查和检查隐蔽工程验收记录。

5. 窗井或窗井的一部分在最高地下水位以下时，窗井应与主体结构连成整体，其防水层也应连成整体，并应在窗井内设置集水井。窗台下部的墙体和底板应做防水层。

检验方法：观察检查和检查隐蔽工程验收记录。

6. 窗井内的底板应低于窗下缘300mm。窗井墙高出室外地面不得小于500mm；窗井外地面应做散水，散水与墙面间应采用密封材料嵌填。

检验方法：观察检查和尺量检查。

7. 密封材料嵌填应密实、连续、饱满，粘结牢固。

检验方法：观察检查和检查隐蔽工程验收记录。

第二十八课　锚喷支护与地下连续墙

一、锚喷支护

1. 锚喷支护适用于暗挖法地下工程的支护结构及复合式衬砌的初期支护。

2. 喷射混凝土施工前，应根据围岩裂隙及渗漏水的情况，预先采用引排或注浆堵水。

3. 喷射混凝土所用原材料应符合下列规定：

（1）选用普通硅酸盐水泥或硅酸盐水泥。

（2）中砂或粗砂的细度模数宜大于2.5，含泥量不应大于3.0%；干法喷射时，含水率宜为5%～7%。

（3）采用卵石或碎石，粒径不应大于15mm，含泥量不应大于1.0%；使用碱性速凝剂时，不得使用含有活性二氧化硅的石料。

（4）不含有害物质的洁净水。

（5）速凝剂的初凝时间不应大于5min，终凝时间不应大于10min。

4. 混合料必须计量准确，搅拌均匀，并应符合下列规定：

（1）水泥与砂石质量比宜为1∶4～1∶4.5，砂率宜为45%～55%，水胶比不得大于0.45，外加剂和外掺料的掺量应通过试验确定。

（2）水泥和速凝剂称量允许偏差均为±2%，砂、石称量允许偏差均为±3%。

（3）混合料在运输和存放过程中严防受潮，存放时间不应超过2h；当掺入速凝剂时，存放时间不应超过20min。

5. 喷射混凝土终凝2h后应采取喷水养护，养护时间不得少于14d；当气温低于5℃时，不得喷水养护。

6. 喷射混凝土试件制作组数应符合下列规定：

（1）地下铁道工程应按区间或小于区间断面的结构，每20延米拱和墙各取抗压试件一组；车站取抗压试件两组。其他工程应按每喷射$50m^3$同一配合比的混合料或混合料小于$50m^3$的独立工程取抗压试件一组。

（2）地下铁道工程应按区间结构每40延米取抗渗试件一组；车站每20延米取抗渗试件一组。其他工程当设计有抗渗要求时，可增做抗渗性能试验。

7. 锚杆必须进行抗拔力试验。同一批锚杆每100根应取一组试件，每组3根，不足100根也取3根。同一批试件抗拔力平均值不应小于设计锚固力，且同一批试件抗拔力的最小值不应小于设计锚固力的90%。

8. 锚喷支护分项工程检验批的抽样检验数量，应按区间或小于区间断面的结构每20延米抽查1处，车站每10延米抽查1处，每处$10m^2$，且不得少于3处。

9. 喷射混凝土所用原材料、混合料配合比及钢筋网、锚杆、钢拱架等必须符合设计要求。

检验方法：检查产品合格证、产品性能检测报告、计量措施和材料进场检验报告。

10. 喷射混凝土抗压强度、抗渗性能和锚杆抗拔力必须符合设计要求。

检验方法：检查混凝土抗压强度、抗渗性能检验报告和锚杆抗拔力检验报告。

11. 锚喷支护的渗漏水量必须符合设计要求。

检验方法：观察检查和检查渗漏水检测记录。

12. 喷层与围岩以及喷层之间应粘结紧密，不得有空鼓现象。

检验方法：用小锤轻击检查。

13. 喷层厚度有60%以上检查点不应小于设计厚度，最小厚度不得小于设计厚度的50%，且平均厚度不得小于设计厚度。

检验方法：用针探法或凿孔法检查。

14. 喷射混凝土应密实、平整，无裂缝、脱落、漏喷、露筋。

检验方法：观察检查。

15. 喷射混凝土表面平整度 D/L 不得大于 1/6。

检验方法：尺量检查。

二、地下连续墙

1. 地下连续墙适用于地下工程的主体结构、支护结构以及复合式衬砌的初期支护。

2. 地下连续墙应采用防水混凝土，胶凝材料用量不应小于$400kg/m^3$，水胶比不得大于0.55，坍落度不得小于180mm。

3. 地下连续墙施工时，混凝土应按每一个单元槽段留置一组抗压试件，每5个槽段留置一组抗渗试件。

4. 叠合式侧墙的地下连续墙与内衬结构连接处，应凿毛并清洗干净，必要时应作特殊防水处理。

5. 地下连续墙应根据工程要求和施工条件减少槽段数量；地下连续墙槽段接缝应避开拐角部位。

6. 地下连续墙如有裂缝、孔洞、露筋等缺陷，应采用聚合物水泥砂浆修补；地下连续墙槽段接缝如有渗漏，应采用引排或注浆封堵。

7. 地下连续墙分项工程检验批的抽样检验数量应按每连续 5 个槽段抽查 1 个槽段，且不得少于 3 个槽段。

8. 防水混凝土的原材料、配合比及坍落度必须符合设计要求。

检验方法：检查产品合格证、产品性能检测报告、计量措施和材料进场检验报告。

9. 防水混凝土的抗压强度和抗渗性能必须符合设计要求。

检验方法：检查混凝土的抗压强度、抗渗性能检验报告。

10. 地下连续墙的渗漏水量必须符合设计要求。

检验方法：观察检查和检查渗漏水检测记录。

11. 地下连续墙的槽段接缝构造应符合设计要求。

检验方法：观察检查和检查隐蔽工程验收记录。

12. 地下连续墙墙面不得有露筋、露石和夹泥现象。

检验方法：观察检查。

13. 地下连续墙墙体表面平整度，临时支护墙体允许偏差应为 50mm，单一或复合墙体允许偏差应为 30mm。

检验方法：尺量检查。

第二十九课 注浆工程

一、预注浆、后注浆

1. 预注浆适用于工程开挖前预计涌水量较大的地段或软弱地层；后注浆适用于工程开挖后处理围岩渗漏及初期壁后空隙回填。

2. 注浆材料应符合下列规定：

（1）具有较好的可注性。

（2）具有固结体收缩小，良好的粘结性、抗渗性、耐久性和化学稳定性。

（3）低毒并对环境污染小。

（4）注浆工艺简单，施工操作方便，安全可靠。

3. 在砂卵石层中宜采用渗透注浆法；在黏土层中宜采用劈裂注浆法；在淤泥质软土中宜采用高压喷射注浆法。

4. 注浆浆液应符合下列规定：

（1）预注浆宜采用水泥浆液、黏土水泥浆液或化学浆液。

（2）后注浆宜采用水泥浆液、水泥砂浆或掺有石灰、黏土膨润土、粉煤灰的水泥浆液。

（3）注浆浆液配合比应经现场试验确定。

5. 注浆过程控制应符合下列规定：

（1）根据工程地质条件、注浆目的等控制注浆压力和注浆量。

（2）回填注浆应在衬砌混凝土达到设计强度的 70% 后进行，衬砌后围岩注浆应在充填注浆固结体达到设计强度的70%后进行。

（3）浆液不得溢出地面和超出有效注浆范围，地面注浆结束后注浆孔应封填密实。

（4）注浆范围和建筑物的水平距离很近时，应加强对邻近建筑物和地下埋设物的现场监控。

（5）注浆点距离饮用水源或公共水域较近时，注浆施工如有污染应及时采取相应措施。

6. 预注浆、后注浆分项工程检验批的抽样检验数量，应按加固或堵漏面积每100m² 抽查1处，每处10m²，且不得少于3处。

7. 配制浆液的原材料及配合比必须符合设计要求。

检验方法：检查产品合格证、产品性能检测报告、计量措施和材料进场检验报告。

8. 预注浆及后注浆的注浆效果必须符合设计要求。

检验方法：采取钻孔取芯法检查；必要时采取压水或抽水试验方法检查。

9. 注浆孔的数量、布置间距、钻孔深度及角度应符合设计要求。

检验方法：尺量检查和检查隐蔽工程验收记录。

10. 注浆各阶段的控制压力和注浆量应符合设计要求。

检验方法：观察检查和检查隐蔽工程验收记录。

11. 注浆时浆液不得溢出地面和超出有效注浆范围。

检验方法：观察检查。

12. 注浆对地面产生的沉降量不得超过30mm，地面的隆起不得超过20mm。

检验方法：用水准仪测量。

二、结构裂缝注浆

1. 结构裂缝注浆适用于混凝土结构宽度大于0.2mm的静止裂缝、贯穿性裂缝等堵水注浆。

2. 裂缝注浆应待结构基本稳定和混凝土达到设计强度后进行。

3. 结构裂缝堵水注浆宜选用聚氨酯、丙烯酸盐等化学浆液；补强加固的结构裂缝注浆宜选用改性环氧树脂、超细水泥等浆液。

4. 结构裂缝注浆应符合下列规定：

（1）施工前，应沿缝清除基面上油污杂质。

（2）浅裂缝应骑缝粘埋注浆嘴，必要时沿缝开凿"U"形槽并用速凝水泥砂浆封缝。

（3）深裂缝应骑缝钻孔或斜向钻孔至裂缝深部，孔内安设注浆管或注浆嘴，间距应根据裂缝宽度而定，但每条裂缝至少有一个进浆孔和一个排气孔。

（4）注浆嘴及注浆管应设在裂缝的交叉处、较宽处及贯穿处等部位；对封缝的密封效果应进行检查。

（5）注浆后待缝内浆液固化后，方可拆下注浆嘴并进行封口抹平。

5. 结构裂缝注浆分项工程检验批的抽样检验数量，应按裂缝的条数抽查10%，每条裂缝检查1处，且不得少于3处。

6. 注浆材料及其配合比必须符合设计要求。

检验方法：检查产品合格证、产品性能检测报告、计量措施和材料进场检验报告。

7. 结构裂缝注浆的注浆效果必须符合设计要求。

检验方法：观察检查和压水或压气检查；必要时钻取芯样采取劈裂抗拉强度试验方法检查。

8. 注浆孔的数量、布置间距、钻孔深度及角度应符合设计要求。

检验方法：尺量检查和检查隐蔽工程验收记录。

第三十课　地下防水工程子分部质量验收

1. 地下防水工程质量验收的程序和组织，应符合现行国家标准《建筑工程施工质量验收统一标准》（GB 50300—2013）的有关规定。

2. 检验批的合格判定应符合下列规定：

（1）主控项目的质量经抽样检验全部合格。

（2）一般项目的质量经抽样检验80%以上检测点合格，其余不得有影响使用功能的缺陷；对有允许偏差的检验项目，其最大偏差不得超过《地下防水工程质量验收规范》（GB 50208—2011）规定允许偏差的1.5倍。

（3）施工具有明确的操作依据和完整的质量检查记录。

3. 分项工程质量验收合格应符合下列规定：

（1）分项工程所含检验批的质量均应验收合格。

（2）分项工程所含检验批的质量验收记录应完整。

4. 子分部工程质量验收合格应符合下列规定：

（1）子分部所含分项工程的质量均应验收合格。

（2）质量控制资料应完整。

（3）地下工程渗漏水检测应符合设计的防水等级标准要求。

（4）观感质量检查应符合要求。

5. 地下防水工程竣工和记录资料应符合表2-35的规定。

表2-35　地下防水工程竣工和记录资料

序　　号	项　　目	竣工和记录资料
1	防水设计	施工图、设计交底记录、图纸会审记录、设计变更通知单和材料代用核定单
2	资质、资格证明	施工单位资质及施工人员上岗证复印证件
3	施工方案	施工方法、技术措施、质量保证措施
4	技术交底	施工操作要求及安全等注意事项
5	材料质量证明	产品合格证、产品性能检测报告、材料进场检验报告
6	混凝土、砂浆质量证明	试配及施工配合比、混凝土抗压强度、抗渗性能检验报告，砂浆粘结强度、抗渗性能检验报告
7	中间检查记录	施工质量验收记录、隐蔽工程验收记录、施工检查记录
8	检验记录	渗漏水检测记录、观感质量检查记录
9	施工日志	逐日施工情况
10	其他资料	事故处理报告、技术总结

6. 地下防水工程应对下列部位作好隐蔽工程验收记录：

（1）防水层的基层。

（2）防水混凝土结构和防水层被掩盖的部位。

（3）施工缝、变形缝、后浇带等防水构造做法。

（4）管道穿过防水层的封固部位。

（5）渗排水层、盲沟和坑槽。

（6）结构裂缝注浆处理部位。

（7）衬砌前围岩渗漏水处理部位。

（8）基坑的超挖和回填。

7. 地下防水工程的观感质量检查应符合下列规定：

（1）防水混凝土应密实，表面应平整，不得有露筋、蜂窝等缺陷；裂缝宽度不得大于0.2mm，并不得贯通。

（2）水泥砂浆防水层应密实、平整，粘结牢固，不得有空鼓、裂纹、起砂、麻面等缺陷。

（3）卷材防水层接缝应粘贴牢固，封闭严密，防水层不得有损伤、空鼓、折皱等缺陷。

（4）涂料防水层应与基层粘结牢固，不得有脱皮、流淌、鼓泡、露胎、折皱等缺陷。

（5）塑料防水板防水层应铺设牢固、平整，搭接焊缝严密，不得有下垂、绷紧破损现象。

（6）金属板防水层焊缝不得有裂纹、未熔合、夹渣、焊瘤、咬边、烧穿、弧坑、针状气孔等缺陷。

（7）施工缝、变形缝、后浇带、穿墙管、埋设件、预留通道接头、桩头、孔口、坑、池等防水构造应符合设计要求。

（8）锚喷支护、地下连续墙、盾构隧道、沉井、逆筑结构等防水构造应符合设计要求。

（9）排水系统不淤积、不堵塞，确保排水畅通。

（10）结构裂缝的注浆效果应符合设计要求。

8. 地下工程出现渗漏水时，应及时进行治理，符合设计的防水等级标准要求后方可验收。

9. 地下防水工程验收后，应填写子分部工程质量验收记录，随同工程验收资料分别由建设单位和施工单位存档。

第三十一课　建筑地面工程质量验收的基本规定

1. 从事建筑地面工程施工的建筑施工企业应有质量管理体系和相应的施工工艺技术标准。

2. 建筑地面工程采用的材料或产品应符合设计要求和国家现行有关标准的规定。无国家现行标准的，应具有省级住房和城乡建设行政主管部门的技术认可文件。材料或产品进场时还应符合下列规定：

（1）应有质量合格证明文件。

（2）应对型号、规格、外观等进行验收，对重要材料或产品应抽样进行复验。

3. 建筑地面工程采用的大理石、花岗石、料石等天然石材以及砖、预制板块、地毯、人造板材、胶粘剂、涂料、水泥、砂、石、外加剂等材料或产品应符合国家现行有关室内环境污染控制和放射性、有害物质限量的规定。材料进场时应具有检测报告。

4. 厕浴间和有防滑要求的建筑地面应符合设计防滑要求。

5. 有种植要求的建筑地面，其构造做法应符合设计要求和现行行业标准《种植屋面工程技术规程》（JGJ 155—2013）的有关规定。设计无要求时，种植地面应低于相邻建筑地面 50mm 以上或作槛台处理。

6. 地面辐射供暖系统的设计、施工及验收应符合现行行业标准《地面辐射供暖技术规程》（JGJ 142—2004）的有关规定。

7. 地面辐射供暖系统施工验收合格后，方可进行面层铺设。面层分格缝的构造做法应符合设计要求。

8. 建筑地面下的沟槽、暗管、保温、隔热、隔声等工程完工后应经检验合格并做隐蔽记录，方可进行建筑地面工程的施工。

9. 建筑地面工程基层（各构造层）和面层的铺设，均应待其下一层检验合格后方可施工上一层。建筑地面工程各层铺设前与相关专业的分部（子分部）工程、分项工程以及设备管道安装工程之间，应进行交接检验。

10. 建筑地面工程施工时，各层环境温度的控制应符合材料或产品的技术要求，并应符合下列规定：

（1）采用掺有水泥、石灰的拌和料铺设以及用石油沥青胶结料铺贴时，不应低于 5℃。

（2）采用有机胶粘剂粘贴时，不应低于 10C°。

（3）采用砂、石材料铺设时，不应低于 0℃。

（4）采用自流平、涂料铺设时，不应低于 5℃，也不应高于 30℃。

11. 铺设有坡度的地面应采用基土高差达到设计要求的坡度；铺设有坡度的楼面（或架空地面）应采用在结构楼层板上变更填充层（或找平层）铺设的厚度或以结构起坡达到设计要求的坡度。

12. 建筑物室内接触基土的首层地面施工应符合设计要求，并应符合下列规定：

（1）在冻胀性土上铺设地面时，应按设计要求做好防冻胀土处理后方可施工，并不得在冻胀土层上进行填土施工。

（2）在永冻土上铺设地面时，应按建筑节能要求进行隔热、保温处理后方可施工。

13. 室外散水、明沟、踏步、台阶和坡道等，其面层和基层（各构造层）均应符合设计要求。施工时应按《建筑地面工程施工质量验收规范》（GB 50209—2010）基层铺设中基土和相应垫层以及面层的规定执行。

14. 水泥混凝土散水、明沟应设置伸、缩缝，其延长米间距不得大于 10m，对日晒强烈且昼夜温差超过 15℃的地区，其延长米间距宜为 4～6m。水泥混凝土散水、明沟和台阶等与建筑物连接处及房屋转角处应设缝处理。上述缝的宽度应为 15～20mm，缝内应填嵌柔性密封材料。

15. 建筑地面的变形缝应按设计要求设置，并应符合下列规定：

（1）建筑地面的沉降缝、伸缝、缩缝和防震缝，应与结构相应缝的位置一致，且应贯通建筑地面的各构造层。

（2）沉降缝和防震缝的宽度应符合设计要求，缝内清理干净，以柔性密封材料填嵌后用板封盖，并应与面层齐平。

16. 当建筑地面采用镶边时，应按设计要求设置并应符合下列规定：

（1）有强烈机械作用下的水泥类整体面层与其他类型的面层邻接处，应设置金属镶边构件。

（2）具有较大振动或变形的设备基础与周围建筑地面的邻接处，应沿设备基础周边设置贯通建筑地面各构造层的沉降缝（防震缝），缝的处理应执行《建筑地面工程施工质量验收规范》（GB 50209—2010）的规定。

（3）采用水磨石整体面层时，应用同类材料镶边，并用分格条进行分格。

（4）条石面层和砖面层与其他面层邻接处，应用顶铺的同类材料镶边。

（5）采用木、竹面层和塑料板面层时，应用同类材料镶边。

（6）地面面层与管沟、孔洞、检查井等邻接处，均应设置镶边。

（7）管沟、变形缝等处的建筑地面面层的镶边构件，应在面层铺设前装设。

（8）建筑地面的镶边宜与柱、墙面或踢脚线的变化协调一致。

17. 厕浴间、厨房和有排水（或其他液体）要求的建筑地面面层与相连接各类面层的标高差应符合设计要求。

18. 检验同一施工批次、同一配合比水泥混凝土和水泥砂浆强度的试块，应按每一层（或检验批）建筑地面工程不少于1组。当每一层（或检验批）建筑地面工程面积大于1000m² 时，每增加1000m² 应增做1组试块；小于1000m² 按1000m² 计算，取样1组；检验同一施工批次、同一配合比的散水、明沟、踏步、台阶、坡道的水泥混凝土、水泥砂浆强度的试块，应按每150延长米不少于1组。

19. 各类面层的铺设宜在室内装饰工程基本完工后进行。木、竹面层、塑料板面层、活动地板面层、地毯面层的铺设，应待抹灰工程、管道试压等完工后进行。

20. 建筑地面工程施工质量的检验，应符合下列规定：

（1）基层（各构造层）和各类面层的分项工程的施工质量验收应按每一层或每层施工段（或变形缝）划分检验批，高层建筑的标准层可按每三层（不足三层按三层计）划分检验批。

（2）每检验批应以各子分部工程的基层（各构造层）和各类面层所划分的分项工程按自然间（或标准间）检验，抽查数量应随机检验不应少于3间；不足3间，应全数检查；其中走廊（过道）应以10延长米为1间，工业厂房（按单跨计）、礼堂、门厅应以两个轴线为1间计算。

（3）有防水要求的建筑地面子分部工程的分项工程施工质量每检验批抽查数量应按其房间总数随机检验不应少于4间，不足4间，应全数检查。

21. 建筑地面工程的分项工程施工质量检验的主控项目，应达到《建筑地面工程施工质量验收规范》（GB 50209—2010）规定的质量标准，认定为合格；一般项目80%以上的检查点（处）符合规范规定的质量要求，其他检查点（处）不得有明显影响使用，且最大偏差值不超过允许偏差值的50%为合格。凡达不到质量标准时，应按现行国家标准《建筑工程施工质量验收统一标准》（GB 50300—2013）的规定处理。

22. 建筑地面工程的施工质量验收应在建筑施工企业自检合格的基础上，由监理单位或建设单位组织有关单位对分项工程、子分部工程进行检验。

23. 检验方法应符合下列规定：

（1）检查允许偏差应采用钢尺、1m 直尺、2m 直尺、3m 直尺、2m 靠尺、楔形塞尺、坡度尺、游标卡尺和水准仪。

（2）检查空鼓应采用敲击的方法。

（3）检查防水隔离层应采用蓄水方法，蓄水深度最浅处不得小于 10mm，蓄水时间不得少于 24h；检查有防水要求的建筑地面的面层应采用泼水方法。

（4）检查各类面层（含不需铺设部分或局部面层）表面的裂纹、脱皮、麻面和起砂等缺陷，应采用观感的方法。

第三十二课　地面工程基层铺设

一、基本规定

1. 本课内容适用于基土、垫层、找平层、隔离层、绝热层和填充层等基层分项工程的施工质量检验。

2. 基层铺设的材料质量、密实度和强度等级（或配合比）等应符合设计要求和《建筑地面工程施工质量验收规范》（GB 50209—2010）的规定。

3. 基层铺设前，其下一层表面应干净、无积水。

4. 垫层分段施工时，接槎处应做成阶梯形，每层接槎处的水平距离应错开 0.5～1.0m。接槎处不应设在地面荷载较大的部位。

5. 当垫层、找平层、填充层内埋设暗管时，管道应按设计要求予以稳固。

6. 对有防静电要求的整体地面的基层，应清除残留物，将露出基层的金属物涂绝缘漆两遍晾干。

7. 基层的标高、坡度、厚度等应符合设计要求。基层表面应平整，其允许偏差和检验方法应符合规范的规定。

二、基土

1. 地面应铺设在均匀密实的基土上。土层结构被扰动的基土应进行换填，并予以压实。压实系数应符合设计要求。

2. 对软弱土层应按设计要求进行处理。

3. 填土应分层摊铺、分层压（夯）实、分层检验其密实度。填土质量应符合现行国家标准《建筑地基基础工程施工质量验收规范》（GB 50202—2002）的有关规定。

4. 填土时应为最优含水量。重要工程或大面积的地面填土前，应取土样，按击实试验确定最优含水量与相应的最大干密度。

5. 基土不应用淤泥、腐殖土、冻土、耕植土、膨胀土和建筑杂物作为填土，填土土块的粒径不应大于 50mm。

检验方法：观察检查和检查土质记录。

检查数量：按《建筑地面工程施工质量验收规范》（GB 50209—2010）规定的检验批检查。

6. Ⅰ类建筑基土的氡浓度应符合现行国家标准《民用建筑工程室内环境污染控制规范》（GB 50325—2010）的规定。

检验方法：检查检测报告。

检查数量：同一工程、同一土源地点检查一组。

7. 基土应均匀密实，压实系数应符合设计要求，设计无要求时，不应小于0.9。

检验方法：观察检查和检查试验记录。

检查数量：按《建筑地面工程施工质量验收规范》（GB 50209—2010）规定的检验批检查。

8. 基土表面的允许偏差应符合《建筑地面工程施工质量验收规范》（GB 50209—2010）的规定。

检验方法和检查数量：按验收规范规定检查。

三、砂垫层和砂石垫层

1. 砂垫层厚度不应小于60mm；砂石垫层厚度不应小于100mm。

2. 砂石应选用天然级配材料。铺设时不应有粗细颗粒分离现象，压（夯）至不松动为止。

3. 砂和砂石不应含有草根等有机杂质；砂应采用中砂；石子最大粒径不应大于垫层厚度的2/3。

检验方法：观察检查和检查质量合格证明文件。

检查数量：按《建筑地面工程施工质量验收规范》（GB 50209—2010）规定的检验批检查。

4. 砂垫层和砂石垫层的干密度（或贯入度）应符合设计要求。

检验方法：观察检查和检查试验记录。

检查数量：按《建筑地面工程施工质量验收规范》（GB 50209—2010）规定的检验批检查。

5. 表面不应有砂窝、石堆等现象。

检验方法：观察检查。

检查数量：按《建筑地面工程施工质量验收规范》（GB 50209—2010）规定的检验批检查。

6. 砂垫层和砂石垫层表面的允许偏差应符合《建筑地面工程施工质量验收规范》（GB 50209—2010）的规定。

检验方法和检查数量：按《建筑地面工程施工质量验收规范》（GB 50209—2010）规定的要求检查。

四、找平层

1. 找平层宜采用水泥砂浆或水泥混凝土铺设。当找平层厚度小于30mm时，宜用水泥砂浆做找平层；当找平层厚度不小于 30mm 时，宜用细石混凝土做找平层。

2. 找平层铺设前，当其下一层有松散填充料时，应予铺平振实。

3. 有防水要求的建筑地面工程，铺设前必须对立管、套管和地漏与楼板节点之间进行密封处理，并应进行隐蔽验收；排水坡度应符合设计要求。

4. 在预制钢筋混凝土板上铺设找平层前，板缝填嵌的施工应符合下列要求：

（1）预制钢筋混凝土板相邻缝底宽不应小于 20mm。

（2）填嵌时，板缝内应清理干净，保持湿润。

（3）填缝应采用细石混凝土，其强度等级不应小于 C20。填缝高度应低于板面 10 ~ 20mm，且振捣密实，填缝后应养护。当填缝混凝土的强度等级达到 C15 后方可继续施工。

（4）当板缝底宽大于 40mm 时，应按设计要求配置钢筋。

5. 在预制钢筋混凝土板上铺设找平层时，其板端应按设计要求做防裂的构造措施。

6. 找平层采用碎石或卵石的粒径不应大于其厚度的 2/3，含泥量不应大于 2%；砂为中粗砂，其含泥量不应大于 3%。

检验方法：观察检查和检查质量合格证明文件。

检查数量：同一工程、同一强度等级、同一配合比检查一次。

7. 水泥砂浆体积比、水泥混凝土强度等级应符合设计要求，且水泥砂浆体积比不应小于 1:3（或相应强度等级）；水泥混凝土强度等级不应小于 C15。

检验方法：观察检查和检查配合比试验报告、强度等级检测报告。

检查数量：配合比试验报告按同一工程、同一强度等级、同一配合比检查一次；强度等级检测报告按《建筑地面工程施工质量验收规范》（GB 50209—2010）的规定检查。

8. 有防水要求的建筑地面工程的立管、套管、地漏处不应渗漏，坡向应正确、无积水。

检验方法：观察检查和蓄水、泼水检验及坡度尺检查。

检查数量：按《建筑地面工程施工质量验收规范》（GB 50209—2010）规定的检验批检查。

9. 在有防静电要求的整体面层的找平层施工前，其下敷设的导电地网系统应与接地引下线和地下接电体有可靠连接，经电性能检测且符合相关要求后进行隐蔽工程验收。

检验方法：观察检查和检查质量合格证明文件。

检查数量：按《建筑地面工程施工质量验收规范》（GB 50209—2010）规定的检验批检查。

10. 找平层与其下一层结合应牢固，不应有空鼓。

检验方法：用小锤轻击检查。

检查数量：按《建筑地面工程施工质量验收规范》（GB 50209—2010）规定的检验批检查。

11. 找平层表面应密实，不应有起砂、蜂窝和裂缝等缺陷。

检验方法：观察检查。

检查数量：按《建筑地面工程施工质量验收规范》（GB 50209—2010）规定的检验批检查。

12. 找平层的表面允许偏差应符合《建筑地面工程施工质量验收规范》（GB 50209—2010）规定。

检验方法：按《建筑地面工程施工质量验收规范》（GB 50209—2010）规定的检验方法检验。

检查数量：按《建筑地面工程施工质量验收规范》（GB 50209—2010）规定的检验批检查。

五、隔离层

1. 隔离层材料的防水、防油渗性能应符合设计要求。

2. 隔离层的铺设层数（或道数）、上翻高度应符合设计要求。有种植要求的地面隔离层的防根穿刺等应符合现行行业标准《种植屋面工程技术规程》（JGJ 155—2013）的有关规定。

3. 在水泥类找平层上铺设卷材类、涂料类防水、防油渗隔离层时，其表面应坚固、洁净、干燥。铺设前，应涂刷基层处理剂。基层处理剂应采用与卷材性能相容的配套材料或采用与涂料性能相容的同类涂料的底子油。

4. 当采用掺有防渗外加剂的水泥类隔离层时，其配合比、强度等级、外加剂的复合掺量等应符合设计要求。

5. 铺设隔离层时，在管道穿过楼板面四周，防水、防油渗材料应向上铺涂，并超过套管的上口；在靠近柱、墙处，应高出面层 200～300mm 或按设计要求的高度铺涂。阴阳角和管道穿过楼板面的根部应增加铺涂附加防水、防油渗隔离层。

6. 隔离层兼作面层时，其材料不得对人体及环境产生不利影响，并应符合现行国家标准《食品安全性毒理学评价程序》（GB 15193.1—2014）和《生活饮用水卫生标准》（GB 5749—2006）的有关规定。

7. 防水隔离层铺设后，应按《建筑地面工程施工质量验收规范》（GB 50209—2010）的规定进行蓄水检验，并做记录。

8. 隔离层施工质量检验还应符合现行国家标准《屋面工程质量验收规范》（GB 50207—2012）的有关规定。

9. 隔离层材料应符合设计要求和国家现行有关标准的规定。

检验方法：观察检查和检查型式检验报告、出厂检验报告、出厂合格证。

检查数量：同一工程、同一材料、同一生产厂家、同一型号、同一规格、同一批号检查一次。

10. 卷材类、涂料类隔离层材料进入施工现场，应对材料的主要物理性能指标进行复验。

检验方法：检查复验报告。

检查数量：执行现行国家标准《屋面工程质量验收规范》（GB 50207—2012）的有关规定。

11. 厕浴间和有防水要求的建筑地面必须设置防水隔离层。楼层结构必须采用现浇混凝土或整块预制混凝土板，混凝土强度等级不应小于C20；房间的楼板四周除门洞外应做混凝土翻边，高度不应小于200mm，宽同墙厚，混凝土强度等级不应小于C20。施工时结构层标高和预留孔洞位置应准确，严禁乱凿洞。

检验方法：观察和钢尺检查。

检查数量：按《建筑地面工程施工质量验收规范》（GB 50209—2010）规定的检验批检查。

12. 水泥类防水隔离层的防水等级和强度等级应符合设计要求。

检验方法：观察检查和检查防水等级检测报告、强度等级检测报告。

检查数量：防水等级检测报告、强度等级检测报告均按《建筑地面工程施工质量验收规范》（GB 50209—2010）的规定检查。

13. 防水隔离层严禁渗漏，排水的坡向应正确、排水通畅。

检验方法：观察检查和蓄水、泼水检验、坡度尺检查及检查验收记录。

检查数量：按《建筑地面工程施工质量验收规范》（GB 50209—2010）规定的检验批检查。

14. 隔离层厚度应符合设计要求。

检验方法：观察检查和用钢尺、卡尺检查。

检查数量：按《建筑地面工程施工质量验收规范》（GB 50209—2010）规定的检验批检查。

15. 隔离层与其下一层应粘结牢固，不应有空鼓；防水涂层应平整、均匀，无脱皮、起壳、裂缝、鼓泡等缺陷。

检验方法：用小锤轻击检查和观察检查。

检查数量：按《建筑地面工程施工质量验收规范》（GB 50209—2010）规定的检验批检查。

六、填充层

1. 填充层材料的密度应符合设计要求。

2. 填充层的下一层表面应平整。当为水泥类型时，尚应洁净、干燥，并不得有空鼓、裂缝和起砂等缺陷。

3. 采用松散材料铺设填充层时，应分层铺平拍实；采用板、块状材料铺设填充层时，应分层错缝铺贴。

4. 有隔声要求的楼面，隔声垫在柱、墙面的上翻高度应超出楼面20mm，且应收口于踢脚线内。地面上有竖向管道时，隔声垫应包裹管道四周，高度同卷向柱、墙面的高度。隔声垫保护膜之间应错缝搭接，搭接长度应大于100mm，并用胶带等封闭。

5. 隔声垫上部应设置保护层，其构造做法应符合设计要求。当设计无要求时，混凝土保护层厚度不应小于30mm，内配间距不大于200mm×200mm的ϕ6mm钢筋网片。

6. 有隔声要求的建筑地面工程尚应符合现行国家标准《建筑隔声评价标准》（GB/T 50121—2005）、《民用建筑隔声设计规范》（GB 118—2010）的有关规定。

7. 填充材料应符合设计要求和国家现行有关标准的规定。

检验方法：观察检查和检查质量合格证明文件。

检验数量：同一工程、同一材料、同一生产厂家、同一型号、同一规格、同一批号检查一次。

8. 填充层的厚度、配合比应符合设计要求。

检验方法：用钢尺检查和检查配合比符合设计要求。

检查数量：按规范规定的检验批检查。

9. 对填充材料接缝有密闭要求的应密封良好。

检验方法：观察检查。

检验数量：按规范规定的检验批检查。

10. 松散材料填充层铺设应密实；板块材料填充层应压实、无翘曲。

检验方法：观察检查。

检查数量：按规范规定的检验批检查。

11. 填充层的坡度应符合设计要求，不应有倒泛水和积水现象。

检验方法：观察和采用泼水或用坡度尺检查。

检查数量：按照规范规定的数量检查。

12. 填充层表面的允许偏差应符合设计规定。检查方法和检查数量应符合设计规定。

13. 用作隔声的填充层，其表面允许偏差、检查方法、检查数量应符合设计的规定。

七、绝热层

1. 绝热层材料的性能、品种、厚度、构造做法应符合设计要求和国家现行有关标准的规定。

2. 建筑物室内接触基土的首层地面应增设水泥混凝土垫层后方可铺设绝热层，垫层的厚度及强度等级应符合设计要求。首层地面及楼层楼板铺设绝热层前，表面平整度宜控制在 3mm 以内。

3. 有防水、防潮要求的地面，宜在防水、防潮隔离层施工完毕并验收合格后再铺设绝热层。

4. 穿越地面进入非保温区域的金属管道应采取隔断热桥的措施。

5. 绝热层与地面面层之间应设有水泥混凝土结合层，构造做法及强度等级应符合设计要求。设计无要求时，水泥混凝土结合层的厚度不应小于 30mm，层内应设置间距不大于 200mm×200mm 的 Φ6mm 钢筋网片。

6. 有地下室的建筑，地上、地下交界部位楼板的绝热层应采用保温做法，绝热层表面应设有外保护层。外保护层应安全、耐候，表面应平整、无裂纹。

7. 建筑物勒脚处绝热层铺设应符合设计要求。设计无具体要求时，应符合下列规定：

（1）当地区冻土深度不大于 500mm 时，应采用外保温做法。

（2）当地区冻土深度大于 500mm 且不大于 1000mm 时，宜采用内保温做法。

（3）当地区冻土深度大于 1000mm 时，应采用内保温做法。

（4）当建筑物的基础有防水要求时，宜采用内保温的做法。

（5）采用外保温做法绝热层，宜在建筑物主体结构完成后再施工。

8. 绝热层材料不应采用松散材料或抹灰浆料。

9. 绝热层施工质量检验尚应符合现行国家标准《建筑节能工程施工质量验收规范》（GB 50411—2007）的有关规定。

绝热层材料应符合设计要求和国家现行有关标准的规定。

检验方法：观察检查和检查检验报告、出厂检验报告、出厂合格证。

检查数量：同一工程、同一材料、同一生产厂家、同一型号、同一规格、同一批号检查一次。

10. 绝热材料进入施工现场时，应对材料的导热系数、表观密度、抗压强度或压缩强度、阻燃性进行复验。

检验方法：检查复验报告。

检查数量：同一工程、同一材料、同一生产厂家、同一型号、同一规格、同一批号复验一组。

11. 绝热层的板块材料应采用无缝铺贴法铺设，表面应平整。

检查方法：观察检查、楔形塞尺检查。

检查数量：按规范规定的检验批检查。

12. 绝热层的厚度应符合设计要求，不应出现负偏差，表面应平整。

检查方法：直尺或钢尺检查。

检查数量：按设计规定的检验批检查。

13. 绝热层表面应无开裂。

检查方法：观察检查。

检查数量：按规范规定的检验批检查。

14. 绝热层与地面面层之间的水泥混凝土结合层或水泥砂浆找平层，表面应平整，允许偏差应符合规范的规定。

检验方法和数量应符合规范的规定。

第三十三课　地面面层和板块面层

一、基本规定

1. 铺设整体面层时，水泥类基层的抗压强度不得小于 1.2MPa；表面应粗糙、洁净、湿润并不得有积水。铺设前宜凿毛或涂刷界面剂。硬化耐磨面层、自流平面层的基层处理应符合设计及产品的要求。

2. 铺设整体面层时，地面变形缝的位置应符合《建筑地面工程施工质量验收规范》（GB 50209—2010）的规定；大面积水泥类面层应设置分格缝。

3. 整体面层施工后，养护时间不应少于 7d；抗压强度应达到 5MPa 后方准上人行走；抗压强度应达到设计要求后，方可正常使用。

4. 当采用掺有水泥拌和料做踢脚线时，不得用石灰混合砂浆打底。

5. 水泥类整体面层的抹平工作应在水泥初凝前完成，压光工作应在水泥终凝前完成。

二、自流平面层

1. 自流平面层可采用水泥基、石膏基、合成树脂基等拌和物铺设。

2. 自流平面层与墙、柱等连接处的构造做法应符合设计要求，铺设时应分层施工。

3. 自流平面层的基层应平整、洁净，基层的含水率应与面层材料的技术要求相一致。

4. 自流平面层的构造做法、厚度、颜色等应符合设计要求。

5. 有防水、防潮、防油渗、防尘要求的自流平面层应达到设计要求。

6. 自流平面层的铺涂材料应符合设计要求和国家现行有关标准的规定。

检验方法：观察检查和检查型式检验报告、出厂检验报告、出厂合格证。

检查数量：同一工程、同一材料、同一生产厂家、同一型号、同一规格、同一批号检查一次。

7. 自流平面层的涂料进入施工现场时，应有以下有害物质限量合格的检测报告：

（1）水性涂料中的挥发性有机化合物（VOC）和游离甲醛。

（2）溶剂型涂料中的苯、甲苯＋二甲苯、挥发性有机化合物（VOC）和游离甲苯二异氰酸酯（TDI）。

检验方法：检查检测报告。

检查数量：同一工程、同一材料、同一生产厂家、同一型号、同一规格、同一批号检查一次。

8. 自流平面层的基层的强度等级不应小于 C20。

检验方法：检查强度等级检测报告。

检查数量：按《建筑地面工程施工质量验收规范》（GB 50209—2010）的规定检查。

9. 自流平面层的各构造层之间应粘结牢固，层与层之间不应出现分离、空鼓现象。

检验方法：用小锤轻击检查。

检查数量：按《建筑地面工程施工质量验收规范》（GB 50209—2010）规定的检验批检查。

10. 自流平面层的表面不应有开裂、漏涂和倒泛水、积水等现象。

检验方法：观察和泼水检查。

检查数量：按《建筑地面工程施工质量验收规范》（GB 50209—2010）规定的检验批检查。

11. 自流平面层应分层施工，面层找平施工时不应留有抹痕。

检验方法：观察检查和检查施工记录。

检查数量：按《建筑地面工程施工质量验收规范》（GB 50209—2010）规定的检验批检查。

12. 自流平面层表面应光洁，色泽应均匀、一致，不应有起泡、泛砂等现象。

检验方法：观察检查。

检查数量：按《建筑地面工程施工质量验收规范》（GB 50209—2010）规定的检验批检查。

13. 自流平面层的允许偏差应符合《建筑地面工程施工质量验收规范》（GB 50209—2010）的规定。

三、地面辐射供暖的整体面层

1. 地面辐射供暖的整体面层宜采用水泥混凝土、水泥砂浆等，应在填充层上铺设。

2. 地面辐射供暖的整体面层铺设时不得扰动填充层，不得向填充层内楔入任何物件。面层铺设尚应符合《建筑地面工程施工质量验收规范》（GB 50209—2010）的有关规定。

3. 地面辐射供暖的整体面层采用的材料或产品除应符合设计要求和《建筑地面工程施

工质量验收规范》（GB 50209—2010）相应面层的规定外，还应具有耐热性、热稳定性、防水、防潮、防霉变等特点。

检验方法：观察检查和检查质量合格证明文件。

检查数量：同一工程、同一材料、同一生产厂家、同一型号、同一规格、同一批号检查一次。

4. 地面辐射供暖的整体面层的分格缝应符合设计要求，面层与柱、墙之间应留不小于10mm 的空隙。

检验方法：观察和用钢尺检查。

检查数量：按《建筑地面工程施工质量验收规范》（GB 50209—2010）规定的检验批检查。

四、板块面层的基本规定

1. 板块面层有：砖面层、大理石和花岗石面层、预制板块面层、料石面层、塑料板面层、活动地板面层、金属板面层、地毯面层、地面辐射供暖的板块面层等。

2. 铺设板块面层时，其水泥类基层的抗压强度不得小于 1.2MPa。

3. 铺设板块面层的结合层和板块间的填缝采用水泥砂浆时，应符合下列规定：

（1）配制水泥砂浆应采用硅酸盐水泥、普通硅酸盐水泥或矿渣硅酸盐水泥。

（2）配制水泥砂浆的砂应符合现行行业标准《普通混凝土用砂、石质量及检验方法标准》（JGJ 52—2006）的有关规定。

（3）水泥砂浆的体积比（或强度等级）应符合设计要求。

4. 结合层和板块面层填缝的胶结材料应符合国家现行有关标准的规定和设计要求。

5. 铺设水泥混凝土板块、水磨石板块、人造石板块、陶瓷锦砖、陶瓷地砖、缸砖、水泥花砖、料石、大理石、花岗石等面层的结合层和填缝材料采用水泥砂浆时，在面层铺设后，表面应覆盖、湿润，养护时间不应少于 7d。当板块面层的水泥砂浆结合层的抗压强度达到设计要求后，方可正常使用。

6. 大面积板块面层的伸、缩缝及分格缝应符合设计要求。

7. 板块类踢脚线施工时，不得采用混合砂浆打底。

五、大理石面层和花岗石面层

1. 大理石、花岗石面层采用天然大理石、花岗石（或碎拼大理石、碎拼花岗石）板材，应在结合层上铺设。

2. 板材有裂缝、掉角、翘曲和表面有缺陷时应予剔除，品种不同的板材不得混杂使用；在铺设前，应根据石材的颜色、花纹、图案、纹理等按设计要求，试拼编号。

3. 铺设大理石、花岗石面层前，板材应浸湿、晾干；结合层与板材应分段同时铺设。

4. 大理石、花岗石面层所用板块产品应符合设计要求和国家现行有关标准的规定。

检验方法：观察检查和检查质量合格证明文件。

检查数量：同一工程、同一材料、同一生产厂家、同一型号、同一规格、同一批号检查一次。

5. 大理石、花岗石面层所用板块产品进入施工现场时，应有放射性限量合格的检测报告。

检验方法：检查检测报告。

检查数量：同一工程、同一材料、同一生产厂家、同一型号、同一规格、同一批号检查一次。

6. 面层与下一层应结合牢固，无空鼓（单块板块边角允许有局部空鼓，但每自然间或标准间的空鼓板块不应超过总数的5%）。

检验方法：用小锤轻击检查。

检查数量：按《建筑地面工程施工质量验收规范》（GB 50209—2010）规定的检验批检查。

7. 大理石、花岗石面层铺设前，板块的背面和侧面应进行防碱处理。

检验方法：观察检查和检查施工记录。

检查数量：按《建筑地面工程施工质量验收规范》（GB 50209—2010）规定的检验批检查。

8. 大理石、花岗石面层的表面应洁净、平整无磨痕，且应图案清晰，色泽一致，接缝均匀，周边顺直，镶嵌正确，板块应无裂纹、掉角、缺棱等缺陷。

检验方法：观察检查。

检查数量：按《建筑地面工程施工质量验收规范》（GB 50209—2010）规定的检验批检查。

9. 踢脚线表面应洁净，与柱、墙面的结合应牢固。踢脚线高度及出柱、墙厚度应符合设计要求，且均匀一致。

检验方法：观察和用小锤轻击及钢尺检查。

检查数量：按《建筑地面工程施工质量验收规范》（GB 50209—2010）规定的检验批检查。

10. 楼梯、台阶踏步的宽度、高度应符合设计要求。踏步板块的缝隙宽度应一致；楼层梯段相邻踏步高度差不应大于10mm；每踏步两端宽度差不应大于10mm，旋转楼梯梯段的每踏步两端宽度的允许偏差不应大于5mm。踏步面层应做防滑处理，齿角应整齐，防滑条应顺直、牢固。

检验方法：观察和用钢尺检查。

检查数量：按《建筑地面工程施工质量验收规范》（GB 50209—2010）规定的检验批检查。

11. 面层表面的坡度应符合设计要求，不倒泛水、无积水；与地漏、管道结合处应严密牢固，无渗漏。

检验方法：观察、泼水或用坡度尺及蓄水检查。

检查数量：按《建筑地面工程施工质量验收规范》（GB 50209—2010）规定的检验批检查。

12. 大理石面层和花岗石面层（或碎拼大理石面层、碎拼花岗石面层）的允许偏差应符合《建筑地面工程施工质量验收规范》（GB 50209—2010）规定。

检查方法和数量按照《建筑地面工程施工质量验收规范》（GB 50209—2010）要求。

第三十四课 木、竹面层铺设

一、基本规定

1. 木、竹面层包括：实木地板面层、实木集成地板面层、竹地板面层、实木复合地板面层、浸渍纸层压木质地板面层、软木类地板面层、地面辐射供暖的木板面层等（包括免刨、免漆类）面层。

2. 木、竹地板面层下的木搁栅、垫木、垫层地板等采用木材的树种、选材标准和铺设时木材含水率以及防腐、防蛀处理等，均应符合现行国家标准《木结构工程施工质量验收规范》（GB 50206—2012）的有关规定。所选用的材料应符合设计要求，进场时应对其断面尺寸、含水率等主要技术指标进行抽检，抽检数量应符合国家现行有关标准的规定。

3. 用于固定和加固用的金属零部件应采用不锈蚀或经过防锈处理的金属件。

4. 与厕浴间、厨房等潮湿场所相邻的木、竹面层的连接处应做防水（防潮）处理。

5. 木、竹面层铺设在水泥类基层上，其基层表面应坚硬、平整、洁净、不起砂，表面含水率不应大于 8%。

6. 建筑地面工程的木、竹面层搁栅下架空结构层（或构造层）的质量检验，应符合国家相应现行标准的规定。

7. 木、竹面层的通风构造层包括室内通风沟、地面通风孔、室外通风窗等，均应符合设计要求。

8. 木、竹面层的允许偏差和检验方法应符合《建筑地面工程施工质量验收规范》（GB 50209—2010）的规定。

二、实木地板、实木集成地板、竹地板面层

1. 实木地板、实木集成地板、竹地板画层应采用块材或拼花，以空铺或实铺方式在基层上铺设。

2. 实木地板、实木集成地板、竹地板面层可采用双层面层和单层面层铺设，其厚度应符合设计要求；其选材应符合国家现行有关标准的规定。

3. 铺设实木地板、实木集成地板、竹地板面层时，其木搁栅的截面尺寸、间距和稳固方法等均应符合设计要求。木搁栅固定时，不得损坏基层和预埋管线。木搁橱应垫实钉牢，与柱、墙之间留出 20mm 的缝隙，表面应平直，其间距不宜大于 300mm。

4. 当面层下铺设垫层地板时，垫层地板的髓心应向上，板间缝隙不应大于 3mm，与柱、墙之间应留 8～12mm 的空隙，表面应刨平。

5. 实木地板、实木集成地板、竹地板面层铺设时，相邻板材接头位置应错开不小于 300mm 的距离；与柱、墙之间应留 8～12mm 的空隙。

6. 采用实木制作的踢脚线，背面应抽槽并做防腐处理。

7. 席纹实木地板面层、拼花实木地板面层的铺设应符合《建筑地面工程施工质量验收规范》（GB 50209—2010）的有关要求。

8. 实木地板、实木集成地板、竹地板面层采用的地板、铺设时的木（竹）材含水率、胶粘剂等应符合设计要求和国家现行有关标准的规定。

检验方法：观察检查和检查型式检验报告、出厂检验报告、出厂合格证。

检查数量：同一工程、同一材料、同一生产厂家、同一型号、同一规格、同一批号检查一次。

9. 实木地板、实木集成地板、竹地板面层采用的材料进入施工现场时，应有以下有害物质限量合格的检测报告：

（1）地板中的游离甲醛（释放量或含量）。

（2）溶剂型胶粘剂中的挥发性有机化合物（VOC）、苯、甲苯＋二甲苯。

（3）水性胶粘剂中的挥发性有机化合物（VOC）和游离甲醛。

检验方法：检查检测报告。

检查数量：同一工程、同一材料、同一生产厂家、同一型号、同一规格、同一批号检查一次。

10. 木搁栅、垫木和垫层地板等应做防腐、防蛀处理。

检验方法：观察检查和检查验收记录。

检查数量：按《建筑地面工程施工质量验收规范》（GB 50209—2010）规定的检验批检查。

11. 木搁栅安装应牢固、平直。

检验方法：观察、行走、钢尺测量等检查和检查验收记录。

检查数量：按《建筑地面工程施工质量验收规范》（GB 50209—2010）规定的检验批检查。

12. 面层铺设应牢固；粘结应无空鼓、松动。

检验方法：观察、行走或用小锤轻击检查。

检查数量：按《建筑地面工程施工质量验收规范》（GB 50209—2010）规定的检验批检查。

13. 实木地板、实木集成地板面层应刨平、磨光，无明显刨痕和毛刺等现象；图案应清晰、颜色应均匀一致。

检验方法：观察、手摸和行走检查。

检查数量：按《建筑地面工程施工质量验收规范》（GB 50209—2010）规定的检验批检查。

14. 竹地板面层的品种与规格应符合设计要求，板面应无翘曲。

检验方法：观察、用 2m 靠尺和楔形塞尺检查。

检查数量：按《建筑地面工程施工质量验收规范》（GB 50209—2010）规定的检验批检查。

15. 面层缝隙应严密；接头位置应错开，表面应平整、洁净。

检验方法：观察检查。

检查数量：按《建筑地面工程施工质量验收规范》（GB 50209—2010）规定的检验批检查。

16. 面层采用粘、钉工艺时，接缝应对齐，粘、钉应严密；缝隙宽度应均匀一致；表面应洁净，无溢胶现象。

检验方法：观察检查。

检查数量：按《建筑地面工程施工质量验收规范》（GB 50209—2010）规定的检验批检查。

17. 踢脚线应表面光滑，接缝严密，高度一致。

检验方法：观察和用钢尺检查。

检查数量：按《建筑地面工程施工质量验收规范》（GB 50209—2010）规定的检验批检查。

18. 实木地板、实木集成地板、竹地板面层的允许偏差应符合《建筑地面工程施工质量验收规范》（GB 50209—2010）的规定。

第三十五课　建筑装饰装修工程基本规定

一、设计

1. 建筑装饰装修工程必须进行设计，并出具完整的施工图设计文件。

2. 承担建筑装饰装修工程设计的单位应具备相应的资质，并应建立质量管理体系。由于设计原因造成的质量问题应由设计单位负责。

3. 建筑装饰装修设计应符合城市规划、消防、环保、节能等有关规定。

4. 承担建筑装饰装修工程设计的单位应对建筑物进行必要的了解和实地勘察，设计深度应满足施工要求。

5. 建筑装饰装修工程设计必须保证建筑物的结构安全和主要使用功能。当涉及主体和承重结构改动或增加荷载时，必须由原结构设计单位或具备相应资质的设计单位核查有关原始资料，对既有建筑结构的安全性进行核验、确认。

6. 建筑装饰装修工程的防火、防雷和抗震设计应符合现行国家标准的规定。

7. 当墙体或吊顶内的管线可能产生冰冻或结露时，应进行防冻或防结露设计。

二、材料

1. 建筑装饰装修工程所用材料的品种、规格和质量应符合设计要求和国家现行标准的规定。当设计无要求时应符合国家现行标准的规定。严禁使用国家明令淘汰的材料。

2. 建筑装饰装修工程所用材料的燃烧性能应符合现行国家标准《建筑内部装修设计防火规范》［GB 50222—1995（2001 年修订版）］、《建筑设计防火规范》（GBJ 50016—2014）的规定。

3. 建筑装饰装修工程所用材料应符合国家有关建筑装饰装修材料有害物质限量标准的规定。

4. 所有材料进场时应对品种、规格、外观和尺寸进行验收。材料包装应完好，应有产品合格证书、中文说明书及相关性能的检测报告；进口产品应按规定进行商品检验。

5. 进场后需要进行复验的材料种类及项目应符合《建筑装饰装修工程施工质量验收规

范》（GB 50210—2001）各章的规定。同一厂家生产的同一品种、同一类型的进场材料应至少抽取一组样品进行复验，当合同另有约定时应按合同执行。

6. 国家规定或合同约定应对材料进行见证检测时，或对材料的质量发生争议时，应进行见证检测。

7. 承担建筑装饰装修材料检测的单位应具备相应的资质，并应建立质量管理体系。

8. 建筑装饰装修工程所使用的材料在运输、储存和施工过程中，必须采取有效措施防止损坏、变质和污染环境。

9. 建筑装饰装修工程所使用的材料应按设计要求进行防火、防腐和防虫处理。

10. 现场配制的材料如砂浆、胶粘剂等，应按设计要求或产品说明书配制。

三、施工

1. 承担建筑装饰装修工程施工的单位应具备相应的资质，并应建立质量管理体系。施工单位应编制施工组织设计并应经过审查批准。施工单位应按有关的施工工艺标准或经审定的施工技术方案施工，并应对施工全过程实行质量控制。

2. 承担建筑装饰装修工程施工的人员应有相应岗位的资格证书。

3. 建筑装饰装修工程的施工质量应符合设计要求和《建筑装饰装修工程施工质量验收规范》（GB 50210—2001）的规定，由于违反设计文件和规范的规定施工造成的质量问题应由施工单位负责。

4. 建筑装饰装修工程施工中，严禁违反设计文件擅自改动建筑主体、承重结构或主要使用功能；严禁未经设计确认和有关部门批准擅自拆改水、暖、电、燃气、通信等配套设施。

5. 施工单位应遵守有关环境保护的法律法规，并应采取有效措施控制施工现场的各种粉尘、废气、废弃物、噪声、振动等对周围环境造成的污染和危害。

6. 施工单位应遵守有关施工安全、劳动保护、防火和防毒的法律法规，应建立相应的管理制度，并应配备必要的设备、器具和标识。

7. 建筑装饰装修工程应在基体或基层的质量验收合格后施工。对既有建筑进行装饰装修前，应对基层进行处理并达到《建筑装饰装修工程施工质量验收规范》（GB 50210—2001）要求。

8. 建筑装饰装修工程施工前应有主要材料的样板或做样板间（件），并应经有关各方确认。

9. 墙面采用保温材料的建筑装饰装修工程，所用保温材料的类型、品种、规格及施工工艺应符合设计要求。

10. 管道、设备等的安装及调试应在建筑装饰装修工程施工前完成，当必须同步进行时，应在饰面层施工前完成。装饰装修工程不得影响管道、设备等的使用和维修。涉及燃气管道的建筑装饰装修工程必须符合有关安全管理的规定。

11. 建筑装饰装修工程的电器安装应符合设计要求和国家现行标准的规定。严禁不经穿管直接埋设电线。

12. 室内外装饰装修工程施工的环境条件应满足施工工艺的要求。施工环境温度不应低于5℃。当必须在低于5℃气温下施工时，应采取保证工程质量的有效措施。

13. 建筑装饰装修工程施工过程中应做好半成品、成品的保护，防止污染和损坏。

14. 建筑装饰装修工程验收前应将施工现场清理干净。

第三十六课 抹灰工程

一、一般规定

1. 本课内容适用于一般抹灰、装饰抹灰和清水砌体勾缝等分项工程的质量验收。

2. 抹灰工程验收时应检查下列文件和记录：

（1）抹灰工程的施工图、设计说明及其他设计文件。

（2）材料的产品合格证书、性能检测报告、进场验收记录和复验报告。

（3）隐蔽工程验收记录。

（4）施工记录。

3. 抹灰工程应对水泥的凝结时间和安定性进行复验。

4. 抹灰工程应对下列隐蔽工程项目进行验收：

（1）抹灰总厚度大于或等于35mm时的加强措施。

（2）不同材料基体交接处的加强措施。

5. 各分项工程的检验批应按下列规定划分：

（1）相同材料、工艺和施工条件的室外抹灰工程每500～1000m² 应划分为一个检验批，不足500m² 也应划分为一个检验批。

（2）相同材料、工艺和施工条件的室内抹灰工程每50个自然间（大面积房间和走廊按抹灰面积30m² 为一间）应划分为一个检验批，不足50间也应划分为一个检验批。

6. 检查数量应符合下列规定：

（1）室内每个检验批应至少抽查10%，并不得少于3间；不足3间时应全数检查。

（2）室外每个检验批每100m² 应至少抽查一处，每处不得小于10m²。

7. 外墙抹灰工程施工前应先安装钢木门窗框、护栏等，并应将墙上的施工孔洞堵塞密实。

8. 抹灰用的石灰膏的熟化期不应少于15d；罩面用的磨细石灰粉的熟化期不应少于3d。

9. 室内墙面、柱面和门洞口的阳角做法应符合设计要求。设计无要求时，应采用1:2水泥砂浆做暗护角，其高度不应低于2m，每侧宽度不应小于50mm。

10. 当要求抹灰层具有防水、防潮功能时，应采用防水砂浆。

11. 各种砂浆抹灰层，在凝结前应防止快干、水冲、撞击、振动和受冻，在凝结后应采取措施防止玷污和损坏。水泥砂浆抹灰层应在湿润条件下养护。

12. 外墙和顶棚的抹灰层与基层之间及各抹灰层之间必须粘结牢固。

二、一般抹灰工程

1. 本节适用于石灰砂浆、水泥砂浆、水泥混合砂浆、聚合物水泥砂浆和麻刀石灰、纸筋石灰、石膏灰等一般抹灰工程的质量验收。一般抹灰工程分为普通抹灰和高级抹灰，当设计无要求时，按普通抹灰验收。

2. 抹灰前基层表面的尘土、污垢、油渍等应清除干净，并应洒水润湿。

检验方法：检查施工记录。

3. 一般抹灰所用材料的品种和性能应符合设计要求。水泥的凝结时间和安定性复验应合格。砂浆的配合比应符合设计要求。

检验方法：检查产品合格证书、进场验收记录、复验报告和施工记录。

4. 抹灰工程应分层进行。当抹灰总厚度大于或等于35mm时，应采取加强措施。不同材料基体交接处表面的抹灰，应采取防止开裂的加强措施，当采用加强网时，加强网与各基体的搭接宽度不应小于100mm。

检验方法：检查隐蔽工程验收记录和施工记录。

5. 抹灰层与基层之间及各抹灰层之间必须粘结牢固，抹灰层应无脱层、空鼓，面层应无爆灰和裂缝。

检验方法：观察；用小锤轻击检查；检查施工记录。

6. 一般抹灰工程的表面质量应符合下列规定：

（1）普通抹灰表面应光滑、洁净、接槎平整，分格缝应清晰。

（2）高级抹灰表面应光滑、洁净、颜色均匀、无抹纹，分格缝和灰线应清晰美观。

检验方法：观察；手摸检查。

7. 护角、孔洞、槽、盒周围的抹灰表面应整齐、光滑；管道后面的抹灰表面应平整。

检验方法：观察。

8. 抹灰层的总厚度应符合设计要求；水泥砂浆不得抹在石灰砂浆层上；罩面石膏灰不得抹在水泥砂浆层上。

检验方法：检查施工记录。

9. 抹灰分格缝的设置应符合设计要求，宽度和深度应均匀，表面应光滑，棱角应整齐。

检验方法：观察；尺量检查。

10. 有排水要求的部位应做滴水线（槽）。滴水线（槽）应整齐顺直，滴水线应内高外低，滴水槽的宽度和深度均不应小于10mm。

检验方法：观察；尺量检查。

11. 一般抹灰工程质量的允许偏差和检验方法应符合表2-36的规定。

表2-36　一般抹灰的允许偏差和检验方法

项　次	项　目	允许偏差/mm		检验方法
		普通抹灰	高级抹灰	
1	立面垂直度	4	3	用2m垂直检测尺检查
2	表面平整度	4	3	用2m靠尺和塞尺检查
3	阴阳角方正	4	3	用直角检测尺检查
4	分格条（缝）直线度	4	3	拉5m线，不足5m拉通线，用钢直尺检查
5	墙裙、勒脚上口直线度	4	3	拉5m线，不足5m拉通线，用钢直尺检查

注：1. 普通抹灰，本表第3项阴角方正可不检查。

　　2. 顶棚抹灰，本表第2项表面平整度可不检查，但应平顺。

第三十七课　门窗工程

一、一般规定

1. 本课内容适用于木门窗制作与安装、金属门窗安装、塑料门窗安装、特种门安装、门窗玻璃安装等分项工程的质量验收。

2. 门窗工程验收时应检查下列文件和记录：

（1）门窗工程的施工图、设计说明及其他设计文件。

（2）材料的产品合格证书、性能检测报告、进场验收记录和复验报告。

（3）特种门及其附件的生产许可文件。

（4）隐蔽工程验收记录。

（5）施工记录。

3. 门窗工程应对下列材料及其性能指标进行复验：

（1）人造木板的甲醛含量。

（2）建筑外墙金属窗、塑料窗的抗风压性能、空气渗透性能和雨水渗漏性能。

4. 门窗工程应对下列隐蔽工程项目进行验收：

（1）预埋件和锚固件。

（2）隐蔽部位的防腐、填嵌处理。

5. 各分项工程的检验批应按下列规定划分：

（1）同一品种、类型和规格的木门窗、金属门窗、塑料门窗及门窗玻璃每100樘应划分为一个检验批，不足100樘也应划分为一个检验批。

（2）同一品种、类型和规格的特种门每50樘应划分为一个检验批，不足50樘也应划分为一个检验批。

6. 检查数量应符合下列规定：

（1）木门窗、金属门窗、塑料门窗及门窗玻璃，每个检验批应至少抽查5%，并不得少于3樘，不足3樘时应全数检查；高层建筑的外窗，每个检验批应至少抽查10%，并不得少于6樘，不足6樘时应全数检查。

（2）特种门每个检验批应至少抽查50%，并不得少于10樘，不足10樘时应全数检查。

7. 门窗安装前，应对门窗洞口尺寸进行检验。

8. 金属门窗和塑料门窗安装应采用预留洞口的方法施工，不得采用边安装边砌口或先安装后砌口的方法施工。

9. 木门窗与砖石砌体、混凝土或抹灰层接触处应进行防腐处理并应设置防潮层；埋入砌体或混凝土中的木砖应进行防腐处理。

10. 当金属窗或塑料窗组合时，其拼樘料的尺寸、规格、壁厚应符合设计要求。

11. 建筑外门窗的安装必须牢固。在砌体上安装门窗严禁用射钉固定。

12. 特种门安装除应符合设计要求和《建筑装饰装修施工质量验收规范》（GB 50210—2001）规定外，还应符合有关专业标准和主管部门的规定。

二、木门窗制作与安装工程

1. 木门窗的木材品种、材质等级、规格、尺寸、框扇的线型及人造木板的甲醛含量应符合设计要求。设计未规定材质等级时，所用木材的质量应符合《建筑装饰装修施工质量验收规范》（GB 50210—2001）的规定。

检验方法：观察；检查材料进场验收记录和复验报告。

2. 木门窗应采用烘干的木材，含水率应符合《建筑木门、木窗》（JG/T 122—2000）的规定。

检验方法：检查材料进场验收记录。

3. 木门窗的防火、防腐、防虫处理应符合设计要求。

检验方法：观察；检查材料进场验收记录。

4. 木门窗的结合处和安装配件处不得有木节或已填补的木节。木门窗如有允许限值以内的死节及直径较大的虫眼时，应用同一材质的木塞加胶填补。对于清漆制品，木塞的木纹和色泽应与制品一致。

检验方法：观察。

5. 门窗框和厚度大于50mm的门窗扇应用双榫连接。榫槽应采用胶料严密嵌合，并应用胶楔加紧。

检验方法：观察；手扳检查。

6. 胶合板门、纤维板门和模压门不得脱胶。胶合板不得刨透表层单板，不得有戗槎。制作胶合板门、纤维板门时，边框和横楞应在同一平面上，面层、边框及横楞应加压胶结。横楞和上、下冒头应各钻两个以上的透气孔，透气孔应通畅。

检验方法：观察。

7. 木门窗的品种、类型、规格、开启方向、安装位置及连接方式应符合设计要求。

检验方法：观察；尺量检查；检查成品门的产品合格证书。

8. 木门窗框的安装必须牢固。预埋木砖的防腐处理、木门窗框固定点的数量、位置及固定方法应符合设计要求。

检验方法：观察；手扳检查；检查隐蔽工程验收记录和施工记录。

9. 木门窗扇必须安装牢固，并应开关灵活，关闭严密，无倒翘。

检验方法：观察；开启和关闭检查；手扳检查。

10. 木门窗配件的型号、规格、数量应符合设计要求，安装应牢固，位置应正确，功能应满足使用要求。

检验方法：观察；开启和关闭检查；手扳检查。

11. 木门窗表面应洁净，不得有刨痕、锤印。

检验方法：观察。

12. 木门窗的割角、拼缝应严密平整；门窗框、扇裁口应顺直，刨面应平整。

检验方法：观察。

13. 木门窗上的槽、孔应边缘整齐，无毛刺。检验方法：观察。

14. 木门窗与墙体间缝隙的填嵌材料应符合设计要求，填嵌应饱满。寒冷地区外门窗（或门窗框）与砌体间的空隙应填充保温材料。

检验方法：轻敲门窗框检查；检查隐蔽工程验收记录和施工记录。

15. 木门窗批水、盖口条、压缝条、密封条的安装应顺直，与门窗结合应牢固、严密。

检验方法：观察；手扳检查。

16. 木门窗制作的允许偏差和检查方法按照《建筑装饰装修施工质量验收规范》（GB 50210—2001）的规定。木门窗安装的留缝限值、允许偏差和检验方法要符合《建筑装饰装修施工质量验收规范》（GB 50210—2001）规定要求。

三、门窗玻璃安装工程

1. 本节适用于平板、吸热、反射、中空、夹层、夹丝、磨砂、钢化、压花玻璃等玻璃安装工程的质量验收。

2. 玻璃的品种、规格、尺寸、色彩、图案和涂膜朝向应符合设计要求。单块玻璃大于 $1.5m^2$ 时应使用安全玻璃。

检验方法：观察；检查产品合格证书、性能检测报告和进场验收记录。

3. 门窗玻璃裁割尺寸应正确。安装后的玻璃应牢固，不得有裂纹、损伤和松动。

检验方法：观察；轻敲检查。

4. 玻璃的安装方法应符合设计要求。固定玻璃的钉子或钢丝卡的数量、规格应保证玻璃安装牢固。

检验方法：观察；检查施工记录。

5. 镶钉木压条接触玻璃处，应与裁口边缘平齐。木压条应互相紧密连接，并与裁口边缘紧贴，割角应整齐。

检验方法：观察。

6. 密封条与玻璃、玻璃槽口的接触应紧密、平整。密封胶与玻璃、玻璃槽口的边缘应粘结牢固、接缝平齐。

检验方法：观察。

7. 带密封条的玻璃压条，其密封条必须与玻璃全部贴紧，压条与型材之间应无明显缝隙，压条接缝应不大于 0.5mm。

检验方法：观察；尺量检查。

8. 玻璃表面应洁净，不得有腻子、密封胶、涂料等污渍。中空玻璃内外表面均应洁净，玻璃中空层内不得有灰尘和水蒸气。

检验方法：观察。

9. 门窗玻璃不应直接接触型材。单面镀膜玻璃的镀膜层及磨砂玻璃的磨砂面应朝向室内。中空玻璃的单面镀膜玻璃应在最外层，镀膜层应朝向室内。

检验方法：观察。

10. 腻子应填抹饱满、粘结牢固；腻子边缘与裁口应平齐。固定玻璃的卡子不应在腻子表面显露。

检验方法：观察。

第三十八课 吊顶工程

一、一般规定

1. 本课内容适用于暗龙骨吊顶、明龙骨吊顶等分项工程的质量验收。

2. 吊顶工程验收时应检查下列文件和记录：

（1）吊顶工程的施工图、设计说明及其他设计文件。

（2）材料的产品合格证书、性能检测报告、进场验收记录和复验报告。

（3）隐蔽工程验收记录。

（4）施工记录。

3. 吊顶工程应对人造木板的甲醛含量进行复验。

4. 吊顶工程应对下列隐蔽工程项目进行验收：

（1）吊顶内管道、设备的安装及水管试压。

（2）木龙骨防火、防腐处理。

（3）预埋件或拉结筋。

（4）吊杆安装。

（5）龙骨安装。

（6）填充材料的设置。

5. 各分项工程的检验批应按下列规定划分：

同一品种的吊顶工程每 50 间（大面积房间和走廊按吊顶面积 30m² 为一间）应划分为一个检验批，不足 50 间也应划分为一个检验批。

6. 检查数量应符合下列规定：

每个检验批应至少抽查 10%，并不得少于 3 间；不足 3 间时应全数检查。

7. 安装龙骨前，应按设计要求对房间净高、洞口标高和吊顶内管道、设备及其支架的标高进行交接检验。

8. 吊顶工程的木吊杆、木龙骨和木饰面板必须进行防火处理，并应符合有关设计防火规范的规定。

9. 吊顶工程中的预埋件、钢筋吊杆和型钢吊杆应进行防锈处理。

10. 安装饰面板前应完成吊顶内管道和设备的调试及验收。

11. 吊杆距主龙骨端部距离不得大于 300mm，当大于 300mm 时，应增加吊杆。当吊杆长度大于 1.5m 时，应设置反支撑。当吊杆与设备相遇时，应调整并增设吊杆。

12. 重型灯具、电扇及其他重型设备严禁安装在吊顶工程的龙骨上。

二、控制项目

1. 本节适用于以轻钢龙骨、铝合金龙骨、木龙骨等为骨架，以石膏板、金属板、矿棉板、木板、塑料板或格栅等为饰面材料的暗龙骨吊顶工程的质量验收。

2. 吊顶标高、尺寸、起拱和造型应符合设计要求。

检验方法：观察；尺量检查。

3. 饰面材料的材质、品种、规格、图案和颜色应符合设计要求。

检验方法：观察；检查产品合格证书、性能检测报告、进场验收记录和复验报告。

4. 暗龙骨吊顶工程的吊杆、龙骨和饰面材料的安装必须牢固。

检验方法：观察；手扳检查；检查隐蔽工程验收记录和施工记录。

5. 吊杆、龙骨的材质、规格、安装间距及连接方式应符合设计要求。金属吊杆、龙骨应经过表面防腐处理；木吊杆、龙骨应进行防腐、防火处理。

检验方法：观察；尺量检查；检查产品合格证书、性能检测报告、进场验收记录和隐蔽工程验收记录。

6. 石膏板的接缝应按其施工工艺标准进行板缝防裂处理。安装双层石膏板时，面层板与基层板的接缝应错开，并不得在同一根龙骨上接缝。

检验方法：观察。

7. 饰面材料表面应洁净、色泽一致，不得有翘曲、裂缝及缺损。压条应平直、宽窄一致。

检验方法：观察；尺量检查。

8. 饰面板上的灯具、烟感器、喷淋头、风口篦子等设备的位置应合理、美观，与饰面板的交接应吻合、严密。

检验方法：观察。

9. 金属吊杆、龙骨的接缝应均匀一致，角缝应吻合，表面应平整，无翘曲、锤印。木质吊杆、龙骨应顺直，无劈裂、变形。

检验方法：检查隐蔽工程验收记录和施工记录。

10. 吊顶内填充吸声材料的品种和铺设厚度应符合设计要求，并应有防散落措施。

检验方法：检查隐蔽工程验收记录和施工记录。

11. 暗龙骨吊顶工程安装的允许偏差和检验方法应符合表 2-37 的规定。

表 2-37 暗龙骨吊顶工程安装的允许偏差和检验方法

项次	项　目	允许偏差/mm				检验方法
		纸面石膏板	金属板	矿棉板	木板、塑料板、格栅	
1	表面平整度	3	2	2	2	用2m靠尺和塞尺检查
2	接缝直线度	3	1.5	3	3	拉5m线，不足5m拉通线，用钢直尺检查
3	接缝高低差	1	1	1.5	1	用钢直尺和塞尺检查

三、明龙骨吊顶工程控制项目

1. 本节适用于以轻钢龙骨、铝合金龙骨、木龙骨等为骨架，以石膏板、金属板、矿棉板、塑料板、玻璃板或格栅等为饰面材料的明龙骨吊顶工程的质量验收。

2. 吊顶标高、尺寸、起拱和造型应符合设计要求。

检验方法：观察；尺量检查。

3. 饰面材料的材质、品种、规格、图案和颜色应符合设计要求。当饰面材料为玻璃板时，应使用安全玻璃或采取可靠的安全措施。

检验方法：观察；检查产品合格证书、性能检测报告和进场验收记录。

4. 饰面材料的安装应稳固严密。饰面材料与龙骨的搭接宽度应大于龙骨受力面宽度的2/3。

检验方法：观察；手扳检查；尺量检查。

5. 吊杆、龙骨的材质、规格、安装间距及连接方式应符合设计要求。金属吊杆、龙骨应进行表面防腐处理；木龙骨应进行防腐、防火处理。

检验方法：观察；尺量检查；检查产品合格证书、进场验收记录和隐蔽工程验收记录。

6. 明龙骨吊顶工程的吊杆和龙骨安装必须牢固。

检验方法：手扳检查；检查隐蔽工程验收记录和施工记录。

7. 饰面材料表面应洁净、色泽一致，不得有翘曲、裂缝及缺损。饰面板与明龙骨的搭接应平整、吻合，压条应平直、宽窄一致。

检验方法：观察；尺量检查。

8. 饰面板上的灯具、烟感器、喷淋头、风口篦子等设备的位置应合理、美观，与饰面板的交接应吻合、严密。

检验方法：观察。

9. 金属龙骨的接缝应平整、吻合、颜色一致，不得有划伤、擦伤等表面缺陷。木质龙骨应平整、顺直，无劈裂。

检验方法：观察。

10. 吊顶内填充吸声材料的品种和铺设厚度应符合设计要求，并应有防散落措施。

检验方法：检查隐蔽工程验收记录和施工记录。

11. 明龙骨吊顶工程安装的允许偏差和检验方法应符合表 2-38 的规定。

表 2-38 明龙骨吊顶工程安装的允许偏差和检验方法

项次	项 目	允许偏差/mm				检验方法
		石膏板	金属板	矿棉板	塑料板、玻璃板	
1	表面平整度	3	2	3	2	用2m靠尺和塞尺检查
2	接缝垂直度	3	2	3	3	拉 5m 线，不足 5m 拉通线，用钢直尺检查
3	接缝高低差	1	1	2	1	用钢直尺检查

第三十九课　饰面板（砖）工程

一、一般规定

1. 本课内容适用于饰面板安装、饰面砖粘贴等分项工程的质量验收。

2. 饰面板（砖）工程验收时应检查下列文件和记录：

（1）饰面板（砖）工程的施工图、设计说明及其他设计文件。

（2）材料的产品合格证书、性能检测报告、进场验收记录和复验报告。

（3）后置埋件的现场拉拔检测报告。

（4）外墙饰面砖样板件的粘结强度检测报告。

（5）隐蔽工程验收记录。

（6）施工记录。

3. 饰面板（砖）工程应对下列材料及其性能指标进行复验：

（1）室内用花岗石的放射性。

（2）粘贴用水泥的凝结时间、安定性和抗压强度。

（3）外墙陶瓷面砖的吸水率。

（4）寒冷地区外墙陶瓷面砖的抗冻性。

4. 饰面板（砖）工程应对下列隐蔽工程项目进行验收：

（1）预埋件（或后置埋件）。

（2）连接节点。

（3）防水层。

5. 各分项工程的检验批应按下列规定划分：

（1）相同材料、工艺和施工条件的室内饰面板（砖）工程每 50 间（大面积房间和走廊按施工面积 $30m^2$ 为一间）应划分为一个检验批，不足 50 间也应划分为一个检验批。

（2）相同材料、工艺和施工条件的室外饰面板（砖）工程每 $500 \sim 1000m^2$ 应划分为一个检验批，不足 $500m^2$ 也应划分为一个检验批。

6. 检查数量应符合下列规定：

（1）室内每个检验批应至少抽查 10%，并不得少于 3 间；不足 3 间时应全数检查。

（2）室外每个检验批每 $100m^2$ 应至少抽查一处，每处不得小于 $10m^2$。

7. 外墙饰面砖粘贴前和施工过程中，均应在相同基层上做样板件，并对样板件的饰面砖粘结强度进行检验，其检验方法和结果判定应符合《建筑工程饰面砖粘结强度检验标准》（JGJ 110—2008）的规定。

8. 饰面板（砖）工程的抗震缝、伸缩缝、沉降缝等部位的处理应保证缝的使用功能和饰面的完整性。

二、饰面板安装工程

1. 本节适用于内墙饰面板安装工程和高度不大于 24m、抗震设防烈度不大于 7 度的外墙饰面板安装工程的质量验收。

2. 饰面板的品种、规格、颜色和性能应符合设计要求，木龙骨、木饰面板和塑料饰面板的燃烧性能等级应符合设计要求。

检验方法：观察；检查产品合格证书、进场验收记录和性能检测报告。

3. 饰面板孔、槽的数量、位置和尺寸应符合设计要求。

检验方法：检查进场验收记录和施工记录。

4. 饰面板安装工程的预埋件（或后置埋件）、连接件的数量、规格、位置、连接方法和防腐处理必须符合设计要求。后置埋件的现场拉拔强度必须符合设计要求。饰面板安装必须牢固。

检验方法：手扳检查；检查进场验收记录、现场拉拔检测报告、隐蔽工程验收记录和施工记录。

5. 饰面板表面应平整、洁净、色泽一致，无裂痕和缺损。石材表面应无泛碱等污染。

检验方法：观察。

6. 饰面板嵌缝应密实、平直，宽度和深度应符合设计要求，嵌填材料色泽应一致。

检验方法：观察；尺量检查。

7. 采用湿作业法施工的饰面板工程，石材应进行防碱背涂处理。饰面板与基体之间的灌注材料应饱满、密实。

检验方法：用小锤轻击检查；检查施工记录。

8. 饰面板上的孔洞应套割吻合，边缘应整齐。

检验方法：观察。

9. 饰面板安装的允许偏差和检验方法应符合表 2-39 的规定。

表 2-39　饰面板安装的允许偏差和检验方法

项次	项　目	允许偏差/mm							检验方法
		石材			瓷板	木材	塑料	金属	
		光面	剁斧石	蘑菇石					
1	立面垂直度	2	3	3	2	1.5	2	2	用 2m 垂直检测尺检查
2	表面平整度	2	3	—	1.5	1	3	3	用 2m 靠尺和塞尺检查
3	阴阳角方正	2	4	4	2	1.5	3	3	用直角检测尺检查
4	接缝直线度	2	4	4	4	1	1	1	拉 5m 线，不足 5m 拉通线，用钢直尺检查
5	墙裙、勒脚上口直线度	2	3	4	2	2	2	2	拉 5m 线，不足 5m 拉通线，用钢直尺检查

第四十课　幕墙工程

一、基本规定

1. 本课内容适用于玻璃幕墙、金属幕墙、石材幕墙等分项工程的质量验收。

2. 幕墙工程验收时应检查下列文件和记录：

（1）幕墙工程的施工图、结构计算书、设计说明及其他设计文件。

（2）建筑设计单位对幕墙工程设计的确认文件。

（3）幕墙工程所用各种材料、五金配件、构件及组件的产品合格证书、性能检测报告、进场验收记录和复验报告。

（4）幕墙工程所用硅酮结构胶的认定证书和抽查合格证明；进口硅酮结构胶的商检证；国家指定检测机构出具的硅酮结构胶相容性和剥离粘结性试验报告；石材用密封胶的耐污染性试验报告。

（5）后置埋件的现场拉拔强度检测报告。

（6）幕墙的抗风压性能，空气渗透性能、雨水渗漏性能及平面变形性能检测报告。

（7）打胶、养护环境的温度、湿度记录；双组分硅酮结构胶的混匀性试验记录及拉断试验记录。

（8）防雷装置测试记录。

（9）隐蔽工程验收记录。

（10）幕墙构件和组件的加工制作记录；幕墙安装施工记录。

3. 幕墙工程应对下列材料及其性能指标进行复验：

（1）铝塑复合板的剥离强度。

（2）石材的弯曲强度；寒冷地区石材的耐冻融性；室内用花岗石的放射性。

（3）玻璃幕墙用结构胶的邵氏硬度、标准条件拉伸粘结强度、相容性试验：石材用结构胶的粘结强度；石材用密封胶的污染性。

4. 幕墙工程应对下列隐蔽工程项目进行验收：

（1）预埋件（或后置埋件）。

（2）构件的连接节点。

（3）变形缝及墙面转角处的构造节点。

（4）幕墙防雷装置。

（5）幕墙防火构造。

5. 各分项工程的检验批应按下列规定划分：

（1）相同设计、材料、工艺和施工条件的幕墙工程每 $500 \sim 1000 m^2$ 应划分为一个检验批，不足 $500 m^2$ 也应划分为一个检验批。

（2）同一单位工程的不连续的幕墙工程应单独划分检验批。

（3）对于异型或有特殊要求的幕墙，检验批的划分应根据幕墙的结构、工艺特点及幕墙工程规模，由监理单位（或建设单位）和施工单位协商确定。

6. 检查数量应符合下列规定：

（1）每个检验批每 $100 m^2$ 应至少抽查一处，每处不得小于 $10 m^2$。

（2）对于异型或有特殊要求的幕墙工程，应根据幕墙的结构和工艺特点，由监理单位（或建设单位）和施工单位协商确定。

7. 幕墙及其连接件应具有足够的承载力、刚度和相对于主体结构的位移能力。幕墙构架立柱的连接金属角码与其他连接件应采用螺栓连接，并应有防松动措施。

8. 隐框、半隐框幕墙所采用的结构粘结材料必须是中性硅酮结构密封胶，其性能必须符合《建筑用硅酮结构密封胶》（GB 16776—2005）的规定；硅酮结构密封胶必须在有效期内使用。

9. 立柱和横梁等主要受力构件，其截面受力部分的壁厚应经计算确定，且铝合金型材壁厚不应小于 3.0mm，钢型材壁厚不应小于 3.5mm。

10. 隐框、半隐框幕墙构件中板材与金属框之间硅酮结构密封胶的粘结宽度，应分别计算风荷载标准值和板材自重标准值作用下硅酮结构密封胶的粘结宽度，并取其较大值，且不得小于 7.0mm。

11. 硅酮结构密封胶应打注饱满，并应在温度 15~30℃、相对湿度 50% 以上、洁净的室内进行；不得在现场墙上打注。

12. 幕墙的防火除应符合现行国家标准《建筑设计防火规范》（GBJ 50016—2004）的有关规定外，还应符合下列规定：

（1）应根据防火材料的耐火极限决定防火层的厚度和宽度，并应在楼板处形成防火带。

（2）防火层应采取隔离措施。防火层的衬板应采用经防腐处理且厚度不小于 1.5mm 的钢板，不得采用铝板。

（3）防火层的密封材料应采用防火密封胶。

（4）防火层与玻璃不应直接接触，一块玻璃不应跨两个防火分区。

13. 主体结构与幕墙连接的各种预埋件，其数量、规格、位置和防腐处理必须符合设计要求。

14. 幕墙的金属框架与主体结构预埋件的连接、立柱与横梁的连接及幕墙面板的安装必须符合设计要求，安装必须牢固。

15. 单元幕墙连接处和吊挂处的铝合金型材的壁厚应通过计算确定，并不得小于5.0mm。

16. 幕墙的金属框架与主体结构应通过预埋件连接，预埋件应在主体结构混凝土施工时埋入，预埋件的位置应准确。当没有条件采用预埋件连接时，应采用其他可靠的连接措施，并应通过试验确定其承载力。

17. 立柱应采用螺栓与角码连接，螺栓直径应经过计算，并不应小于10mm。不同金属材料接触时应采用绝缘垫片分隔。

18. 幕墙的抗震缝、伸缩缝、沉降缝等部位的处理应保证缝的使用功能和饰面的完整性。

19. 幕墙工程的设计应满足维护和清洁的要求。

二、玻璃幕墙工程

1. 本节适用于建筑高度不大于150m、抗震设防烈度不大于8度的隐框玻璃幕墙、半隐框玻璃幕墙、明框玻璃幕墙、全玻璃幕墙及点支承玻璃幕墙工程的质量验收。

2. 玻璃幕墙工程所使用的各种材料、构件和组件的质量，应符合设计要求及国家现行产品标准和工程技术规范的规定。

检验方法：检查材料、构件、组件的产品合格证书、进场验收记录、性能检测报告和材料的复验报告。

3. 玻璃幕墙的造型和立面分格应符合设计要求。

检验方法：观察；尺量检查。

4. 玻璃幕墙使用的玻璃应符合下列规定：

（1）幕墙应使用安全玻璃，玻璃的品种、规格、颜色、光学性能及安装方向应符合设计要求。

（2）幕墙玻璃的厚度不应小于6.0mm。全玻幕墙肋玻璃的厚度不应小于12mm。

（3）幕墙的中空玻璃应采用双道密封。明框幕墙的中空玻璃应采用聚硫密封胶及丁基密封胶；隐框和半隐框幕墙的中空玻璃应采用硅酮结构密封胶及丁基密封胶；镀膜面应在中空玻璃的第2或第3面上。

（4）幕墙的夹层玻璃应采用聚乙烯醇缩丁醛（PVB）胶片干法加工合成的夹层玻璃。点支承玻璃幕墙夹层玻璃的夹层胶片（PVB）厚度不应小于0.76mm。

（5）钢化玻璃表面不得有损伤；8.0mm以下的钢化玻璃应进行引爆处理。

（6）所有幕墙玻璃均应进行边缘处理。

检验方法：观察；尺量检查；检查施工记录。

5. 玻璃幕墙与主体结构连接的各种预埋件、连接件、紧固件必须安装牢固，其数量、规格、位置、连接方法和防腐处理应符合设计要求。

检验方法：观察；检查隐蔽工程验收记录和施工记录。

6. 各种连接件、紧固件的螺栓应有防松动措施；焊接连接应符合设计要求和焊接规范的规定。

检验方法：观察；检查隐蔽工程验收记录和施工记录。

7. 隐框或半隐框玻璃幕墙，每块玻璃下端应设置两个铝合金或不锈钢托条，其长度不应小于100mm，厚度不应小于2mm，托条外端应低于玻璃外表面2mm。

检验方法：观察；检查施工记录。

8. 明框玻璃幕墙的玻璃安装应符合下列规定：

（1）玻璃槽口与玻璃的配合尺寸应符合设计要求和技术标准的规定。

（2）玻璃与构件不得直接接触，玻璃四周与构件凹槽底部应保持一定的空隙，每块玻璃下部应至少放置两块宽度与槽口宽度相同，长度不小于100mm的弹性定位垫块；玻璃两边嵌入量及空隙应符合设计要求。

（3）玻璃四周橡胶条的材质、型号应符合设计要求，镶嵌应平整，橡胶条长度应比边框内槽长1.5%~2.0%，橡胶条在转角处应斜面断开，并应用粘结剂粘结牢固后嵌入槽内。

检验方法：观察；检查施工记录。

9. 高度超过4m的全玻幕墙应吊挂在主体结构上，吊夹具应符合设计要求，玻璃与玻璃、玻璃与玻璃肋之间的缝隙，应采用硅酮结构密封胶填嵌严密。

检验方法：观察；检查隐蔽工程验收记录和施工记录。

10. 点支承玻璃幕墙应采用带万向头的活动不锈钢爪，其钢爪间的中心距离应大于250mm。

检验方法：观察；尺量检查。

11. 玻璃幕墙四周、玻璃幕墙内表面与主体结构之间的连接节点、各种变形缝、墙角的连接节点应符合设计要求和技术标准的规定。

检验方法：观察；检查隐蔽工程验收记录和施工记录。

12. 玻璃幕墙应无渗漏。

检验方法：在易渗漏部位进行淋水检查。

13. 玻璃幕墙结构胶和密封胶的打注应饱满、密实、连续、均匀、无气泡，宽度和厚度应符合设计要求和技术标准的规定。

检验方法：观察；尺量检查；检查施工记录。

14. 玻璃幕墙开启窗的配件应齐全，安装应牢固，安装位置和开启方向、角度应正确；开启应灵活，关闭应严密。

检验方法：观察；手扳检查；开启和关闭检查。

15. 玻璃幕墙的防雷装置必须与主体结构的防雷装置可靠连接。

检验方法：观察；检查隐蔽工程验收记录和施工记录。

16. 玻璃幕墙表面应平整、洁净；整幅玻璃的色泽应均匀一致；不得有污染和镀膜损坏。

检验方法：观察。

17. 每平方米玻璃的表面质量和检验方法应符合表2-40的规定：

表 2-40　每平方米玻璃的表面质量和检验方法

项　次	项　目	质量要求	检验方法
1	明显划伤和长度 >100mm 的轻微划伤	不允许	观察
2	长度≤100mm 的轻微划伤	≤8 条	用钢尺检查
3	擦伤总面积	≤500mm²	用钢尺检查

18. 明框玻璃幕墙的外露框或压条应横平竖直，颜色、规格应符合设计要求，压条安装应牢固。单元玻璃幕墙的单元拼缝或隐框玻璃幕墙的分格玻璃拼缝应横平竖直、均匀一致。

检验方法：观察；手扳检查；检查进场验收记录。

19. 玻璃幕墙的密封胶缝应横平竖直、深浅一致、宽窄均匀，光滑顺直。

检验方法：观察；手摸检查。

20. 防火、保温材料填充应饱满、均匀，表面应密实、平整。

检验方法：检查隐蔽工程验收记录。

21. 玻璃幕墙隐蔽节点的遮封装修应牢固、整齐、美观。

检验方法：观察；手扳检查。

22. 明框玻璃幕墙安装的允许偏差和检验方法应符合表 2-41 的规定。

表 2-41　明框玻璃幕墙安装的允许偏差和检验方法

项　次	项　目		允许偏差/mm	检 验 方 法
1	幕墙垂直度	幕墙高度≤30m	10	用经纬仪检查
		30m <幕墙高度≤60m	15	
		60m <幕墙高度≤90m	20	
		幕墙高度 >90m	25	
2	幕墙水平度	幕墙幅宽≤35m	5	用水平仪检查
		幕墙幅宽 >35m	7	
3	构件直线度		2	用2m靠尺和塞尺检查
4	构件水平度	构件长度≤2m	2	用水平仪检查
		构件长度 >2m	3	
5	相邻构件错位		1	用钢直尺检查
6	分隔框对角线长度差	对角线长度≤2m	3	用钢尺检查
		对角线长度 >2m	4	

23. 隐框、半隐框玻璃幕墙安装的允许偏差和检验方法应符合表 2-42 的规定。

表 2-42　隐框、半隐框玻璃幕墙安装的允许偏差和检验方法

项次	项　目		允许偏差/mm	检 验 方 法
1	幕墙垂直度	幕墙高度≤30m	10	用经纬仪检查
		30m <幕墙高度≤60m	15	
		60m <幕墙高度≤90m	20	
		幕墙高度 >90m	25	

（续）

项次	项　目		允许偏差/mm	检验方法
2	幕墙水平度	层高≤3m	3	用水平仪检查
		层高＞3m	5	
3	幕墙表面平整度		2	用2m靠尺和塞尺检查
4	板材立面垂直度		2	用垂直检测尺检查
5	板材上沿水平度		2	用1m水平尺和钢直尺检查
6	相邻板材板角错位		1	用钢直尺检查
7	阳角方正		2	用直角检测尺检查
8	接缝直线度		3	拉5m线，不足5m拉通线，用钢直尺检查
9	接缝高低差		1	用钢直尺和塞尺检查
10	接缝宽度		1	用钢直尺检查

三、石材幕墙工程

1. 本节适用于建筑高度不大于100m、抗震设防烈度不大于8度的石材幕墙工程的质量验收。

2. 石材幕墙工程所用材料的品种、规格、性能和等级，应符合设计要求及国家现行产品标准和工程技术规范的规定。石材的弯曲强度不应小于8.0MPa；吸水率应小于0.8%。石材幕墙的铝合金挂件厚度不应小于4.0mm，不锈钢挂件厚度不应小于3.0mm。

检验方法：观察；尺量检查；检查产品合格证书、性能检测报告、材料进场验收记录和复验报告。

3. 石材幕墙的造型、立面分格、颜色、光泽、花纹和图案应符合设计要求。

检验方法：观察。

4. 石材孔、槽的数量、深度、位置、尺寸应符合设计要求。

检验方法：检查进场验收记录或施工记录。

5. 石材幕墙主体结构上的预埋件和后置埋件的位置、数量及后置埋件的拉拔力必须符合设计要求。

检验方法；检查拉拔力检测报告和隐蔽工程验收记录。

6. 石材幕墙的金属框架立柱与主体结构预埋件的连接、立柱与横梁的连接、连接件与金属框架的连接、连接件与石材面板的连接必须符合设计要求，安装必须牢固。

检验方法：手扳检查；检查隐蔽工程验收记录。

7. 金属框架和连接件的防腐处理应符合设计要求。

检验方法：检查隐蔽工程验收记录。

8. 石材幕墙的防雷装置必须与主体结构防雷装置可靠连接。

检验方法：观察；检查隐蔽工程验收记录和施工记录。

9. 石材幕墙的防火、保温、防潮材料的设置应符合设计要求，填充应密实、均匀、厚度一致。

检验方法：检查隐蔽工程验收记录。

10. 各种结构变形缝、墙角的连接节点应符合设计要求和技术标准的规定。

检验方法：检查隐蔽工程验收记录和施工记录。

11. 石材表面和板缝的处理应符合设计要求。

检验方法：观察。

12. 石材幕墙的板缝注胶应饱满、密实、连续、均匀、无气泡，板缝宽度和厚度应符合设计要求和技术标准的规定。

检验方法：观察；尺量检查；检查施工记录。

13. 石材幕墙应无渗漏。

检验方法：在易渗漏部位进行淋水检查。

14. 石材幕墙表面应平整、洁净，无污染、缺损和裂痕。颜色和花纹应协调一致，无明显色差，无明显修痕。

检验方法：观察。

15. 石材幕墙的压条应平直、洁净、接口严密、安装牢固。

检验方法：观察；尺量检查。

16. 石材接缝应横平竖直、宽窄均匀；阴阳角石板压向应正确，板边合缝应顺直；凸凹线出墙厚度应一致，上下口应平直；石材面板上洞口、槽边应套割吻合，边缘应整齐。

检验方法：观察；尺量检查。

17. 石材幕墙的密封胶缝应横平竖直、深浅一致、宽窄均匀、光滑顺直。

检验方法：观察。

18. 石材幕墙上的滴水线、流水坡向应正确、顺直。

检验方法：观察；用水平尺检查。

19. 每平方米石材的表面质量和检验方法应符合表 2-43 的规定。

表 2-43 每平方米石材的表面质量和检验方法

项 次	项 目	质 量 要 求	检 验 方 法
1	裂痕、明显划伤和长度 >100mm 的轻微划伤	不允许	观察
2	长度 ≤100mm 的轻微划伤	≤8 条	用钢尺检查
3	擦伤总面积	≤500mm^2	用钢尺检查

20. 石材幕墙安装的允许偏差和检验方法应符合表 2-44 的规定。

表 2-44 石材幕墙安装的允许偏差和检验方法

项次	项 目		允许偏差/mm		检验方法
			光面	麻面	
1	幕墙垂直度	幕墙高度≤30m	10		用经纬仪检查
		30m＜幕墙高度≤60m	15		
		60m＜幕墙高度≤90m	20		
		幕墙高度＞90m	25		
2	幕墙水平度		3		用水平仪检查

（续）

项次	项　目	允许偏差/mm		检 验 方 法
		光面	麻面	
3	板材立面垂直度	3		用水平仪检查
4	板材上沿水平度	2		用1m水平尺和钢直尺检查
5	相邻板材板角错位	1		用钢直尺检查
6	幕墙表面平整度	2	3	用垂直检测尺检查
7	阳角方正	2	4	用直角检测尺检查
8	接缝直线度	3	4	拉5m线,不足5m拉通线,用钢直尺检查
9	接缝高低差	1	—	用钢直尺和塞尺检查
10	接缝宽度	1	2	用钢直尺检查

第三部分　安装及节能工程质量控制

第一课　建筑给水排水及采暖工程验收基本规定

一、质量管理

1. 建筑给水、排水及采暖工程施工现场应具有必要的施工技术标准、健全的质量管理体系和工程质量检测制度，实现施工全过程质量控制。

2. 建筑给水、排水及采暖工程的施工应按照批准的工程设计文件和施工技术标准进行施工。修改设计应有设计单位出具的设计变更通知单。

3. 建筑给水、排水及采暖工程的施工应编制施工组织设计或施工方案，经批准后方可实施。

4. 建筑给水、排水及采暖工程的分项工程，应按系统、区域、施工段或楼层等划分。分项工程应划分成若干个检验批进行验收。

5. 建筑给水、排水及采暖工程的施工单位应当具有相应的资质。工程质量验收人员应具备相应的专业技术资格。

二、材料设备管理

1. 建筑给水、排水及采暖工程所使用的主要材料、成品、半成品、配件、器具和设备必须具有中文质量合格证明文件，规格、型号及性能检测报告应符合国家技术标准或设计要求。进场时应做检查验收，并经监理工程师核查确认。

2. 所有材料进场时应对品种、规格、外观等进行验收。包装应完好，表面无划痕及外力冲击破损。

3. 主要器具和设备必须有完整的安装使用说明书。在运输、保管和施工过程中，应采取有效措施防止损坏或腐蚀。

4. 阀门安装前，应作强度和严密性试验。试验应在每批（同牌号、同型号、同规格）数量中抽查10%，且不少于一个。对于安装在主干管上起切断作用的闭路阀门，应逐个作强度和严密性试验。

5. 阀门的强度和严密性试验，应符合以下规定：阀门的强度试验压力为公称压力的1.5倍；严密性试验压力为公称压力的1.1倍；试验压力在试验持续时间内应保持不变，且壳体填料及阀瓣密封面无渗漏。阀门试压的试验持续时间应不少于表3-1的规定。

表 3-1　阀门试压的试验持续时间

公称直径 DN/mm	最短试验持续时间/s		
	严密性试验		强度试验
	金属密封	非金属密封	
≤50	15	15	15
65～200	30	15	60
250～450	60	30	180

6. 管道上使用冲压弯头时，所使用的冲压弯头外径应与管道外径相同。

三、施工过程质量控制

1. 建筑给水、排水及采暖工程与相关各专业之间，应进行交接质量检验，并形成记录。

2. 隐蔽工程应在隐蔽前经验收各方检验合格后，才能隐蔽，并形成记录。

3. 地下室或地下构筑物外墙有管道穿过的，应采取防水措施。对有严格防水要求的建筑物，必须采用柔性防水套管。

4. 管道穿过结构伸缩缝、抗震缝及沉降缝敷设时，应根据情况采取下列保护措施：

（1）在墙体两侧采取柔性连接。

（2）在管道或保温层外皮上、下部留有不小于 150mm 的净空。

（3）在穿墙处做成方形补偿器，水平安装。

5. 在同一房间内，同类型的采暖设备、卫生器具及管道配件，除有特殊要求外，应安装在同一高度上。

6. 明装管道成排安装时，直线部分应互相平行。曲线部分：当管道水平或垂直并行时，应与直线部分保持等距；管道水平上下并行时，弯管部分的曲率半径应一致。

7. 管道支、吊、托架的安装，应符合下列规定：

（1）位置正确，埋设应平整牢固。

（2）固定支架与管道接触应紧密，固定应牢靠。

（3）滑动支架应灵活，滑托与滑槽两侧间应留有 3～5mm 的间隙，纵向移动量应符合设计要求。

（4）无热伸长管道的吊架、吊杆应垂直安装。

（5）有热伸长管道的吊架、吊杆应向热膨胀的反方向偏移。

（6）固定在建筑结构上的管道支、吊架不得影响结构的安全。

8. 钢管水平安装的支、吊架间距不应大于表 3-2 规定。

表 3-2　钢管管道支架的最大间距

公称直径/mm		15	20	25	32	40	50	70	80	100	125	150	200	250	300
支架的最大间距/m	保温管	2	2.5	2.5	2.5	3	3	4	4	4.5	6	7	7	8	8.5
	不保温管	2.5	3	3.5	4	4.5	5	6	6	6.5	7	8	9.5	11	12

9. 采暖、给水及热水供应系统的塑料管及复合管垂直或水平安装的支架间距应符合表 3-3 的规定。采用金属制作的管道支架，应在管道与支架间加衬非金属垫或套管。

表 3-3　塑料管及复合管管道支架的最大间距

管径/mm		12	14	16	18	20	25	32	40	50	63	75	90	110
最大间距/m	立管	0.5	0.6	0.7	0.8	0.9	1.0	1.1	1.3	1.6	1.8	2.0	2.2	2.4
	水平管 冷水管	0.4	0.4	0.5	0.5	0.6	0.7	0.8	0.9	1.0	1.1	1.2	1.35	1.55
	水平管 热水管	0.2	0.2	0.25	0.3	0.3	0.35	0.4	0.5	0.6	0.7	0.8		

10. 采暖、给水及热水供应系统的金属管道立管管卡安装应符合下列规定：

（1）楼层高度小于或等于 5m，每层必须安装 1 个。

（2）楼层高度大于 5m，每层不得少于 2 个。

（3）管卡安装高度，距地面应为 1.5～1.8m，2 个以上管卡应匀称安装，同一房间管卡应安装在同一高度上。

11. 管道及管道支墩（座），严禁铺设在冻土和未经处理的松土上。

12. 管道穿过墙壁和楼板，应设置金属或塑料套管。安装在楼板内的套管，其顶部应高出装饰地面 20mm；安装在卫生间及厨房内的套管，其顶部应高出装饰地面 50mm，底部应与楼板底面相平；安装在墙壁内的套管其两端与饰面相平。穿过楼板的套管与管道之间缝隙应用阻燃密实材料和防水油膏填实，端面光滑。穿墙套管与管道之间缝隙宜用阻燃密实材料填实，且端面应光滑。管道的接口不得设在套管内。

13. 弯制钢管，弯曲半径应符合下列规定：

（1）热弯：应不小于管道外径的 3.5 倍。

（2）冷弯：应不小于管道外径的 4 倍。

（3）焊接弯头：应不小于管道外径的 1.5 倍。

（4）冲压弯头：应不小于管道外径。

14. 管道接口应符合下列规定：

（1）管道采用粘接接口，管端插入承口的深度不得小于表 3-4 的规定。

表 3-4　管端插入承口的深度

公称直径/mm	20	25	32	40	50	75	100	125	150
插入深度/mm	16	19	22	26	31	44	61	69	80

（2）熔接连接管道的结合面应有一均匀的熔接圈，不得出现局部熔瘤或熔接圈凸凹不匀现象。

（3）采用橡胶圈接口的管道，允许沿曲线敷设，每个接口的最大偏转角不得超过 2°。

（4）法兰连接时衬垫不得凸入管内，其外边缘接近螺栓孔为宜。不得安放双垫或偏垫。

（5）连接法兰的螺栓，直径和长度应符合标准，拧紧后，突出螺母的长度不应大于螺杆直径的 1/2。

（6）螺纹连接管道安装后的管螺纹根部应有 2～3 扣的外露螺纹，多余的麻丝应清理干净并做防腐处理。

（7）承插口采用水泥捻口时，油麻必须清洁、填塞密实，水泥应捻入并密实饱满，其接口面凹入承口边缘的深度不得大于 2mm。

（8）卡箍（套）式连接两管口端应平整、无缝隙，沟槽应均匀，卡紧螺栓后管道应平直，卡箍（套）安装方向应一致。

15. 各种承压管道系统和设备应做水压试验，非承压管道系统和设备应做灌水试验。

第二课　室内给水系统安装

一、一般规定

1. 本课内容适用于工作压力不大于 1.0MPa 的室内给水和消火栓系统管道安装工程的质量检验与验收。

2. 给水管道必须采用与管材相适应的管件。生活给水系统所涉及的材料必须达到饮用水卫生标准。

3. 管径小于或等于 100mm 的镀锌钢管应采用螺纹连接，套丝扣时破坏的镀锌层表面及外露螺纹部分应做防腐处理；管径大于 100mm 的镀锌钢管应采用法兰或卡套式专用管件连接，镀锌钢管与法兰的焊接处应二次镀锌。

4. 给水塑料管和复合管可以采用橡胶圈接口、粘接接口、热熔连接、专用管件连接及法兰连接等形式。塑料管和复合管与金属管件、阀门等的连接应使用专用管件连接，不得在塑料管上套丝。

5. 给水铸铁管管道应采用水泥捻口或橡胶圈接口方式进行连接。

6. 铜管连接可采用专用接头或焊接，当管径小于 22mm 时宜采用承插或套管焊接，承口应迎介质流向安装；当管径大于或等于 22mm 时宜采用对口焊接。

7. 给水立管和装有 3 个或 3 个以上配水点的支管始端，均应安装可拆卸的连接件。

8. 冷、热水管道同时安装应符合下列规定：

（1）上、下平行安装时热水管应在冷水管上方。

（2）垂直平行安装时热水管应在冷水管左侧。

二、给水管道及配件安装控制

1. 室内给水管道的水压试验必须符合设计要求，当设计未注明时，各种材质的给水管道系统试验压力均为工作压力的 1.5 倍，但不得小于 0.6MPa。

检验方法：金属及复合管给水管道系统在试验压力下观测 10min，压力降不应大于 0.02MPa，然后降到工作压力进行检查，应不渗不漏；塑料管给水系统应在试验压力下稳压 1h，压力降不得超过 0.05MPa，然后在工作压力的 1.15 倍状态下稳压 2h，压力降不得超过 0.03MPa，同时检查各连接处不得渗漏。

2. 给水系统交付使用前必须进行通水试验并做好记录。

检验方法：观察和开启阀门、水嘴等放水。

3. 生活给水系统管道在交付使用前必须冲洗和消毒，并经有关部门取样检验，符合国家《生活饮用水标准》方可使用。

检验方法：检查有关部门提供的检测报告。

4. 室内直埋给水管道（塑料管道和复合管道除外）应做防腐处理。埋地管道防腐层材质和结构应符合设计要求。

检验方法：观察或局部解剖检查。

5. 给水引入管与排水排出管的水平净距不得小于 1m。室内给水与排水管道平行敷设时，两管间的最小水平净距不得小于 0.5m；交叉铺设时，垂直净距不得小于 0.15m。给水管应铺在排水管上面，若给水管必须铺在排水管的下面时，给水管应加套管，其长度不得小于排水管径的 3 倍。

检验方法：尺量检查。

6. 管道及管件焊接的焊缝表面质量应符合下列要求：

（1）焊缝外形尺寸应符合图纸和工艺文件的规定，焊缝高度不得低于母材表面，焊缝与母材应圆滑过渡。

（2）焊缝及热影响区表面应无裂纹、未熔合、未焊透、夹渣、弧坑和气孔等缺陷。

检验方法：观察检查。

7. 给水水平管道应有 2‰~5‰ 的坡度坡向泄水装置。

检验方法：水平尺和尺量检查。

8. 给水管道和阀门安装的允许偏差应符合表 3-5 的规定。

表 3-5　管道和阀门安装的允许偏差和检验方法

项次	项　　目			允许偏差/mm	检 验 方 法
1	水平 管道纵横方向弯曲	钢管	每米 全长 25m 以上	1 ≯25	用水平尺、直尺、拉线和尺量检查
		塑料管 复合管	每米 全长 25m 以上	1.5 ≯25	
		铸铁管	每米 全长 25m 以上	5 ≯25	
2	立管 垂直度	钢管	每米 5m 以上	3 ≯8	吊线和尺量检查
		塑料管 复合管	每米 5m 以上	2 ≯8	
		铸铁管	每米 5m 以上	3 ≯10	
3	成排管段和成排阀门		在同一平面上间距	3	尺量检查

9. 管道的支、吊架安装应平整牢固，其间距应符合规范的规定。

检查方法：观察、尺量及手扳检查。

10. 水表应安装在便于检修、不受曝晒、污染和冻结的地方。安装螺翼式水表，表前与阀门间应有不小于 8 倍水表接口直径的直线管段。表外壳距墙表面净距为 10~30mm；水表进水口中心标高按设计要求，允许偏差为 ±10mm。

检验方法：观察和尺量检查。

三、室内消火栓系统安装控制项目

1. 室内消火栓系统安装完成后应取屋顶层（或水箱间内）试验消火栓和首层取二处消火栓做试射试验，达到设计要求为合格。

检验方法：实地试射检查。

2. 安装消火栓水龙带，水龙带与水枪和快速接头绑扎好后，应根据箱内构造将水龙带挂放在箱内的挂钉、托盘或支架上。

检验方法：观察检查。

3. 箱式消火栓的安装应符合下列规定：

（1）栓口应朝外，并不应安装在门轴侧。

（2）栓口中心距地面为 1.1m，允许偏差 ±20mm。

（3）阀门中心距箱侧面为 140mm，距箱后内表面为 100mm，允许偏差 ±5mm。

（4）消火栓箱体安装的垂直度允许偏差为 3mm。

检验方法：观察和尺量检查。

四、给水设备安装控制项目

1. 水泵就位前的基础混凝土强度、坐标、标高、尺寸和螺栓孔位置必须符合设计规定。

检验方法：对照图纸用仪器和尺量检查。

2. 水泵试运转的轴承温升必须符合设备说明书的规定。

检验方法：温度计实测检查。

3. 敞口水箱的满水试验和密闭水箱（罐）的水压试验必须符合设计与本规范的规定。

检验方法：满水试验静置 24h 观察，不渗不漏；水压试验在试验压力下 10min 压力不降，不渗不漏。

4. 水箱支架或底座安装，其尺寸及位置应符合设计规定，埋设平整牢固。

检验方法：对照图纸，尺量检查。

5. 水箱溢流管和泄放管应设置在排水地点附近但不得与排水管直接连接。

检验方法：观察检查。

6. 立式水泵的减振装置不应采用弹簧减振器。

检验方法：观察检查。

7. 室内给水设备安装的允许偏差应符合表 3-6 的规定。

表 3-6　室内给水设备安装的允许偏差和检验方法

项次	项　　目			允许偏差/mm	检　验　方　法
1	静置设备	坐标		15	经纬仪或拉线、尺量
		标高		±5	用水准仪、拉线和尺量检查
		垂直度（每米）		5	吊线和尺量检查
2	离心式水泵	立体泵体垂直度（每米）		0.1	水平尺和塞尺检查
		卧式泵体垂直度（每米）		0.1	水平尺和塞尺检查
		联轴器同心度	轴向倾斜（每米）	0.8	在联轴器互相垂直的四个位置上用水准仪、百分表或测微螺钉和塞尺检查
			径向位移	0.1	

第三课　室内排水系统安装

一、一般规定

1. 本课内容适用于室内排水管道、雨水管道安装工程的质量检验与验收。

2. 生活污水管道应使用塑料管、铸铁管或混凝土管（由成组洗脸盆或饮用喷水器到共用水封之间的排水管和连接卫生器具的排水短管，可使用钢管）。

雨水管道宜使用塑料管、铸铁管、镀锌和非镀锌钢管或混凝土管等。

悬吊式雨水管道应选用钢管、铸铁管或塑料管。易受振动的雨水管道（如锻造车间等）应使用钢管。

二、排水管道及配件安装控制项目

1. 隐蔽或埋地的排水管道在隐蔽前必须做灌水试验，其灌水高度应不低于底层卫生器具的上边缘或底层地面高度。

检验方法：满水15min水面下降后，再灌满观察5min，液面不降，管道及接口无渗漏为合格。

2. 生活污水铸铁管道的坡度必须符合设计或表3-7的规定。

表3-7　生活污水铸铁管道的坡度

项　　次	管径/mm	标准坡度（‰）	最小坡度（‰）
1	50	35	25
2	75	25	15
3	100	20	12
4	125	15	10
5	150	10	7
6	200	8	5

检验方法：水平尺、拉线尺量检查。

3. 生活污水塑料管道的坡度必须符合设计或表3-8的规定。

表3-8　生活污水塑料管道的坡度

项　　次	管径/mm	标准坡度（‰）	最小坡度（‰）
1	50	25	12
2	75	15	8
3	110	12	6
4	125	10	5
5	160	7	4

检验方法：水平尺、拉线尺量检查。

4. 排水塑料管必须按设计要求及位置装设伸缩节。如设计无要求时，伸缩节间距不得大于4m。高层建筑中明设排水塑料管道应按设计要求设置阻火圈或防火套管。

检验方法：观察检查。

5. 排水主立管及水平干管管道均应做通球试验，通球球径不小于排水管道管径的2/3，通球率必须达到100%。

检查方法：通球检查。

6. 在生活污水管道上设置的检查口或清扫口，当设计无要求时应符合下列规定：

（1）在立管上应每隔一层设置一个检查口，但在最底层和有卫生器具的最高层必须设置。如为两层建筑时，可仅在底层设置立管检查口；如有乙字弯管时，则在该层乙字弯管的上部设置检查口。检查口中心高度距操作地面一般为 1m，允许偏差 ±20mm；检查口的朝向应便于检修。暗装立管，在检查口处应安装检修门。

（2）在连接 2 个及 2 个以上大便器或 3 个及 3 个以上卫生器具的污水横管上应设置清扫口。当污水管在楼板下悬吊敷设时，可将清扫口设在上一层楼地面上，污水管起点的清扫口与管道相垂直的墙面距离不得小于 200mm；若污水管起点设置堵头代替清扫口时，与墙面距离不得小于 400mm。

（3）在转角小于 135°的污水横管上，应设置检查口或清扫口。

（4）污水横管的直线管段，应按设计要求的距离设置检查口或清扫口。

检验方法：观察和尺量检查。

7. 埋在地下或地板下的排水管道的检查口，应设在检查井内。井底表面标高与检查口的法兰相平，井底表面应有 5% 坡度，坡向检查口。

检验方法：尺量检查。

8. 金属排水管道上的吊钩或卡箍应固定在承重结构上。固定件间距：横管不大于 2m；立管不大于 3m。楼层高度小于或等于 4m，立管可安装 1 个固定件。立管底部的弯管处应设支墩或采取固定措施。

检验方法：观察和尺量检查。

9. 排水塑料管道支、吊架间距应符合表 3-9 的规定。

表 3-9　排水塑料管道支、吊架最大间距

管径/mm	50	75	110	125	160
立管/m	1.2	1.5	2.0	2.0	2.0
横管/m	0.5	0.75	1.10	1.30	1.6

检验方法：尺量检查。

10. 排水通气管不得与风道或烟道连接，且应符合下列规定：

（1）通气管应高出屋面 300mm，但必须大于最大积雪厚度。

（2）在通气管出口 4m 以内有门、窗时，通气管应高出门、窗顶 600mm 或引向无门、窗一侧。

（3）在经常有人停留的平屋顶上，通气管应高出屋面 2m，并应根据防雷要求设置防雷装置。

（4）屋顶有隔热层应从隔热层板面算起。

检验方法：观察和尺量检查。

11. 安装未经消毒处理的医院含菌污水管道，不得与其他排水管道直接连接。

检验方法：观察检查。

12. 饮食业工艺设备引出的排水管及饮用水水箱的溢流管，不得与污水管道直接连接，并应留出不小于 100mm 的隔断空间。

检验方法：观察和尺量检查。

13. 通向室外的排水管，穿过墙壁或基础必须下返时，应采用 45°三通和 45°弯头连接，并应在垂直管段顶部设置清扫口。

检验方法：观察和尺量检查。

14. 由室内通向室外排水检查井的排水管，井内引入管应高于排出管或两管顶相平，并有不小于 90° 的水流转角，如跌落差大于 300mm 可不受角度限制。

检验方法：观察和尺量检查。

15. 用于室内排水的水平管道与水平管道、永平管道与立管的连接，应采用 45°三通或 45°四通和 90°斜三通或 90°斜四通。立管与排出管端部的连接，应采用两个 45°弯头或曲率半径不小于 4 倍管径的 90°弯头。

检验方法：观察和尺量检查。

三、雨水管道及配件安装控制

1. 安装在室内的雨水管道安装后应做灌水试验，灌水高度必须到每根立管上部的雨水斗。

检验方法：灌水试验持续 1h 不渗不漏。

2. 雨水管道如采用塑料管，其伸缩节安装应符合设计要求。

检验方法：对照图纸检查。

3. 悬吊式雨水管道的敷设坡度不得小于 5‰；埋地雨水管道的最小坡度，应符合表3-10 的规定。

表 3-10　地下埋设雨水排水管道的最小坡度

项　　次	管径/mm	最小坡度/‰
1	50	20
2	75	15
3	100	8
4	125	6
5	150	5
6	200～400	4

检验方法：水平尺、拉线尺量检查。

4. 雨水管道不得与生活污水管道相连接。

检验方法：观察检查。

5. 雨水斗管的连接应固定在屋面承重结构上。雨水斗边缘与屋面相连处应严密不漏。连接管管径当设计无要求时，不得小于 100mm。

检验方法：观察和尺量检查。

6. 悬吊式雨水管道的检查口或带法兰堵口的三通的间距不得大于表 3-11 的规定。

表 3-11　悬吊管检查口间距

项　　次	悬吊管直径/mm	检查口间距/m
1	≤150	≯15
2	≥200	≯20

检验方法：拉线、尺量检查。

第四课 卫生器具安装

一、一般规定

1. 本课内容适用于室内污水盆、洗涤盆、洗脸（手）盆、盥洗槽、浴盆、淋浴器、大便器、小便器、小便槽、大便冲洗槽、妇女卫生盆、化验盆、排水栓、地漏、加热器、煮沸消毒器和饮水器等卫生器具安装的质量检验与验收。

2. 卫生器具的安装应采用预埋螺栓或膨胀螺栓安装固定。

3. 卫生器具安装高度如设计无要求时，应符合表 3-12 的规定。

表 3-12　卫生器具安装高度如设计要求

项次	卫生器具名称		卫生器具安装高度/mm		备　　注
			居住和公共建筑	幼儿园	
1	污水盆（池）	架空式	800	800	
		落地式	500	500	
2	洗涤盆（池）		800	500	
3	洗脸盆、洗手盆（有塞、无塞）		800	500	自地面至器具上边缘
4	盆洗槽		800	500	
5	浴盆		≮520		
6	蹲式大便器	高水箱	1800	1800	自台阶面至高水箱底
		低水箱	900	900	自台阶面至低水箱底
7	坐式大便器	高水箱	1800	1800	自地面至高水箱底
		低水箱 外露排水管式	510	370	自地面至低水箱底
		虹吸喷射式	470		
8	小便器	挂式	600	450	自地面至下边缘
9	小便槽		200	150	自地面至台阶面
10	大便槽冲洗水箱		≮2000		自台阶面至水箱底
11	妇女卫生盆		360		自地面至器具上边缘
12	化验盆		800		自地面至器具上边缘

4. 卫生器具给水配件的安装高度，如设计无要求时，应符合表 3-13 的规定。

表 3-13　卫生器具给水配件的安装高度

项　　次	给水配件名称	配件中心距地面高度/mm	冷热水龙头距离/mm
1	架空式污水盆（池）水龙头	1000	—
2	落地式污水盆（池）水龙头	800	
3	洗涤盆（池）水龙头	1000	150
4	住宅集中给水龙头	1000	—

（续）

项　次	给水配件名称		配件中心距地面高度/mm	冷热水龙头距离/mm
5	洗手盆水龙头		1000	—
6	洗脸盆	水龙头（上配水）	1000	150
		水龙头（下配水）	800	150
		角阀（下配水）	450	—
7	盆洗槽	水龙头	1000	150
		冷热水管上下并行其中的热水龙头	1100	150
8	浴盆	水龙头（上配水）	670	150
9	淋浴盆	截止阀	1150	95
		混合阀	1150	—
		淋浴喷头下沿	2100	—
10	蹲式大便器（台阶面算起）	高水箱角阀及截止阀	2040	—
		低水箱角阀	250	—
		手动式自闭冲洗阀	600	—
		脚踏式自闭冲洗阀	150	—
		拉管式冲洗阀（从地面算起）	1600	—
		带防污助冲器阀门（从地面算起）	900	—
11	坐式大便器	高水箱角阀及截止阀	2040	—
		低水箱角阀	150	—
12	大便槽冲洗水箱截止阀（从台阶面算起）		≯2400	—
13	立式小便器角阀		1130	—
14	挂式小便器角阀及截止阀		1050	—
15	小便槽多孔冲洗管		1100	—
16	实验室化验水龙头		1000	—
17	妇女卫生盆混合阀		360	—

注：装设在幼儿园内的洗手盆、洗脸盆和盥洗槽水嘴中心离地面安装高度应为700mm，其他卫生器具给水配件的安装高度，应按卫生器具实际尺寸相应减少。

二、卫生器具安装

1. 排水栓和地漏的安装应平正、牢固，低于排水表面，周边无渗漏。地漏水封高度不得小于50mm。

检验方法：试水观察检查。

2. 卫生器具交工前应做满水和通水试验。

检验方法：满水后各连接件不渗不漏；通水试验给、排水畅通。

3. 卫生器具安装的允许偏差应符合表3-14的规定。

4. 有饰面的浴盆，应留有通向浴盆排水口的检修门。

检验方法：观察检查。

表 3-14　卫生器具安装的允许偏差和检验方法

项　次	项　目		允许偏差/mm	检验方法
1	坐标	单独器具	10	拉线、吊线和尺量检查
		成排器具	5	
2	标高	单独器具	±15	
		成排器具	±10	
3	器具水平度		2	用水平尺和尺量检查
4	器具垂直度		3	吊线和尺量检查

5. 小便槽冲洗管，应采用镀锌钢管或硬质塑料管。冲洗孔应斜向下方安装，冲洗水流同墙面成 45°。镀锌钢管钻孔后应进行二次镀锌。

检验方法：观察检查。

6. 卫生器具的支、托架必须防腐良好，安装平整、牢固，与器具接触紧密、平稳。

检验方法：观察和手扳检查。

三、卫生器具给水配件安装

1. 卫生器具给水配件应完好无损伤，接口严密，启闭部分灵活。

检验方法：观察及手扳检查。

2. 卫生器具给水配件安装标高的允许偏差应符合表 3-15 的规定。

表 3-15　卫生器具给水配件安装标高的允许偏差

项　次	项　目	允许偏差/mm	检验方法
1	大便器高、低水箱角阀及截止阀	±10	尺量检查
2	水嘴	±10	
3	淋浴器喷头下沿	±15	
4	浴盆软管淋浴器挂钩	±20	

3. 浴盆软管淋浴器挂钩的高度，如设计无要求，应距地面 1.8m。

四、卫生器具排水管道安装

1. 与排水横管连接的各卫生器具的受水口和立管均应采取妥善可靠的固定措施；管道与楼板的接合部位应采取牢固可靠的防渗、防漏措施。

检验方法：观察和手扳检查。

2. 连接卫生器具的排水管道接口应紧密不漏，固定支架、管卡等支撑位置应正确、牢固，与管道的接触应平整。

检验方法：观察及通水检查。

3. 卫生器具排水管道安装的允许偏差应符合表 3-16 的规定。

4. 连接卫生器具的排水管管径和最小坡度，如设计无要求时，应符合表 3-17 的规定。

表 3-16　卫生器具排水管道安装的允许偏差

项次	检查项目		允许偏差/mm	检查方法
1	横管弯曲度	每1m	2	用水平尺量检查
		横管长度≤10m，全长	<8	
		横管长度>10m，全长	10	
2	卫生器具的排水管口及横支管的纵横坐标	单独器具	10	用尺量检查
		成排器具	5	
3	卫生器具的接口标高	单独器具	±10	用水平尺和尺量检查
		成排器具	±5	

表 3-17　连接卫生器具的排水管管径和最小坡度

项次	卫生器具名称		排水管管径/mm	管道的最小坡度/‰
1	污水盆（池）		50	25
2	单、双格洗涤盆（池）		50	25
3	洗手盆、洗脸盆		32~50	20
4	浴盆		50	20
5	淋浴器		50	20
6	大便器	高、低水箱	100	12
		自闭式冲洗阀	100	12
		拉管式冲洗阀	100	12
7	小便器	手动、自闭式冲洗箱	40~50	20
		自动冲洗水箱	40~50	20
8	化验盆（无塞）		40~50	25
9	净身器		40~50	20
10	饮水器		20~50	10~20
11	家用洗衣机		50（软管为30）	

检验方法：用水平尺和尺量检查。

第五课　室内采暖系统安装

一、一般规定

1. 本课内容适用于饱和蒸汽压力不大于0.7MPa，热水温度不超过130℃的室内采暖系统安装工程的质量检验与验收。

2. 焊接钢管的连接，管径小于或等于32mm，应采用螺纹连接；管径大于32mm，采用焊接。镀锌钢管连接见《建筑给水排水及采暖工程施工质量验收规范》（GB 50242—2002）第4.1.3条。

二、管道及配件安装

1. 管道安装坡度，当设计未注明时，应符合下列规定：

（1）气、水同向流动的热水采暖管道和汽、水同向流动的蒸汽管道及凝结水管道，坡度应为3‰，不得小于2‰。

（2）气、水逆向流动的热水采暖管道和汽、水逆向流动的蒸汽管道，坡度不应小于5‰。

（3）散热器支管的坡度应为1%，坡向应利于排气和泄水。

检验方法：观察，水平尺、拉线、尺量检查。

2. 补偿器的型号、安装位置及预拉伸和固定支架的构造及安装位置应符合设计要求。

检验方法：对照图纸，现场观察，并查验预拉伸记录。

3. 平衡阀及调节阀型号、规格、公称压力及安装位置应符合设计要求。安装完后应根据系统平衡要求进行调试并做出标志。

检验方法：对照图纸查验产品合格证，并现场查看。

4. 蒸汽减压阀和管道及设备上安全阀的型号、规格、公称压力及安装位置应符合设计要求。安装完毕后应根据系统工作压力进行调试，并做出标志。

检验方法：对照图纸查验产品合格证及调试结果证明书。

5. 方形补偿器制作时，应用整根无缝钢管煨制，如需要接口，其接口应设在垂直臂的中间位置，且接口必须焊接。

检验方法：观察检查。

6. 方形补偿器应水平安装，并与管道的坡度一致；如其臂长方向垂直安装必须设排气及泄水装置，

检验方法：观察检查。

7. 热量表、疏水器、除污器、过滤器及阀门的型号、规格、公称压力及安装位置应符合设计要求。

检验方法：对照图纸查验产品合格证。

8. 采暖系统入口装置及分户热计量系统入户装置，应符合设计要求。安装位置应便于检修、维护和观察。

检验方法：现场观察。

9. 散热器支管长度超过1.5m时，应在支管上安装管卡。

检验方法：尺量和观察检查。

10. 上供下回式系统的热水干管变径应顶平偏心连接，蒸汽干管变径应底平偏心连接。

检验方法：观察检查。

11. 在管道干管上焊接垂直或水平分支管道时，干管开孔所产生的钢渣及管壁等废弃物不得残留管内，且分支管道在焊接时不得插入干管内。

检验方法：观察检查。

12. 膨胀水箱的膨胀管及循环管上不得安装阀门。

检验方法：观察检查。

13. 焊接钢管管径大于32mm的管道转弯，在作为自然补偿时应使用煨弯。塑料管及复

合管除必须使用直角弯头的场合外应使用管道直接弯曲转弯。

检验方法：观察检查。

14. 管道、金属支架和设备的防腐和涂漆应附着良好，无脱皮、起泡、流淌和漏涂缺陷。

检验方法：现场观察检查。

三、低温热水地板辐射采暖系统安装

1. 地面下敷设的盘管埋地部分不应有接头。

检验方法：隐蔽前现场查看。

2. 盘管隐蔽前必须进行水压试验，试验压力为工作压力的 l. 5 倍，但不小于 0.6MPa。

检验方法：稳压 1h 内压力降不大于 0.05MPa 且不渗不漏。

3. 加热盘管弯曲部分不得出现硬折弯现象，曲率半径应符合下列规定：

（1）塑料管：不应小于管道外径的 8 倍。

（2）复合管：不应小于管道外径的 5 倍。

检验方法：尺量检查。

4. 分、集水器型号、规格、公称压力及安装位置、高度等应符合设计要求。

检验方法：对照图纸及产品说明书，尺量检查。

5. 加热盘管管径、间距和长度应符合设计要求。间距偏差不大于 ±10mm。

检验方法：拉线和尺量检查。

6. 防潮层、防水层、隔热层及伸缩缝应符合设计要求。

检验方法：填充层浇灌前观察检查。

7. 填充层强度标号应符合设计要求。

检验方法：作试块抗压试验。

四、系统水压试验及调试控制项目

1. 采暖系统安装完毕，管道保温之前应进行水压试验。试验压力应符合设计要求。当设计未注明时，应符合下列规定：

（1）蒸汽、热水采暖系统，应以系统顶点工作压力加 0.1MPa 作水压试验，同时在系统顶点的试验压力不小于 0.3MPa。

（2）高温热水采暖系统，试验压力应为系统顶点工作压力加 0.4MPa。

（3）使用塑料管及复合管的热水采暖系统，应以系统顶点工作压力加 0.2MPa 作水压试验，同时在系统顶点的试验压力不小于 0.4MPa。

检验方法：使用钢管及复合管的采暖系统应在试验压力下 10min 内压力降不大于 0.02MPa，降至工作压力后检查，不渗、不漏。

使用塑料管的采暖系统应在试验压力下 1h 内压力降不大于 0.05MPa，然后降压至工作压力的 1.15 倍，稳压 2h，压力降不大于 0.03MPa，同时各连接处不渗、不漏。

2. 系统试压合格后，应对系统进行冲洗并清扫过滤器及除污器。

检验方法：现场观察，直至排出水不含泥沙、铁屑等杂质，且水色不浑浊为合格。

3. 系统冲洗完毕应充水、加热，进行试运行和调试。

检验方法：观察、测置室温应满足设计要求。

第六课　室外给水管网安装

一、基本规定

1. 本课内容适用于民用建筑群（住宅小区），及厂区的室外给水管网安装工程的质量检验与验收。

2. 输送生活给水的管道应采用塑料管、复合管、镀锌钢管或给水铸铁管。塑料管、复合管或给水铸铁管的管材、配件，应是同一厂家的配套产品。

3. 架空或在地沟内敷设的室外给水管道其安装要求按室内给水管道的安装要求执行。塑料管道不得露天架空铺设，必须露天架空铺设时应有保温和防晒等措施。

4. 消防水泵接合器及室外消火栓的安装位置、型式必须符合设计要求。

二、给水管道安装

1. 给水管道在埋地敷设时，应在当地的冰冻线以下，如必须在冰冻线以上铺设时，应做可靠的保温防潮措施。在无冰冻地区，埋地敷设时，管顶的覆土埋深不得小于500mm，穿越道路部位的埋深不得小于700mm。

检验方法：现场观察检查。

2. 给水管道不得直接穿越污水井、化粪池、公共厕所等污染源。

检验方法：观察检查。

3. 管道接口法兰、卡扣、卡箍等应安装在检查井或地沟内，不应埋在土壤中。

检验方法：观察检查。

4. 给水系统各种井室内的管道安装，如设计无要求，井壁距法兰或承口的距离：管径小于或等于450mm时，不得小于250mm；管径大于450mm时，不得小于350mm。

检验方法：尺量检查。

5. 管网必须进行水压试验，试验压力为工作压力的1.5倍，但不得小于0.6MPa。

检验方法：管材为钢管、铸铁管时，试验压力下10min内压力降不应大于0.05MPa，然后降至工作压力进行检查，压力应保持不变，不渗不漏；管材为塑料管时，试验压力下，稳压1h压力降不大于0.05MPa，然后降至工作压力进行检查，压力应保持不变，不渗不漏。

6. 给水管道在竣工后，必须对管道进行冲洗，饮用水管道还要在冲洗后进行消毒，满足饮用水卫生要求。

检验方法：观察冲洗水的浊度，查看有关部门提供的检验报告。

7. 管道的坐标、标高、坡度应符合设计要求，管道安装的允许偏差应符合表3-18的规定。

8. 管道和金属支架的涂漆应附着良好，无脱皮、起泡、流淌和漏涂等缺陷。

检验方法：现场观察检查。

表 3-18　室外给水管道安装的允许偏差和检验方法

项　次	项　目			允许偏差/mm	检验方法
1	坐标	铸铁管	埋地	100	拉线和尺量检查
			敷设在沟槽内	50	
		钢管、塑料管、复合管	埋地	100	
			敷设在沟槽和架空	40	
2	标高	铸铁管	埋地	±50	拉线和尺量检查
			敷设在地沟内	±30	
		钢管、塑料管、复合管	埋地	±50	
			敷设在地沟内或架空	±30	
3	水平管道纵横向弯曲	铸铁管	直段（25m 以上）起点～终点	40	拉线和尺量检查
		钢管、塑料管、复合管	直段（25m 以上）起点～终点	30	

9. 管道连接应符合工艺要求，阀门、水表等安装位置应正确。塑料给水管道上的水表、阀门等设施其重量或启闭装置的扭矩不得作用于管道上，当管径≥50mm 时必须设独立的支承装置。

检验方法：现场观察检查。

10. 给水管道与污水管道在不同标高平行敷设，其垂直间距在 500mm 以内时，给水管管径小于或等于 200mm 的，管壁水平间距不得小于 1.5m；管径大于 200mm 的，不得小于 3m。

检验方法：观察和尺量检查。

11. 捻口用的油麻填料必须清洁，填塞后应捻实，其深度应占整个环型间隙深度的 1/3。

检验方法：观察和尺量检查。

12. 捻口用水泥强度应不低于 32.5MPa，接口水泥应密实饱满，其接口水泥面凹入承口边缘的深度不得大于 2mm。

检验方法：观察和尺量检查。

13. 采用水泥捻口的给水铸铁管，在安装地点有侵蚀性的地下水时，应在接口处涂抹沥青防腐层。

检验方法：观察检查。

第七课　室外排水管网安装

一、一般规定

1. 本课内容适用于民用建筑群（住宅小区）及厂区的室外排水管网安装工程的质量检

验与验收。

2. 室外排水管道应采用混凝土管、钢筋混凝土管、排水铸铁管或塑料管。其规格及质量必须符合现行国家标准及设计要求。

3. 排水管沟及井池的土方工程、沟底的处理、管道穿井壁处的处理、管沟及井池周围的回填要求等，均参照给水管沟及井室的规定执行。

4. 各种排水井、池应按设计给定的标准图施工，各种排水井和化粪池均应用混凝土做底板（雨水井除外），厚度不小于100mm。

二、排水管道安装

1. 排水管道的坡度必须符合设计要求，严禁无坡或倒坡。检验方法：用水准仪、拉线和尺量检查。

2. 管道埋设前必须做灌水试验和通水试验，排水应畅通，无堵塞，管接口无渗漏。

检验方法：按排水检查井分段试验，试验水头应以试验段上游管顶加1m，时间不少于30min，逐段观察。

3. 管道的坐标和标高应符合设计要求，安装的允许偏差应符合表3-19的规定。

表3-19 室外排水管道安装的允许偏差和检验方法

项次	项 目		允许偏差/mm	检验方法
1	坐标	埋地	100	拉线和尺量检查
		敷设在沟槽内	50	
2	标高	埋地	±20	用水平仪、拉线和尺量检查
		敷设在沟槽内	±20	
3	水平管道纵横向弯曲	每5m长	10	拉线和尺量检查
		全长（两井间）	30	

4. 排水铸铁管采用水泥捻口时，油麻填塞应密实，接口水泥应密实饱满，其接口面凹入承口边缘且深度不得大于2mm。

检验方法：观察和尺量检查。

5. 排水铸铁管外壁在安装前应除锈，涂二遍石油沥青漆。

检验方法：观察检查。

6. 承插接口的排水管道安装时，管道和管件的承口应与水流方向相反。

检验方法：观察检查。

7. 混凝土管或钢筋混凝土管采用抹带接口时，应符合下列规定：

（1）抹带前应将管口的外壁凿毛，扫净，当管径小于或等于500mm时，抹带可一次完成；当管径大于500mm时，应分二次抹成，抹带不得有裂纹。

（2）钢丝网应在管道就位前放入下方，抹压砂浆时应将钢丝网抹压牢固，钢丝网不得外露。

（3）抹带厚度不得小于管壁的厚度，宽度宜为80~100mm。

检验方法：观察和尺量检查。

三、排水管道沟及井池

1. 沟基的处理和井池的底板强度必须符合设计要求。

检验方法：现场观察和尺量检查，检查混凝土强度报告。

2. 排水检查井、化粪池的底板及进、出水管的标高，必须符合设计，其允许偏差为±15mm。

检验方法：用水准仪及尺量检查。

3. 井、池的规格、尺寸和位置应正确，砌筑和抹灰符合要求。

检验方法：观察及尺量检查。

4. 井盖选用应正确，标志应明显，标高应符合设计要求。

检验方法：观察、尺量检查。

第八课　给排水分部（子分部）工程质量验收

1. 检验批、分项工程、分部（或子分部）工程质量的验收，均应在施工单位自检合格的基础上进行。并应按检验批、分项、分部（或子分部），单位（或子单位）工程的程序进行验收，同时做好记录。

（1）检验批、分项工程的质量验收应全部合格。

（2）分部（子分部）工程的验收，必须在分项工程验收通过的基础上，对涉及安全、卫生和使用功能的重要部位进行抽样检验和检测。

2. 建筑给水、排水及采暖工程的检验和检测应包括下列主要内容：

（1）承压管道系统和设备及阀门水压试验。

（2）排水管道灌水、通球及通水试验。

（3）雨水管道灌水及通水试验。

（4）给水管道通水试验及冲洗、消毒检测。

（5）卫生器具通水试验，具有溢流功能的器具满水试验。

（6）地漏及地面清扫口排水试验。

（7）消火栓系统测试。

（8）采暖系统冲洗及测试。

（9）安全阀及报警联动系统动作测试。

（10）锅炉48h负荷试运行。

3. 工程质量验收文件和记录中应包括下列主要内容：

（1）开工报告。

（2）图纸会审记录、设计变更及洽商记录。

（3）施工组织设计或施工方案。

（4）主要材料、成品、半成品、配件、器具和设备出厂合格证及进场验收单。

（5）隐蔽工程验收及中间试验记录。

（6）设备试运转记录。

（7）安全、卫生和使用功能检验和检测记录。

（8）检验批、分项、子分部、分部工程质量验收记录。

（9）竣工图。

第九课 通风与空调工程施工质量控制

一、基本规定

1. 通风与空调工程施工质量的验收，应符合《通风与空调工程施工质量验收规范》（GB 50243—2002）的规定外，还应按照被批准的设计图纸、合同约定的内容和相关技术标准的规定进行。施工图纸修改必须有设计单位的设计变更通知书或技术核定签证。

2. 承担通风与空调工程项目的施工企业，应具有相应工程施工承包的资质等级及相应质量管理体系。

3. 施工企业承担通风与空调工程施工图纸深化设计及施工时，还必须具有相应的设计资质及其质量管理体系，并应取得原设计单位的书面同意或签字认可。

4. 通风与空调工程所使用的主要原材料、成品、半成品和设备的进场，必须对其进行验收。验收应经监理工程师认可，并应形成相应的质量记录。

5. 通风与空调工程的施工，应把每一个分项施工工序作为工序交接检验点，并形成相应的质量记录。

6. 通风与空调工程施工过程中发现设计文件有差错的，应及时提出修改意见或更正建议，并形成书面文件及归档。

7. 通风与空调工程的施工应按规定的程序进行，并与土建及其他专业工种互相配合；与通风与空调系统有关的土建工程施工完毕后，应由建设或总承包，监理、设计及施工单位共同会检。会检的组织应由建设、监理或总承包单位负责。

8. 通风与空调工程分项工程施工质量的验收，应按规范（GB 50243—2002）对应分项的具体条文规定执行。子分部中的各个分项，可根据施工工程的实际情况一次验收或数次验收。

9. 通风与空调工程中的隐蔽工程，在隐蔽前必须经监理人员验收及认可签证。

10. 通风与空调工程中从事管道焊接施工的焊工，必须具备操作资格证书和相应类别管道焊接的考核合格证书。

11. 通风与空调工程竣工的系统调试，应在建设和监理单位的共同参与下进行，施工企业应具有专业检测人员和符合有关标准规定的测试仪器。

12. 通风与空调工程施工质量的保修期限，自竣工验收合格日起计算为二个采暖期、供冷期。在保修期内发生施工质量问题的，施工企业应履行保修职责，责任方承担相应的经济责任。

13. 分项工程检验批验收合格质量应符合下列规定：

（1）具有施工单位相应分项合格质量的验收记录。

（2）主控项目的质量抽样检验应全数合格。

（3）一般项目的质量抽样检验，除有特殊要求外，计数合格率不应小于 80%，且不得有严重缺陷。

二、风管系统安装

1. 本节内容适用于通风与空调工程中的金属和非金属风管系统安装质量的检验和验收。

2. 风管系统安装后，必须进行严密性检验，合格后方能交付下道工序。风管系统严密性检验以主、干管为主。在加工工艺得到保证的前提下，低压风管系统可采用漏光法检测。

3. 在风管穿过需要封闭的防火、防爆的墙体或楼板时，应设预埋管或防护套管，其钢板厚度不应小于 1.6mm。风管与防护套管之间，应用不燃且对人体无危害的柔性材料封堵。

检查数量：按数量抽查 20%，不得少于 1 个系统。

检查方法：尺量、观察检查。

4. 风管安装必须符合下列规定：

（1）风管内严禁其他管线穿越。

（2）输送含有易燃、易爆气体或安装在易燃、易爆环境的风管系统应有良好的接地，通过生活区或其他辅助生产房间时必须严密，并不得设置接口。

（3）室外立管的固定拉索严禁拉在避雷针或避雷网上。

检查数量：按数量抽查 20%，不得少于 1 个系统。

检查方法：手扳、尺量、观察检查。

5. 输送空气温度高于 80℃ 的风管，应按设计规定采取防护措施。

检查数量：按数量抽查 20%，不得少于 1 个系统。

检查方法：观察检查。

6. 风管部件安装必须符合下列规定：

（1）各类风管部件及操作机构的安装，应能保证其正常的使用功能，并便于操作。

（2）斜插板风阀的安装，阀板必须为向上拉启；水平安装时，阀板还应为顺气流方向插入。

（3）止回风阀、自动排气活门的安装方向应正确。

检查数量：按数量抽查 20%，不得少于 5 件。

检查方法：尺量、观察检查，动作试验。

7. 防火阀、排烟阀（口）的安装方向、位置应正确。防火分区隔墙两侧的防火阀，距墙表面不应大于 200mm。

8. 净化空调系统风管的安装还应符合下列规定：

（1）风管、静压箱及其他部件，必须擦拭干净，做到无油污和浮尘，当施工停顿或完毕时，端口应封好。

（2）法兰垫料应为不产尘、不易老化和具有一定强度和弹性的材料，厚度为 5~8mm，不得采用乳胶海绵；法兰垫片应尽量减少拼接，并不允许直缝对接连接，严禁在垫料表面涂涂料。

（3）风管与洁净室吊顶、隔墙等围护结构的接缝处应严密。

检查数量：按数量抽查 20%，不得少于 1 个系统。

检查方法：观察，用白绸布擦拭。

9. 集中式真空吸尘系统的安装应符合下列规定：

（1）真空吸尘系统弯管的曲率半径不应小于 4 倍管径，弯管的内壁面应光滑，不得采用褶皱弯管。

（2）真空吸尘系统三通的夹角不得大于45°，四通制作应采用两个斜三通的做法。

检查数量：按数量抽查20%，不得少于2件。

检查方法：尺量、观察检查。

10. 风管系统安装完毕后，应按系统类别进行严密性检验，漏风量应符合设计与规范的规定。风管系统的严密性检验，应符合下列规定：

（1）低压系统风管的严密性检验应采用抽检，抽检率为5%，且不得少于1个系统，在加工工艺得到保证的前提下，采用漏光法检测。检测不合格时，应按规定的抽检率做漏风量测试。

中压系统风管的严密性检验，应在漏光法检测合格后，对系统漏风量测试进行抽检，抽检率为20%，且不得少于1个系统。

高压系统风管的严密性检验，为全数进行漏风量测试。

系统风管严密性检验的被抽检系统，应全数合格，则视为通过；如有不合格时，则应再加倍抽检，直至全数合格。

（2）净化空调系统风管的严密性检验，1～5级的系统按高压系统风管的规定执行；6～9级的系统按规范（GB 50243—2002）第4.2.5条的规定执行。

检查数量：按条文中的规定。

检查方法：按规范（GB 50243—2002）附录A的规定进行严密性测试。

11. 风管的安装应符合下列规定：

（1）风管安装前，应清除内、外杂物，并做好清洁和保护工作。

（2）风管安装的位置、标高、走向，应符合设计要求。现场风管接口的配置，不得缩小其有效截面。

（3）连接法兰的螺栓应均匀拧紧，其螺母宜在同一侧。

（4）风管接口的连接应严密、牢固。风管法兰的垫片材质应符合系统功能的要求，厚度不应小于3mm。垫片不应凸入管内，亦不宜突出法兰外。

（5）柔性短管的安装，应松紧适度，无明显扭曲。

（6）可伸缩性金属或非金属软风管的长度不宜超过2m，并不应有死弯或塌凹。

（7）风管与砖、混凝土风道的连接接口，应顺着气流方向插入，并应采取密封措施。风管穿出屋面处应设有防雨装置。

（8）不锈钢板、铝板风管与碳素钢支架的接触处，应有隔绝或防腐绝缘措施。

检查数量：按数量抽查10%，不得少于1个系统。

检查方法：尺量、观察检查。

12. 无法兰连接风管的安装还应符合下列规定：

（1）风管的连接处，应完整无缺损、表面应平整，无明显扭曲。

（2）承插式风管的四周缝隙应一致，无明显的弯曲或褶皱；内涂的密封胶应完整，外粘的密封胶带，应粘贴牢固、完整无缺损。

（3）薄钢板法兰形式风管的连接，弹性插条、弹簧夹或紧固螺栓的间隔不应大于150mm，且分布均匀，无松动现象。

（4）插条连接的矩形风管，连接后的板面应平整、无明显弯曲。

检查数量：按数量抽查 10%，不得少于 1 个系统。

检查方法：尺量、观察检查。

13. 风管的连接应平直、不扭曲。明装风管水平安装，水平度的允许偏差为 3‰，总偏差不应大于 20mm。明装风管垂直安装，垂直度的允许偏差为 2‰，总偏差不应大于 20mm。暗装风管的位置，应正确、无明显偏差。除尘系统的风管，宜垂直或倾斜敷设，与水平夹角宜大于或等于 45°，小坡度和水平管应尽量短。

对含有凝结水或其他液体的风管，坡度应符合设计要求，并在最低处设排液装置。

检查数量，按数量抽查 10%，但不得少于 1 个系统。

检查方法：尺量、观察检查。

14. 风管支、吊架的安装应符合下列规定：

（1）风管水平安装，直径或长边尺寸小于等于 400mm，间距不应大于 4m；大于 400mm，不应大于 3m。螺旋风管的支、吊架间距可分别延长至 5m 和 3.75m；对于薄钢板法兰的风管，其支、吊架间距不应大于 3m。

（2）风管垂直安装，间距不应大于 4m，单根直管至少应有 2 个固定点。

（3）风管支、吊架应按国标图集与规范选用强度和刚度相适应的形式和规格。对于直径或边长大于 2500mm 的超宽、超重等特殊风管的支、吊架应按设计规定。

（4）支、吊架不宜设置在风口、阀门、检查门及自控机构处，离风口或插接管的距离不宜小于 200mm。

（5）当水平悬吊的主、干风管长度超过 20m 时，应设置防止摆动的固定点，每个系统不应少于 1 个。

（6）吊架的螺孔应采用机械加工。吊杆应平直，螺纹完整、光洁。安装后各副支、吊架的受力应均匀，无明显变形。

风管或空调设备使用的可调隔振支、吊架的拉伸或压缩量应按设计的要求进行调整。

（7）抱箍支架，折角应平直，抱箍应紧贴并箍紧风管。安装在支架上的圆形风管应设托座和抱箍，其圆弧应均匀，且与风管外径相一致。

检查数量：按数量抽查 10%，不得少于 1 个系统。

检查方法：尺量、观察检查。

15. 非金属风管的安装还应符合下列的规定：

（1）风管连接两法兰端面应平行、严密，法兰螺栓两侧应加镀锌垫圈。

（2）应适当增加支、吊架与水平风管的接触面积。

（3）硬聚氯乙烯风管的直段连续长度大于 20m，应按设计要求设置伸缩节；支管的重量不得由干管来承受，必须自行设置支、吊架。

（4）风管垂直安装，支架间距不应大于 3m。

检查数量：按数量抽查 10%，不得少于 1 个系统。

检查方法：尺量、观察检查。

16. 复合材料风管的安装还应符合下列规定：

（1）复合材料风管的连接处，接缝应牢固，无孔洞和开裂。当采用插接连接时，接口应匹配、无松动，端口缝隙不应大于 5mm。

（2）采用法兰连接时，应有防冷桥的措施。

（3）支、吊架的安装应按产品标准的规定执行。

检查数量：按数量抽查10%，但不得少于1个系统。

检查方法：尺量、观察检查。

17. 集中式真空吸尘系统的安装应符合下列规定：

（1）吸尘管道的坡度宜为5‰，并坡向立管或吸尘点。

（2）吸尘嘴与管道的连接，应牢固、严密。

检查数量：按数量抽查20%，不得少于5件。

检查方法：尺量、观察检查。

18. 各类风阀应安装在便于操作及检修的部位，安装后的手动或电动操作装置应灵活、可靠，阀板关闭应保持严密。防火阀直径或长边尺寸大于等于630mm时，宜设独立支、吊架。排烟阀（排烟口）及手控装置（包括预埋套管）的位置应符合设计要求，预埋套管不得有死弯及瘪陷。除尘系统吸入管段的调节阀，宜安装在垂直管段上。

检查数量：按数量抽查10%，不得少于5件。

检查方法：尺量、观察检查。

19. 风帽安装必须牢固，连接风管与屋面或墙面的交接处不应渗水。

检查数量：按数量抽查10%，不得少于5件。

检查方法：尺量、观察检查。

20. 排、吸风罩的安装位置应正确，排列整齐，牢固可靠。

检查数量：按数量抽查10%，不得少于5件。

检查方法：尺量、观察检查。

21. 风口与风管的连接应严密、牢固，与装饰面相紧贴；表面平整、不变形，调节灵活、可靠。条形风口的安装，接缝处应衔接自然，无明显缝隙。同一厅室、房间内的相同风口的安装高度应一致，排列应整齐。

明装无吊顶的风口，安装位置和标高偏差不应大于10mm。风口水平安装，水平度的偏差不应大于3‰。风口垂直安装，垂直度的偏差不应大于2‰。

检查数量：按数量抽查10%，不得少于1个系统或不少于5件和2个房间的风口。

检查方法：尺量、观察检查。

22. 净化空调系统风口安装还应符合下列规定：

（1）风口安装前应清扫干净，其边框与建筑顶棚或墙面间的接缝处应加设密封垫料或密封胶，不应漏风。

（2）带高效过滤器的送风口，应采用可分别调节高度的吊杆。

检查数量：按数量抽查20%，不得少于1个系统或不少于5件和2个房间的风口。

检查方法：尺量、观察检查。

第十课 建筑电气工程质量基本规定

一、基本规定

1. 建筑电气工程施工现场的质量管理，除应符合现行国家标准《建筑工程施工质量验收统一标准》GB 50300—2013 的规定外，尚应符合下列规定：

（1）安装电工、焊工、起重吊装工和电气调试人员等，按有关要求持证上岗。

（2）安装和调试用各类计量器具，应检定合格，使用时在有效期内。

2. 除设计要求外，承力建筑钢结构构件上，不得采用熔焊连接固定电气线路、设备和器具的支架、螺栓等部件；且严禁热加工开孔。

3. 额定电压交流 1kV 及以下、直流 1.5kV 及以下的应为低压电器设备、器具和材料；额定电压大于交流 1kV、直流 1.5kV 的应为高压电器设备、器具和材料。

4. 电气设备上计量仪表和与电气保护有关的仪表应检定合格，当投入试运行时，应在有效期内。

5. 建筑电气动力工程的空载试运行和建筑电气照明工程的负荷试运行，应按规范规定执行；建筑电气动力工程的负荷试运行，依据电气设备及相关建筑设备的种类、特性，编制试运行方案或作业指导书，并应经施工单位审查批准、监理单位确认后执行。

6. 动力和照明工程的漏电保护装置应做模拟动作试验。

7. 接地（PE）或接零（PEN）支线必须单独与接地（PE）或接零（PEN）干线相连接，不得串联连接。

8. 高压的电气设备和布线系统及继电保护系统的交接试验，必须符合现行国家标准《电气装置安装工程电气设备交接试验标准》（GB 50150—2006）的规定。

9. 送至建筑智能化工程变送器的电量信号精度等级应符合设计要求，状态信号应正确；接收建筑智能化工程的指令应使建筑电气工程的自动开关动作符合指令要求，且手动、自动切换功能正常。

二、主要设备、材料、成品和半成品进场验收

1. 主要设备、材料、成品和半成品进场检验结论应有记录，确认符合规范规定，才能在施工中应用。

2. 因有异议送有资质试验室进行抽样检测，试验室应出具检测报告，确认符合规范和相关技术标准规定，才能在施工中应用。

3. 依法定程序批准进入市场的新电气设备、器具和材料进场验收，除符合规范规定外，尚应提供安装、使用、维修和试验要求等技术文件。

4. 进口电气设备、器具和材料进场验收，除符合规范规定外，尚应提供商检证明和中文的质量合格证明文件、规格、型号，性能检测报告以及中文的安装、使用、维修和试验要求等技术文件。

5. 经批准的免检产品或认定的名牌产品，当进场验收时，宜不做抽样检测。

6. 变压器、箱式变电所、高压电器及电瓷制品应符合下列规定：

（1）查验合格证和随带技术文件，变压器有出厂试验记录。

（2）外观检查：有铭牌，附件齐全，绝缘件无缺损、裂纹，充油部分不渗漏，充气高压设备气压指示正常，涂层完整。

7. 高低压成套配电柜、蓄电池柜、不间断电源柜、控制柜（屏、台）及动力、照明配电箱（盘）应符合下列规定：

（1）查验合格证和随带技术文件，实行生产许可证和安全认证制度的产品，有许可证

编号和安全认证标志。不间断电源柜有出厂试验记录。

（2）外观检查：有铭牌，柜内元器件无损坏丢失、接线无脱落脱焊，蓄电池柜内电池壳体无碎裂、漏液，充油、充气设备无泄漏，涂层完整，无明显碰撞凹陷。

8. 柴油发电机组应符合下列规定：

（1）依据装箱单，核对主机、附件、专用工具、备品备件和随出厂技术文件，查验合格证和出厂试运行记录，发电机及其控制柜有出厂试验记录。

（2）外观检查：有铭牌，机身无缺件，涂层完整。

9. 电动机、电加热器、电动执行机构和低压开关设备等应符合下列规定：

（1）查验合格证和随带技术文件，实行生产许可证和安全认证制度的产品，有许可证编号和安全认证标志。

（2）外观检查：有铭牌，附件齐全，电气接线端子完好，设备器件无缺损，涂层完整。

10. 照明灯具及附件应符合下列规定：

（1）查验合格证，新型气体放电灯具有随带技术文件。

（2）外观检查：灯具涂层完整，无损伤，附件齐全。防爆灯具铭牌上有防爆标志和防爆合格证号，普通灯具有安全认证标志。

（3）对成套灯具的绝缘电阻，内部接线等性能进行现场抽样检测。灯具的绝缘电阻值不小于 $2M\Omega$，内部接线为铜芯绝缘电线，芯线截面积不小于 $0.5mm^2$，橡胶或聚氯乙烯（PVC）绝缘电线的绝缘层厚度不小于 0.6mm。对游泳池和类似场所灯具（水下灯及防水灯具）的密闭和绝缘性能有异议时，按批抽样送有资质的试验室检测。

11. 开关、插座、接线盒和风扇及其附件应符合下列规定：

（1）查验合格证，防爆产品有防爆标志和防爆合格证号，实行安全认证制度的产品有安全认证标志。

（2）外观检查：开关、插座的面板及接线盒盒体完整、无碎裂，零件齐全，风扇无损坏，涂层完整，调速器等附件适配。

（3）对开关、插座的电气和机械性能进行现场抽样检测。检测规定如下：

①不同极性带电部件间的电气间隙和爬电距离不小于 3mm。

②绝缘电阻值不小于 $5M\Omega$。

③用自攻锁紧螺钉或自切螺钉安装的，螺钉与软塑固定件旋合长度不小于 8mm，软塑固定件在经受 10 次拧紧退出试验后，无松动或掉渣，螺钉及螺纹无损坏现象。

④金属间相旋合的螺钉螺母，拧紧后完全退出，反复 5 次仍能正常使用。

（4）对开关、插座、接线盒及其面板等塑料绝缘材料阻燃性能有异议时，按批抽样送有资质的试验室检测。

12. 电线、电缆应符合下列规定：

（1）按批查验合格证，合格证有生产许可证编号，按《额定电压 450/750V 及以下聚氯乙烯绝缘电缆》（GB 5023.1—2008～5023.7—2008）标准生产的产品有安全认证标志。

（2）外观检查：包装完好，抽检的电线绝缘层完整无损，厚度均匀。电缆无压扁、扭曲，铠装不松卷。耐热、阻燃的电线，电缆外护层有明显标识和制造厂标。

（3）按制造标准，现场抽样检测绝缘层厚度和圆形线芯的直径；线芯直径误差不大于标称直径的 1%，常用的 BV 型绝缘电线的绝缘层厚度不小于规范的规定。

（4）对电线、电缆绝缘性能、导电性能和阻燃性能有异议时，按批抽样送有资质的试验室检测。

13. 导管应符合下列规定：

（1）按批查验合格证。

（2）外观检查：钢导管无压扁、内壁光滑。非镀锌钢导管无严重锈蚀，按制造标准油漆出厂的油漆完整；镀锌钢导管镀层覆盖完整、表面无锈斑；绝缘导管及配件不碎裂、表面有阻燃标记和制造厂标。

（3）按制造标准现场抽样检测导管的管径、壁厚及均匀度。对绝缘导管及配件的阻燃性能有异议时，按批抽样送有资质的试验室检测。

14. 型钢和电焊条应符合下列规定：

（1）按批查验合格证和材质证明书；有异议时，按批抽样送有资质的试验室检测。

（2）外观检查：型钢表面无严重锈蚀，无过度扭曲、弯折变形；电焊条包装完整，拆包抽检，焊条尾部无锈斑。

15. 镀锌制品（支架、横担，接地板、避雷用型钢等）和外线金具应符合下列规定：

（1）按批查验合格证或镀锌厂出具的镀锌质量证明书。

（2）外观检查：镀锌层覆盖完整、表面无锈斑，金具配件齐全，无砂眼。

（3）对镀锌质量有异议时，按批抽样送有资质的试验室检测。

16. 电缆桥架、线槽应符合下列规定：

（1）查验合格证。

（2）外观检查：部件齐全，表面光滑、不变形；钢制桥架涂层完整，无锈蚀；玻璃钢制桥架色泽均匀，无破损碎裂；铝合金桥架涂层完整，无扭曲变形，不压扁，表面不划伤。

17. 封闭母线、插接母线应符合下列规定：

（1）查验合格证和随带安装技术文件。

（2）外观检查：防潮密封良好，各段编号标志清晰，附件齐全，外壳不变形，母线螺栓搭接面平整、镀层覆盖完整、无起皮和麻面；插接母线上的静触头无缺损、表面光滑、镀层完整。

18. 裸母线、裸导线应符合下列规定：

（1）查验合格证。

（2）外观检查：包装完好，裸母线平直，表面无明显划痕，测量厚度和宽度符合制造标准；裸导线表面无明显损伤，不松股、扭折和断股（线），测量线径符合制造标准。

19. 电缆头部件及接线端子应符合下列规定：

（1）查验合格证。

（2）外观检查：部件齐全，表面无裂纹和气孔，随带的袋装涂料或填料不泄漏。

20. 钢制灯柱应符合下列规定：

（1）按批查验合格证。

（2）外观检查：涂层完整，根部接线盒盒盖紧固件和内置熔断器、开关等器件齐全，盒盖密封垫片完整。钢柱内设有专用接地螺栓，地脚螺孔位置按提供的附图尺寸，允许偏差为 ±2mm。

21. 钢筋混凝土电杆和其他混凝土制品应符合下列规定：

（1）按批查验合格证。

（2）外观检查：表面平整，无缺角露筋，每个制品表面有合格印记；钢筋混凝土电杆表面光滑，无纵向、横向裂纹，杆身平直，弯曲不大于杆长的1/1000。

三、工序交接确认

1. 架空线路及杆上电气设备安装应按以下程序进行：

（1）线路方向和杆位及拉线坑位测量埋桩后，经检查确认，才能挖掘杆坑和拉线坑。

（2）杆坑、拉线坑的深度和坑型，经检查确认，才能立杆和埋设拉线盘。

（3）杆上高压电气设备交接试验合格，才能通电。

（4）架空线路做绝缘检查，且经单相冲击试验合格，才能通电。

（5）架空线路的相位经检查确认，才能与接户线连接。

2. 变压器、箱式变电所安装应按以下程序进行：

（1）变压器、箱式变电所的基础验收合格，且对埋入基础的电线导管、电缆导管和变压器进、出线预留孔及相关预埋件进行检查，才能安装变压器、箱式变电所。

（2）杆上变压器的支架紧固检查后，才能吊装变压器且就位固定。

（3）变压器及接地装置交接试验合格，才能通电。

3. 成套配电柜、控制柜（屏、台）和动力、照明配电箱（盘）安装应按以下程序进行：

（1）埋设的基础型钢和柜、屏、台下的电缆沟等相关建筑物检查合格，才能安装柜、屏、台。

（2）室内外落地动力配电箱的基础验收合格，且对埋入基础的电线导管、电缆导管进行检查，才能安装箱体。

（3）墙上明装的动力、照明配电箱（盘）的预埋件（金属埋件、螺、栓），在抹灰前预留和预埋；暗装的动力、照明配电箱的预留孔和动力、照明配线的线盒及电线导管等，经检查确认到位，才能安装配电箱（盘）。

（4）接地（PE）或接零（PEN）连接完成后，核对柜、屏、台、箱、盘内的元件规格、型号，且交接试验合格，才能投入试运行。

4. 低压电动机、电加热器及电动执行机构应与机械设备完成连接，绝缘电阻测试合格，经手动操作符合工艺要求，才能接线。

5. 柴油发电机组安装应按以下程序进行：

（1）基础验收合格，才能安装机组。

（2）地脚螺栓固定的机组经初平、螺栓孔灌浆、精平、紧固地脚螺栓、二次灌浆等机械安装程序；安放式的机组将底部垫平、垫实。

（3）油、气、水冷、风冷、烟气排放等系统和隔振防噪声设施安装完成；按设计要求配置的消防器材齐全到位；发电机静态试验、随机配电盘控制柜接线检查合格，才能空载试运行。

（4）发电机空载试运行和试验调整合格，才能负荷试运行。

（5）在规定时间内，连续无故障负荷试运行合格，才能投入备用状态。

6. 不间断电源按产品技术要求试验调整，应检查确认，才能接至馈电网路。

7. 低压电气动力设备试验和试运行应按以下程序进行：

（1）设备的可接近裸露导体接地（PE）或接零（PEN）连接完成，经检查合格，才能进行试验。

（2）动力成套配电（控制）柜、屏、台、箱、盘的交流工频耐压试验、保护装置的动作试验合格，才能通电。

（3）控制回路模拟动作试验合格，盘车或手动操作，电气部分与机械部分的转动或动作协调一致，经检查确认，才能空载试运行。

8. 裸母线、封闭母线、插接式母线安装应按以下程序进行：

（1）变压器、高低压成套配电柜、穿墙套管及绝缘子等安装就位，经检查合格，才能安装变压器和高低压成套配电柜的母线。

（2）封闭、插接式母线安装，在结构封顶、室内底层地面施工完成或已确定地面标高、场地清理、层间距离复核后，才能确定支架设置位置。

（3）与封闭、插接式母线安装位置有关的管道、空调及建筑装修工程施工基本结束，确认扫尾施工不会影响已安装的母线，才能安装母线。

（4）封闭、插接式母线每段母线组对接续前，绝缘电阻测试合格，绝缘电阻值大于20MΩ，才能安装组对。

（5）母线支架和封闭、插接式母线的外壳接地（PE）或接零（PEN）连接完成，母线绝缘电阻测试和交流工频耐压试验合格，才能通电。

9. 电缆桥架安装和桥架内电缆敷设应按以下程序进行：

（1）测量定位，安装桥架的支架，经检查确认，才能安装桥架。

（2）桥架安装检查合格，才能敷设电缆。

（3）电缆敷设前绝缘测试合格，才能敷设。

（4）电缆电气交接试验合格，且对接线去向、相位和防火隔堵措施等检查确认，才能通电。

10. 电缆在沟内、竖井内支架上敷设应按以下程序进行：

（1）电缆沟、电缆竖井内的施工临时设施、模板及建筑废料等清除，测量定位后，才能安装支架。

（2）电缆沟、电缆竖井内支架安装及电缆导管敷设结束，接地（PE）或接零（PEN）连接完成，经检查确认，才能敷设电缆。

（3）电缆敷设前绝缘测试合格，才能敷设。

（4）电缆交接试验合格，且对接线去向、相位和防火隔堵措施等检查确认，才能通电。

11. 电线导管、电缆导管和线槽敷设应按以下程序进行：

（1）除埋入混凝土中的非镀锌钢管外壁不做防腐处理外，其他场所的非镀锌钢导管内外壁均做防腐处理，经检查确认，才能配管。

（2）室外直埋导管的路径、沟槽深度、宽度及垫层处理经检查确认，才能埋设导管。

（3）现浇混凝土板内配管在底层钢筋绑扎完成，上层钢筋未绑扎前敷设，且检查确认，才能绑扎上层钢筋和浇捣混凝土。

（4）现浇混凝土墙体内的钢筋网片绑扎完成，门、窗等位置已放线，经检查确认，才能在墙体内配管。

（5）被隐蔽的接线盒和导管在隐蔽前检查合格，才能隐蔽。

（6）在梁、板、柱等部位明配管的导管套管、埋件、支架等检查合格，才能配管。

（7）吊顶上的灯位及电气器具位置先放样，且与土建及各专业施工单位商定，才能在吊顶内配管。

（8）顶棚和墙面的喷浆、油漆或壁纸等基本完成，才能敷设线槽、槽板。

12. 电线、电缆穿管及线槽敷线应按以下程序进行：

（1）接地（PE）或接零（PEN）及其他焊接施工完成，经检查确认，才能穿入电线或电缆以及线槽内敷线。

（2）与导管连接的柜、屏、台、箱、盘安装完成，管内积水及杂物清理干净，经检查确认，才能穿入电线、电缆。

（3）电缆穿管前绝缘测试合格，才能穿入导管。

（4）电线、电缆交接试验合格，且对接线去向和相位等检查确认，才能通电。

13. 钢索配管的预埋件及预留孔，应预埋、预留完成；装修工程除地面外基本结束，才能吊装钢索及敷设线路。

14. 电缆头制作和接线应按以下程序进行：

（1）电缆连接位置、连接长度和绝缘测试经检查确认，才能制作电缆头。

（2）控制电缆绝缘电阻测试和校对合格，才能接线。

（3）电线、电缆交接试验和相位核对合格，才能接线。

15. 照明灯具安装应按以下程序进行：

（1）安装灯具的预埋螺栓、吊杆和吊顶上嵌入式灯具安装专用骨架等完成，按设计要求做承载试验合格，才能安装灯具。

（2）影响灯具安装的模板、脚手架拆除；顶棚和墙面喷浆、油漆或壁纸等及地面清理工作基本完成后，才能安装灯具。

（3）导线绝缘测试合格，才能灯具接线。

（4）高空安装的灯具，地面通断电试验合格，才能安装。

16. 照明开关、插座、风扇安装：吊扇的吊钩预埋完成；电线绝缘测试应合格，顶棚和墙面的喷浆、油漆或壁纸等应基本完成，才能安装开关、插座和风扇。

17. 照明系统的测试和通电试运行应按以下程序进行：

（1）电线绝缘电阻测试前电线的接续完成。

（2）照明箱（盘）、灯具、开关、插座的绝缘电阻测试在就位前或接线前完成。

（3）备用电源或事故照明电源作空载自动投切试验前拆除负荷，空载自动投切试验合格，才能做有载自动投切试验。

（4）电气器具及线路绝缘电阻测试合格，才能通电试验。

18. 接地装置安装应按以下程序进行：

（1）建筑物基础接地体：底板钢筋敷设完成，按设计要求做接地施工，经检查确认，才能支模或浇捣混凝土。

（2）人工接地体：按设计要求位置开挖沟槽，经检查确认，才能打入接地极和敷设地下接地干线。

（3）接地模块：按设计位置开挖模块坑，并将地下接地干线引到模块上，经检查确认，才能相互焊接。

（4）装置隐蔽：检查验收合格，才能覆土回填。

19. 引下线安装应按以下程序进行：

（1）利用建筑物柱内主筋作引下线，在柱内主筋绑扎后，按设计要求施工，经检查确认，才能支模。

（2）直接从基础接地体或人工接地体暗敷埋入粉刷层内的引下线，经检查确认不外露，才能贴面砖或刷涂料等。

（3）直接从基础接地体或人工接地体引出明敷的引下线，先埋设或安装支架，经检查确认，才能敷设引下线。

20. 等电位联结应按以下程序进行：

（1）总等电位联结：对可作导电接地体的金属管道入户处和供总等电位联结的接地干线的位置检查确认，才能安装焊接总等电位联结端子板，按设计要求做总等电位联结。

（2）辅助等电位联结：对供辅助等电位联结的接地母线位置检查确认，才能安装焊接辅助等电位联结端子板，按设计要求做辅助等电位联结。

（3）对特殊要求的建筑金属屏蔽网箱，网箱施工完成，经检查确认，才能与接地线连接。

21. 接闪器安装：接地装置和引下线应施工完成，才能安装接闪器，且与引下线连接。

22. 防雷接地系统测试：接地装置施工完成测试应合格，避雷接闪器安装完成，整个防雷接地系统连成回路，才能系统测试。

第十一课　电气工程分部（子分部）工程验收

1. 当建筑电气分部工程施工质量检验时，检验批的划分应符合下列规定：

（1）室外电气安装工程中分项工程的检验批，依据庭院大小、投运时间先后、功能区块不同划分。

（2）变配电室安装工程中分项工程的检验批，主变配电室为 1 个检验批；有数个分变配电室，且不属于子单位工程的子分部工程，各为 1 个检验批，其验收记录汇入所有变配电室有关分项工程的验收记录中；如各分变配电室属于各子单位工程的子分部工程，所属分项工程各为 1 个检验批，其验收记录应为一个分项工程验收记录，经子分部工程验收记录汇入分部工程验收记录中。

（3）供电干线安装工程分项工程的检验批，依据供电区段和电气线缆竖井的编号划分。

（4）电气动力和电气照明安装工程中分项工程及建筑物等电位联结分项工程的检验批，其划分的界区，应与建筑土建工程一致。

（5）备用和不间断电源安装工程中分项工程各自成为 1 个检验批。

（6）防雷及接地装置安装工程中分项工程检验批，人工接地装置和利用建筑物基础钢筋的接地体各为 1 个检验批，大型基础可按区块划分成几个检验批；避雷引下线安装 6 层以下的建筑为 1 个检验批，高层建筑依均压环设置间隔的层数为 1 个检验批；接闪器安装同一屋面为 1 个检验批。

2. 当验收建筑电气工程时，应核查下列各项质量控制资料，且检查分项工程质量验收记录和分部（子分部）质量验收记录应正确，责任单位和责任人的签章齐全。

（1）建筑电气工程施工图设计文件和图纸会审记录及洽商记录。

（2）主要设备、器具、材料的合格证和进场验收记录。

（3）隐蔽工程记录。

（4）电气设备交接试验记录。

（5）接地电阻、绝缘电阻测试记录。

（6）空载试运行和负荷试运行记录。

（7）建筑照明通电试运行记录。

（8）工序交接合格等施工安装记录。

3. 根据单位工程实际情况，检查建筑电气分部（子分部）工程所含分项工程的质量验收记录应无遗漏缺项。

4. 当单位工程质量验收时，建筑电气分部（子分部）工程实物质量的抽检部位如下，且抽检结果应符合规范规定。

（1）大型公用建筑的变配电室，技术层的动力工程，供电干线的竖井，建筑顶部的防雷工程，重要的或大面积活动场所的照明工程，以及 5% 自然间的建筑电气动力、照明工程。

（2）一般民用建筑的配电室和 5% 自然间的建筑电气照明工程，以及建筑顶部的防雷工程。

（3）室外电气工程以变配电室为主，且抽检各类灯具的 5%。

5. 核查各类技术资料应齐全，且符合工序要求，有可追溯性；各责任人均应签章确认。

6. 为方便检测验收，高低压配电装置的调整试验应提前通知监理和有关监督部门，实行旁站确认。变配电室通电后可抽测的项目主要是：各类电源自动切换或通断装置、馈电线路的绝缘电阻、接地（PE），或接零（PEN）的导通状态、开关插座的接线正确性、漏电保护装置的动作电流和时间、接地装置的接地电阻和由照明设计确定的照度等。抽测的结果应符合规范规定和设计要求。

7. 检验方法应符合下列规定：

（1）电气设备、电缆和继电保护系统的调整试验结果，查阅试验记录或试验时旁站。

（2）空载试运行和负荷试运行结果，查阅试运行记录或试运行时旁站。

（3）绝缘电阻、接地电阻和接地（PE）或接零（PEN）导通状态及插座接线正确性的测试结果，查阅测试记录或测试时旁站或用适配仪表进行抽测。

（4）漏电保护装置动作数据值，查阅测试记录或用适配仪表进行抽测。

（5）负荷试运行时大电流节点温升测量用红外线遥测温度仪抽测或查阅负荷试运行记录。

（6）螺栓紧固程度用适配工具做拧动试验；有最终拧紧力矩要求的螺栓用扭力扳手抽测。

（7）需吊芯、抽芯检查的变压器和大型电动机，吊芯、抽芯时旁站或查阅吊芯、抽芯记录。

（8）需做动作试验的电气装置，高压部分不应带电试验，低压部分无负荷试验。

（9）水平度用铁水平尺测量，垂直度用线锤吊线尺量，盘面平整度拉线尺量，各种距离的尺寸用塞尺、游标卡尺、钢尺、塔尺或采用其他仪器仪表等测量。

（10）外观质量情况目测检查。

（11）设备规格型号、标志及接线，对照工程设计图纸及其变更文件检查。

第十二课　电梯工程质量基本规定及子分部验收

一、基本规定

1. 安装单位施工现场的质量管理应符合下列规定：

（1）具有完善的验收标准、安装工艺及施工操作规程。

（2）具有健全的安装过程控制制度。

2. 电梯安装工程施工质量控制应符合下列规定：

（1）电梯安装前应按规范进行土建交接检验。

（2）电梯安装前应按规范进行电梯设备进场验收。

（3）电梯安装的各分项工程应按企业标准进行质量控制。

3. 电梯安装工程质量验收应符合下列规定：

（1）参加安装工程施工和质量验收人员应具备相应的资格。

（2）承担有关安全性能检测的单位，必须具有相应资质。仪器设备应满足精度要求，并应在检定有效期内。

（3）分项工程质量验收均应在电梯安装单位自检合格的基础上进行。

（4）隐蔽工程应在电梯安装单位检查合格后，于隐蔽前通知有关单位检查验收，并形成验收文件。

二、子分部验收

1. 分项工程质量验收合格应符合下列规定：

（1）各分项工程中的主控项目应进行全验，一般项目应进行抽验，且均应符合合格质量规定。

（2）应具有完整的施工操作依据、质量检查记录。

2. 分部（子分部）工程质量验收合格应符合下列规定：

（1）子分部工程所含分项工程的质量均应验收合格且验收记录应完整。

（2）分部工程所含子分部工程的质量均应验收合格。

（3）质量控制资料应完整。

（4）观感质量应符合规范要求。

3. 当电梯安装工程质量不合格时，应按下列规定处理：

（1）经返工重做、调整或更换部件的分项工程，应重新验收。

（2）通过以上措施仍不能达到规范要求的电梯安装工程，不得验收合格。

第十三课　电梯安装工程质量设备进场验收及土建交接检验

一、电力驱动的曳引式或强制式电梯设备进场验收

1. 随机文件必须包括下列资料：

（1）土建布置图。

（2）产品出厂合格证。

（3）门锁装置、限速器、安全钳及缓冲器的型式试验证书复印件。

2. 随机文件还应包括下列资料：

（1）装箱单。

（2）安装、使用维护说明书。

（3）动力电路和安全电路的电气原理图。

3. 设备零部件应与装箱单内容相符。

4. 设备外观不应存在明显的损坏。

二、土建交接检验

1. 机房（如果有）内部、井道土建（钢架）结构及布置必须符合电梯土建布置图的要求。

2. 主电源开关必须符合下列规定：

（1）主电源开关应能够切断电梯正常使用情况下最大电流。

（2）对有机房电梯该开关应能从机房入口处方便地接近。

（3）对无机房电梯该开关应设置在井道外工作人员方便接近的地方，且应具有必要的安全防护。

3. 井道必须符合下列规定：

（1）当底坑底面下有人员能到达的空间存在，且对重（或平衡重）上未设有安全钳装置时，对重缓冲器必须能安装在（或平衡重运行区域的下边必须）一直延伸到坚固地面上的实心桩墩上。

（2）电梯安装之前，所有层门预留孔必须设有高度不小于 1.2m 的安全保护围封，并应保证有足够的强度。

（3）当相邻两层门地坎间的距离大于 11m 时，其间必须设置井道安全门，井道安全门严禁向井道内开启，且必须装有安全门处于关闭时电梯才能运行的电气安全装置。当相邻轿厢间有相互救援用轿厢安全门时，可不执行本款。

4. 机房（如果有）还应符合下列规定：

（1）机房内应设有固定的电气照明，地板表面上的照度不应小于 200lx。机房内应设置一个或多个电源插座。在机房内靠近入口的适当高度处应设有一个开关或类似装置控制机房照明电源。

（2）机房内应通风，从建筑物其他部分抽出的陈腐空气，不得排入机房内。

（3）应根据产品供应商的要求，提供设备进场所需要的通道和搬运空间。

（4）电梯工作人员应能方便地进入机房或滑轮间，而不需要临时借助于其他辅助设施。

（5）机房应采用经久耐用且不易产生灰尘的材料建造，机房内的地板应采用防滑材料。此项可在电梯安装后验收。

（6）在一个机房内，当有两个以上不同平面的工作平台，且相邻平台高度差大于0.5m时，应设置楼梯或台阶，并应设置高度不小于0.9m的安全防护栏杆。当机房地面有深度大于0.5m的凹坑或槽坑时，均应盖住。供人员活动空间和工作台面以上的净高度不应小于1.8m。

（7）供人员进出的检修活板门应有不小于0.8m×0.8m的净通道，开门到位后应能自行保持在开启位置。检修活板门关闭后应能支撑两个人的重量（每个人按在门的任意0.2m×0.2m面积上作用1000N的力计算），不得有永久性变形。

（8）门或检修活板门应装有带钥匙的锁，它应从机房内不用钥匙打开。只供运送器材的活板门，可只在机房内部锁住。

（9）电源零线和接地线应分开。机房内接地装置的接地电阻值不应大于4Ω。

（10）机房应有良好的防渗、防漏水保护。

5. 井道还应符合下列规定：

（1）井道尺寸是指垂直于电梯设计运行方向的井道截面沿电梯设计运行方向投影所测定的井道最小净空尺寸，该尺寸应和土建布置图所要求的一致，允许偏差应符合下列规定：

①当电梯行程高度小于等于30m时为0～+25mm。

②当电梯行程高度大于30m且小于等于60m时为0～+35mm。

③当电梯行程高度大于60m且小于等于90m时为0～+50mm。

④当电梯行程高度大于90m时，允许偏差应符合土建布置图要求。

（2）全封闭或部分封闭的井道，井道的隔离保护、井道壁、底坑底面和顶板应具有安装电梯部件所需要的足够强度，应采用非燃烧材料建造，且应不易产生灰尘。

（3）当底坑深度大于2.5m且建筑物布置允许时，应设置一个符合安全门要求的底坑进口；当没有进入底坑的其他通道时，应设置一个从层门进入底坑的永久性装置，且此装置不得凸入电梯运行空间。

（4）井道应为电梯专用，井道内不得装设与电梯无关的设备、电缆等。井道可装设采暖设备，但不得采用蒸汽和水作为热源，且采暖设备的控制与调节装置应装在井道外面。

（5）井道内应设置永久性电气照明，井道内照度应不得小于50lx，井道最高点和最低点0.5m以内应各装一盏灯，再设中间灯，并分别在机房和底坑设置一控制开关。

（6）装有多台电梯的井道内各电梯的底坑之间应设置最低点离底坑地面不大于0.3m，且至少延伸到最低层站楼面以上2.5m高度的隔障，在隔障宽度方向上隔障与井道壁之间的间隙不应大于150mm。

当轿顶边缘和相邻电梯运动部件（轿厢、对重或平衡重）之间的水平距离小于0.5m时，隔障应延长贯穿整个井道的高度。隔障的宽度不得小于被保护的运动部件（或其部分）的宽度每边再各加0.1m。

（7）底坑内应有良好的防渗、防漏水保护，底坑内不得有积水。

（8）每层楼面应有水平面基准标识。

第十四课　智能化工程实施的质量控制及验收

一、实施过程的质量控制

1. 智能建筑工程质量验收应包括工程实施的质量控制、系统检测和工程验收。

2. 系统试运行应连续进行 120h。试运行中出现系统故障时，应重新开始计时，直至连续运行满 120h。

3. 工程实施的质量控制应检查下列内容：

（1）施工现场质量管理检查记录。

（2）图纸会审记录；存在设计变更和工程洽商时，还应检查设计变更记录和工程洽商记录。

（3）设备材料进场检验记录和设备开箱检验记录。

（4）隐蔽工程（随工检查）验收记录。

（5）安装质量及观感质量验收记录。

（6）自检记录。

（7）分项工程质量验收记录。

（8）试运行记录。

4. 施工现场质量管理检查记录应由施工单位填写、项目监理机构总监理工程师（或建设单位项目负责人）作出检查结论。

5. 图纸会审记录、设计变更记录和工程洽商记录应符合现行国家标准《智能建筑工程施工规范》（GB 50606—2010）的规定。

6. 设备材料进场检验记录和设备开箱检验记录应符合下列规定：

（1）设备材料进场检验记录应由施工单位填写、监理（建设）单位的监理工程师（项目专业工程师）作出检查结论。

（2）设备开箱检验记录应符合现行国家标准《智能建筑工程施工规范》（GB 50606—2010）的规定。

7. 隐蔽工程（随工检查）验收记录应由施工单位填写、监理（建设）单位的监理工程师（项目专业工程师）作出检查结论。

8. 安装质量及观感质量验收记录应由施工单位填写、监理（建设）单位的监理工程师（项目专业工程师）作出检查结论。

9. 自检记录由施工单位填写、施工单位的专业技术负责人作出检查结论。

10. 分项工程质量验收记录应由施工单位填写、施工单位的专业技术负责人作出检查结论、监理（建设）单位的监理工程师（项目专业技术负责人）作出验收结论。

11. 试运行记录应由施工单位填写、监理（建设）单位的监理工程师（项目专业工程师）作出检查结论。

12. 软件产品的质量控制除应检查规范规定的内容外，尚应检查文档资料和技术指标，并应符合下列规定：

（1）商业软件的使用许可证和使用范围应符合合同要求。

（2）针对工程项目编制的应用软件，测试报告中的功能和性能测试结果应符合工程项目的合同要求。

13. 接口的质量控制除应检查规范规定的内容外，尚应符合下列规定：

（1）接口技术文件应符合合同要求；接口技术文件应包括接口概述、接口框图、接口位置、接口类型与数量、接口通信协议、数据流向和接口责任边界等内容。

（2）根据工程项目实际情况修订的接口技术文件应经过建设单位、设计单位、接口提供单位和施工单位签字确认。

（3）接口测试文件应符合设计要求；接口测试文件应包括测试链路搭建、测试用仪器仪表、测试方法、测试内容和测试结果评判等内容。

（4）接口测试应符合接口测试文件要求，测试结果记录应由接口提供单位、施工单位、建设单位和项目监理机构签字确认。

二、分部（子分部）验收

1. 建设单位应按合同进度要求组织人员进行工程验收。

2. 工程验收应具备下列条件：

（1）按经批准的工程技术文件施工完毕。

（2）完成调试及自检，并出具系统自检记录。

（3）分项工程质量验收合格，并出具分项工程质量验收记录。

（4）完成系统试运行，并出具系统试运行报告。

（5）系统检测合格，并出具系统检测记录。

（6）完成技术培训，并出具培训记录。

3. 工程验收的组织应符合下列规定：

（1）建设单位应组织工程验收小组负责工程验收。

（2）工程验收小组的人员应根据项目的性质、特点和管理要求确定，并应推荐组长和副组长；验收人员的总数应为单数，其中专业技术人员的数量不应低于验收人员总数的50%。

（3）验收小组应对工程实体和资料进行检查，并作出正确、公正、客观的验收结论。

4. 工程验收文件应包括下列内容：

（1）竣工图纸。

（2）设计变更记录和工程洽商记录。

（3）设备材料进场检验记录和设备开箱检验记录。

（4）分项工程质量验收记录。

（5）试运行记录。

（6）系统检测记录。

（7）培训记录和培训资料。

5. 工程验收小组的工作应包括下列内容：

（1）检查验收文件。

（2）检查观感质量。

（3）抽检和复核系统检测项目。

6. 工程验收的记录应符合下列规定：

（1）应由施工单位填写《分部（子分部）工程质量验收记录》，设计单位的项目负责人和项目监理机构总监理工程师（建设单位项目专业负责人）作出检查结论。

（2）应由施工单位填写《工程验收资料审查记录》，项目监理机构总监理工程师（建设单位项目负责人）作出检查结论。

（3）应由施工单位填写《验收结论汇总记录》，验收小组作出检查结论。

7. 工程验收结论与处理应符合下列规定：

（1）工程验收结论应分为合格和不合格。

（2）按规范规定的工程验收文件齐全、观感质量符合要求且检测项目合格时，工程验收结论应为合格，否则应为不合格。

（3）当工程验收结论为不合格时，施工单位应限期整改，直到重新验收合格；整改后仍无法满足使用要求的，不得通过工程验收。

第十五课　节能工程施工质量验收基本规定

一、技术与管理

1. 承担建筑节能工程的施工企业应具备相应的资质；施工现场应建立相应的质量管理体系、施工质量控制和检验制度，具有相应的施工技术标准。

2. 设计变更不得降低建筑节能效果。当设计变更涉及建筑节能效果时，应经原施工图设计审查机构审查，在实施前应办理设计变更手续，并获得监理或建设单位的确认。

3. 建筑节能工程采用的新技术、新设备、新材料、新工艺，应按照有关规定进行评审、鉴定及备案。施工前应对新的或首次采用的施工工艺进行评价，并制定专门的施工技术方案。

4. 单位工程的施工组织设计应包括建筑节能工程施工内容。建筑节能工程施工前，施工单位应编制建筑节能工程施工方案并经监理（建设）单位审查批准。施工单位应对从事建筑节能工程施工作业的人员进行技术交底和必要的实际操作培训。

5. 建筑节能工程的质量检测，除规范规定的以外，应由具备资质的检测机构承担。

二、材料与设备

1. 建筑节能工程使用的材料、设备等，必须符合设计要求及国家有关标准的规定。严禁使用国家明令禁止使用与淘汰的材料和设备。

2. 材料和设备进场验收应遵守下列规定：

（1）对材料和设备的品种、规格、包装、外观和尺寸等进行检查验收，并应经监理工程师（建设单位代表）确认，形成相应的验收记录。

（2）对材料和设备的质量证明文件进行核查，并应经监理工程师（建设单位代表）确认，纳入工程技术档案。进入施工现场用于节能工程的材料和设备均应具有出厂合格证、中文说明书及相关性能检测报告；定型产品和成套技术应有型式检验报告，进口材料和设备应按规定进行出入境商品检验。

（3）对材料和设备应按照规范规定在施工现场抽样复验。复验应为见证取样送检。

3. 建筑节能工程使用材料的燃烧性能等级和阻燃处理，应符合设计要求和现行国家标准《高层民用建筑设计防火规范》［GB 50045—1995（2005 年版）］《建筑内部装修设计防火规范》［GB 50222—1995（2001 年修订版）］和《建筑设计防火规范》（GB 50016—2014）等的规定。

4. 建筑节能工程使用的材料应符合国家现行有关标准对材料有害物质限量的规定，不得对室内外环境造成污染。

5. 现场配制的材料如保温浆料、聚合物砂浆等，应按设计要求或试验室给出的配合比配制。当未给出要求时，应按照施工方案和产品说明书配制。

6. 节能保温材料在施工使用时的含水率应符合设计要求、工艺要求及施工技术方案要求。当无上述要求时，节能保温材料在施工使用时的含水率不应大于正常施工环境湿度下的自然含水率，否则应采取降低含水率的措施。

三、施工与控制

1. 建筑节能工程应按照经审查合格的设计文件和经审查批准的施工方案施工。

2. 建筑节能工程施工前，对于采用相同建筑节能设计的房间和构造做法，应在现场采用相同材料和工艺制作样板间或样板件，经有关各方确认后方可进行施工。

3. 建筑节能工程的施工作业环境和条件，应满足相关标准和施工工艺的要求。节能保温材料不宜在雨雪天气中露天施工。

第十六课　墙体节能工程

一、一般规定

1. 本课内容适用于采用板材、浆料、块材及预制复合墙板等墙体保温材料或构件的建筑墙体节能工程质量验收。

2. 主体结构完成后进行施工的墙体节能工程，应在基层质量验收合格后施工，施工过程中应及时进行质量检查、隐蔽工程验收和检验批验收，施工完成后应进行墙体节能分项工程验收。与主体结构同时施工的墙体节能工程，应与主体结构一同验收。

3. 墙体节能工程当采用外保温定型产品或成套技术时，其型式检验报告中应包括安全性和耐候性检验。

4. 墙体节能工程应对下列部位或内容进行隐蔽工程验收，并应有详细的文字记录和必要的图像资料：

（1）保温层附着的基层及其表面处理。

（2）保温板粘结或固定。

（3）锚固件。

（4）增强网铺设。

（5）墙体热桥部位处理。

（6）预置保温板或预制保温墙板的板缝及构造节点。

（7）现场喷涂或浇注有机类保温材料的界面。

（8）被封闭的保温材料厚度。

（9）保温隔热砌块填充墙体。

5. 墙体节能工程的保温材料在施工过程中应采取防潮、防水等保护措施。

6. 墙体节能工程验收的检验批划分应符合下列规定：

（1）采用相同材料、工艺和施工做法的墙面，每 $500 \sim 1000m^2$ 面积划分为一个检验批，不足 $500m^2$ 也为一个检验批。

（2）检验批的划分也可根据与施工流程相一致且方便施工与验收的原则，由施工单位与监理（建设）单位共同商定。

7. 用于墙体节能工程的材料、构件等，其品种、规格应符合设计要求和相关标准的规定。

检验方法：观察、尺量检查；核查质量证明文件。

检查数量：按进场批次，每批随机抽取 3 个试样进行检查；质量证明文件应按照其出厂检验批进行核查。

8. 墙体节能工程使用的保温隔热材料，其导热系数、密度、抗压强度或压缩强度、燃烧性能应符合设计要求。

检验方法：核查质量证明文件及进场复验报告。

检查数量：全数检查。

9. 墙体节能工程采用的保温材料和粘结材料等，进场时应对其下列性能进行复验，复验应为见证取样送检：

（1）保温材料的导热系数、密度、抗压强度或压缩强度。

（2）粘结材料的粘结强度。

（3）增强网的力学性能、抗腐蚀性能。

检验方法：随机抽样送检，核查复验报告。

检查数量：同一厂家同一品种的产品，当单位工程建筑面积在 $20000m^2$ 以下时各抽查不少于 3 次；当单位工程建筑面积在 $20000m^2$ 以上时各抽查不少于 6 次。

10. 严寒和寒冷地区外保温使用的粘结材料，其冻融试验结果应符合该地区最低气温环境的使用要求。

检验方法：核查质量证明文件。

检查数量：全数检查。

11. 墙体节能工程施工前应按照设计和施工方案的要求对基层进行处理，处理后的基层应符合保温层施工方案的要求。

检验方法：对照设计和施工方案观察检查；核查隐蔽工程验收记录。

检查数量：全数检查。

12. 墙体节能工程的施工，应符合下列规定：

（1）保温隔热材料的厚度必须符合设计要求。

（2）保温板材与基层及各构造层之间的粘结或连接必须牢固。粘结强度和连接方式应符合设计要求。保温板材与基层的粘结强度应做现场拉拔试验。

（3）保温浆料应分层施工。当采用保温浆料做外保温时，保温层与基层之间及各层之间的粘结必须牢固，不应脱层、空鼓和开裂。

（4）当墙体节能工程的保温层采用预埋或后置锚固件固定时，锚固件数量、位置、锚固深度和拉拔力应符合设计要求。后置锚固件应进行锚固力现场拉拔试验。

检验方法：观察；手扳检查；保温材料厚度采用钢针插入或剖开尺量检查；粘结强度和锚固力核查试验报告；核查隐蔽工程验收记录。

检查数量：每个检验批抽查不少于3处。

13. 外墙采用预置保温板现场浇筑混凝土墙体时，保温板的验收应符合规范的规定；保温板的安装位置应正确、接缝严密，保温板在浇筑混凝土过程中不得移位、变形，保温板表面应采取界面处理措施，与混凝土粘结应牢固。混凝土和模板的验收，应按《混凝土结构工程施工质量验收规范》（GB 50204—2015）的相关规定执行。

检验方法：观察检查；核查隐蔽工程验收记录。

检查数量：全数检查。

14. 当外墙采用保温浆料做保温层时，应在施工中制作同条件养护试件，检测其导热系数、干密度和压缩强度。保温浆料的同条件养护试件应见证取样送检。

检验方法：核查试验报告。

检查数量：每个检验批应抽样制作同条件养护试块不少于3组。

15. 墙体节能工程各类饰面层的基层及面层施工，应符合设计和《建筑装饰装修工程质量验收规范》（GB 50210—2001）的要求，并应符合下列规定：

（1）饰面层施工的基层应无脱层、空鼓和裂缝，基层应平整、洁净，含水率应符合饰面层施工的要求。

（2）外墙外保温工程不宜采用粘贴饰面砖做饰面层；当采用时，其安全性与耐久性必须符合设计要求。饰面砖应做粘结强度拉拔试验，试验结果应符合设计和有关标准的规定。

（3）外墙外保温工程的饰面层不得渗漏。当外墙外保温工程的饰面层采用饰面板开缝安装时，保温层表面应具有防水功能或采取其他防水措施。

（4）外墙外保温层及饰面层与其他部位交接的收口处，应采取密封措施。

检验方法：观察检查；核查试验报告和隐蔽工程验收记录。

检查数量：全数检查。

16. 保温砌块砌筑的墙体，应采用具有保温功能的砂浆砌筑。砌筑砂浆的强度等级应符合设计要求。砌体的水平灰缝饱满度不应低于90%，竖直灰缝饱满度不应低于80%。

检验方法：对照设计核查施工方案和砌筑砂浆强度试验报告。用百格网检查灰缝砂浆饱满度。

检查数量：每楼层的每个施工段至少抽查一次，每次抽查5处，每处不少于3个砌块。

17. 采用预制保温墙板现场安装的墙体，应符合下列规定：

（1）保温墙板应有型式检验报告，型式检验报告中应包含安装性能的检验。

（2）保温墙板的结构性能、热工性能及与主体结构的连接方法应符合设计要求，与主体结构连接必须牢固。

（3）保温墙板的板缝处理、构造节点及嵌缝做法应符合设计要求。

（4）保温墙板板缝不得渗漏。

检验方法：核查型式检验报告、出厂检验报告、对照设计观察和淋水试验检查；核查隐蔽工程验收记录。

检查数量：型式检验报告、出厂检验报告全数核查；其他项目每个检验批抽查5%，并不少于3块（处）。

18. 当设计要求在墙体内设置隔汽层时，隔汽层的位置、使用的材料及构造做法应符合设计要求和相关标准的规定。隔汽层应完整、严密，穿透隔汽层处应采取密封措施。隔汽层冷凝水排水构造应符合设计要求。

检验方法：对照设计观察检查；核查质量证明文件和隐蔽工程验收记录。

检查数量：每个检验批抽查5%，并不少于3处。

19. 外墙或毗邻不采暖空间墙体上的门窗洞口四周的侧面，墙体上凸窗四周的侧面，应按设计要求采取节能保温措施。

检验方法：对照设计观察检查，必要时抽样剖开检查；核查隐蔽工程验收记录。

检查数量：每个检验批抽查5%，并不少于5个洞口。

20. 严寒和寒冷地区外墙热桥部位，应按设计要求采取节能保温等隔断热桥措施。

检验方法：对照设计和施工方案观察检查；核查隐蔽工程验收记录。

检查数量：按不同热桥种类，每种抽查20%，并不少于5处。

21. 进场节能保温材料与构件的外观和包装应完整无破损，符合设计要求和产品标准的规定。

检验方法：观察检查。

检查数量：全数检查。

22. 当采用加强网作为防止开裂的措施时，加强网的铺贴和搭接应符合设计和施工方案的要求。砂浆抹压应密实，不得空鼓，加强网不得皱褶、外露。

检验方法：观察检查；核查隐蔽工程验收记录。

检查数量：每个检验批抽查不少于5处，每处不少于$2m^2$。

23. 设置空调的房间，其外墙热桥部位应按设计要求采取隔断热桥措施。

检验方法：对照设计和施工方案观察检查；核查隐蔽工程验收记录。

检查数量：按不同热桥种类，每种抽查10%，并不少于5处。

24. 施工产生的墙体缺陷，如穿墙套管、脚手眼、孔洞等，应按照施工方案采取隔断热桥措施，不得影响墙体热工性能。

检验方法：对照施工方案观察检查。

检查数量：全数检查。

25. 墙体保温板材接缝方法应符合施工方案要求。保温板接缝应平整严密。

检验方法：观察检查。

检查数量：每个检验批抽查10%，并不少于5处。

26. 墙体采用保温浆料时，保温浆料层宜连续施工；保温浆料厚度应均匀、接茬应平顺密实。

检验方法：观察、尺量检查。

检查数量：每个检验批抽查 10%，并不少于 10 处。

27. 墙体上容易碰撞的阳角、门窗洞口及不同材料基体的交接处等特殊部位，其保温层应采取防止开裂和破损的加强措施。

检验方法：观察检查；核查隐蔽工程验收记录。

检查数量：按不同部位，每类抽查 10%，并不少于 5 处。

28. 采用现场喷涂或模板浇注的有机类保温材料做外保温时，有机类保温材料应达到陈化时间后方可进行下道工序施工。

检查方法：对照施工方案和产品说明书进行检查。

检查数量：全数检查。

第十七课　幕墙节能工程

1. 本课内容适用于透明和非透明的各类建筑幕墙的节能工程质量验收。

2. 附着于主体结构上的隔汽层、保温层应在主体结构工程质量验收合格后施工。施工过程中应及时进行质量检查、隐蔽工程验收和检验批验收，施工完成后应进行幕墙节能分项工程验收。

3. 当幕墙节能工程采用隔热型材时，隔热型材生产厂家应提供型材所使用的隔热材料的力学性能和热变形性能试验报告。

4. 幕墙节能工程施工中应对下列部位或项目进行隐蔽工程验收，并应有详细的文字记录和必要的图像资料：

（1）被封闭的保温材料厚度和保温材料的固定。

（2）幕墙周边与墙体的接缝处保温材料的填充。

（3）构造缝、结构缝。

（4）隔汽层。

（5）热桥部位、断热节点。

（6）单元式幕墙板块间的接缝构造。

（7）冷凝水收集和排放构造。

（8）幕墙的通风换气装置。

5. 幕墙节能工程使用的保温材料在安装过程中应采取防潮、防水等保护措施。

6. 幕墙节能工程检验批划分，可按照《建筑装饰装修工程质量验收规范》（GB 50210—2001）的规定执行。

7. 用于幕墙节能工程的材料、构件等，其品种、规格应符合设计要求和相关标准的规定。

检验方法：观察、尺量检查；核查质量证明文件。

检查数量：按进场批次，每批随机抽取 3 个试样进行检查；质量证明文件应按照其出厂检验批进行核查。

8. 幕墙节能工程使用的保温隔热材料，其导热系数、密度、燃烧性能应符合设计要求。幕墙玻璃的传热系数、遮阳系数、可见光透射比、中空玻璃露点应符合设计要求。

检验方法：核查质量证明文件和复验报告。

检查数量：全数核查。

9. 幕墙节能工程使用的材料、构件等进场时，应对其下列性能进行复验，复验应为见证取样送检：

（1）保温材料：导热系数、密度。

（2）幕墙玻璃：可见光透射比、传热系数、遮阳系数、中空玻璃露点。

（3）隔热型材：抗拉强度、抗剪强度。

检验方法：进场时抽样复验，验收时核查复验报告。

检查数量：同一厂家的同一种产品抽查不少于一组。

10. 幕墙的气密性能应符合设计规定的等级要求。当幕墙面积大于 $3000m^2$ 或建筑外墙面积超过 50% 时，应现场抽取材料和配件，在检测试验室安装制作试件进行气密性能检测，检测结果应符合设计规定的等级要求。

密封条应镶嵌牢固、位置正确、对接严密。单元幕墙板块之间的密封应符合设计要求。开启部分关闭应严密。

检验方法：观察及启闭检查；核查隐蔽工程验收记录、幕墙气密性能检测报告、见证记录。

气密性能检测试件应包括幕墙的典型单元、典型拼缝、典型可开启部分。试件应按照幕墙工程施工图进行设计。试件设计应经建筑设计单位项目负责人、监理工程师同意并确认。气密性能的检测应按照国家现行有关标准的规定执行。

检查数量：核查全部质量证明文件和性能检测报告。现场观察及启闭检查按检验批抽查 30% ，并不少于 5 件（处）。气密性能检测应对一个单位工程中面积超过 $1000m^2$ 的每一种幕墙均抽取一个试件进行检测。

11. 幕墙节能工程使用的保温材料，其厚度应符合设计要求，安装牢固，且不得松脱。

检验方法：对保温板或保温层采取针插法或剖开法，尺量厚度；手扳检查。

检查数量：按检验批抽查 10% ，并不少于 5 处。

12. 遮阳设施的安装位置应满足设计要求。遮阳设施的安装应牢固。

检验方法：观察，尺量，手扳检查。

检查数量：检查全数的 10% ，并不少于 5 处；牢固程度全数检查。

13. 幕墙工程热桥部位的隔断热桥措施应符合设计要求，断热节点的连接应牢固。

检验方法：对照幕墙节能设计文件，观察检查。

检查数量：按检验批抽查 10% ，并不少 5 处。

14. 幕墙隔汽层应完整、严密、位置正确，穿透隔汽层处的节点构造应采取密封措施。

检验方法：观察检查。

检查数量：按检验批抽查 10% ，并不少于 5 处。

15. 镀（贴）膜玻璃的安装方向、位置应正确。中空玻璃应采用双道密封。中空玻璃的均压管应密封处理。

检验方法：观察；检查施工记录。

检查数量：每个检验批抽查 10% ，并不少于 5 件（处）。

16. 单元式幕墙板块组装应符合下列要求：

（1）密封条：规格正确，长度无负偏差，接缝的搭接符合设计要求。

（2）保温材料：固定牢固，厚度符合设计要求。

（3）隔汽层：密封完整、严密。

（4）冷凝水排水系统通畅，无渗漏。

检验方法：观察检查；手扳检查；尺量；通水试验。

检查数量：每个检验批抽查10%，并不少于5件（处）。

17. 幕墙与周边墙体间的接缝处应采用弹性闭孔材料填充饱满，并应采用耐候密封胶密封。

检查方法：观察检查。

检查数量：每个检验批抽查10%，并不少于5件（处）。

18. 伸缩缝、沉降缝、抗震缝的保温或密封做法应符合设计要求。

检验方法：对照设计文件观察检查。

检查数量：每个检验批抽查10%，并不少于10件（处）。

19. 活动遮阳设施的调节机构应灵活，并应能调节到位。

检验方法：现场调节试验，观察检查。

检查数量：每个检验批抽查10%，并不少于10件（处）。

第十八课　门窗节能工程

1. 本课内容适用于建筑外门窗节能工程的质量验收，包括金属门窗、塑料门窗、木质门窗、各种复合门窗、特种门窗、天窗及门窗玻璃安装等节能工程。

2. 建筑门窗进场后，应对其外观、品种、规格及附件等进行检查验收，对质量证明文件进行核查。

3. 建筑外门窗工程施工中，应对门窗框与墙体接缝处的保温填充做法进行隐蔽工程验收，并应有隐蔽工程验收记录和必要的图像资料。

4. 建筑外门窗工程的检验批应按下列规定划分：

（1）同一厂家的同一品种、类型、规格的门窗及门窗玻璃每100樘划分为一个检验批，不足100樘也为一个检验批。

（2）同一厂家的同一品种、类型和规格的特种门每50樘划分为一个检验批，不足50樘也为一个检验批。

（3）对于异形或有特殊要求的门窗，检验批的划分应根据其特点和数量，由监理（建设）单位和施工单位协商确定。

5. 建筑外门窗工程的检查数量应符合下列规定：

（1）建筑门窗每个检验批应抽查5%，并不少于3樘，不足3樘时应全数检查；高层建筑的外窗，每个检验批应抽查10%，并不少于6樘，不足6樘时应全数检查。

（2）特种门每个检验批应抽查50%，并不少于10樘，不足10樘时应全数检查。

6. 建筑外门窗的品种、规格应符合设计要求和相关标准的规定。

检验方法：观察、尺量检查；核查质量证明文件。

检查数量：按规范执行；质量证明文件应按照其出厂检验批进行核查。

7. 建筑外窗的气密性、保温性能、中空玻璃露点、玻璃遮阳系数和可见光透射比应符合设计要求。

检验方法：核查质量证明文件和复验报告。

检查数量：全数核查。

8. 建筑外窗进入施工现场时，应按地区类别对其下列性能进行复验，复验应为见证取样送检：

（1）严寒、寒冷地区：气密性、传热系数和中空玻璃露点。

（2）夏热冬冷地区：气密性、传热系数、玻璃遮阳系数、可见光透射比、中空玻璃露点。

（3）夏热冬暖地区：气密性、玻璃遮阳系数、可见光透射比、中空玻璃露点。

检验方法：随机抽样送检；核查复验报告。

检查数量：同一厂家同一品种、类型的产品各抽查不少于3樘（件）。

9. 建筑门窗采用的玻璃品种应符合设计要求。中空玻璃应采用双道密封。

检验方法：观察检查；核查质量证明文件。

10. 金属外门窗隔断热桥措施应符合设计要求和产品标准的规定，金属副框的隔断热桥措施应与门窗框的隔断热桥措施相当。

检验方法：随机抽样，对照产品设计图纸，剖开或拆开检查。

检查数量：同一厂家同一品种、类型的产品各抽查不少于1樘。金属副框的隔断热桥措施按检验批抽查30%。

11. 严寒、寒冷、夏热冬冷地区的建筑外窗，应对其气密性做现场实体检验，检测结果应满足设计要求。

检验方法：随机抽样现场检验。

检查数量：同一厂家同一品种、类型的产品各抽查不少于3樘。

12. 外门窗框或副框与洞口之间的间隙应采用弹性闭孔材料填充饱满，并使用密封胶密封；外门窗框与副框之间的缝隙应使用密封胶密封。

检验方法：观察检查；核查隐蔽工程验收记录。

检查数量：全数检查。

13. 严寒、寒冷地区的外门安装，应按照设计要求采取保温、密封等节能措施。

检验方法：观察检查。

检查数量：全数检查。

14. 外窗遮阳设施的性能、尺寸应符合设计和产品标准要求；遮阳设施的安装应位置正确、牢固，满足安全和使用功能的要求。

检验方法：核查质量证明文件；观察、尺量、手扳检查。

15. 特种门的性能应符合设计和产品标准要求；特种门安装中的节能措施，应符合设计要求。

检验方法：核查质量证明文件；观察、尺量检查。

检查数量：全数检查。

16. 天窗安装的位置、坡度应正确，封闭严密，嵌缝处不得渗漏。

检验方法：观察、尺量检查；淋水检查。

17. 门窗扇密封条和玻璃镶嵌的密封条，其物理性能应符合相关标准的规定。密封条安装位置应正确，镶嵌牢固，不得脱槽，接头处不得开裂。关闭门窗时密封条应接触严密。

检验方法：观察检查。

检查数量：全数检查。

18. 门窗镀（贴）膜玻璃的安装方向应正确，中空玻璃的均压管应密封处理。

检验方法：观察检查。

检查数量：全数检查。

19. 外门窗遮阳设施调节应灵活，能调节到位。

检验方法：现场调节试验检查。

检查数量：全数检查。

第十九课　建筑节能工程现场检验及分部工程质量验收

一、围护结构现场实体检验

1. 建筑围护结构施工完成后，应对围护结构的外墙节能构造和严寒、寒冷、夏热冬冷地区的外窗气密性进行现场实体检测。当条件具备时，也可直接对围护结构的传热系数进行检测。

2. 外墙节能构造的现场实体检验方法按规范规定。其检验目的是：

（1）验证墙体保温材料的种类是否符合设计要求。

（2）验证保温层厚度是否符合设计要求。

（3）检查保温层构造做法是否符合设计和施工方案要求。

3. 严寒、寒冷、夏热冬冷地区的外窗现场实体检测应按照国家现行有关标准的规定执行。其检验目的是验证建筑外窗气密性是否符合节能设计要求和国家有关标准的规定。

4. 外墙节能构造和外窗气密性的现场实体检验，其抽样数量可以在合同中约定，但合同中约定的抽样数量不应低于规范的要求。当无合同约定时应按照下列规定抽样：

（1）每个单位工程的外墙至少抽查 3 处，每处一个检查点；当一个单位工程外墙有 2 种以上节能保温做法时，每种节能做法的外墙应抽查不少于 3 处。

（2）每个单位工程的外墙至少抽查 3 樘。当一个单位工程外窗有 2 种以上品种、类型和开启方式时，每种品种、类型和开启方式的外窗应抽查不少于 3 樘。

5. 外墙节能构造的现场实体检验应在监理（建设）人员见证下实施，可委托有资质的检测机构实施，也可由施工单位实施。

6. 外窗气密性的现场实体检测应在监理（建设）人员见证下抽样，委托有资质的检测机构实施。

7. 当对围护结构的传热系数进行检测时，应由建设单位委托具备检测资质的检测机构承担；其检测方法、抽样数量、检测部位和合格判定标准等可在合同中约定。

8. 当外墙节能构造或外窗气密性现场实体检验出现不符合设计要求和标准规定的情况

时，应委托有资质的检测机构扩大一倍数量抽样，对不符合要求的项目或参数再次检验。仍然不符合要求时应给出"不符合设计要求"的结论。

对于不符合设计要求的围护结构节能构造应查找原因，对因此造成的对建筑节能的影响程度进行计算或评估，采取技术措施予以弥补或消除后重新进行检测，合格后方可通过验收。

对于建筑外窗气密性不符合设计要求和国家现行标准规定的，应查找原因进行修理，使其达到要求后重新进行检测，合格后方可通过验收。

二、系统节能性能检测

1. 采暖、通风与空调、配电与照明工程安装完成后，应进行系统节能性能的检测，且应由建设单位委托具有相应检测资质的检测机构检测并出具报告。受季节影响未进行的节能性能检测项目，应在保修期内补做。

2. 采暖、通风与空调、配电与照明系统节能性能检测的主要项目及要求见表3-20，其检测方法应按国家现行有关标准规定执行。

表 3-20　系统节能性能检测主要项目及要求

序号	检测项目	抽样数量	允许偏差或规定值
1	室内温度	居住建筑每户抽测或起居室1间，其他建筑按房间总数抽测10%	冬季不得低于设计计算温度2℃，且不应高于1℃；夏季不得高于设计计量温度2℃，且不应低于1℃
2	供热系统室外管网的水力平衡度	每个热源与换热站均不少于1个独立的供热系统	0.9~1.2
3	供热系统的补水率	每个热源与换热站均不少于1个独立的供热系统	0.5%~1%
4	室外管网的热输送效率	每个热源与换热站均不少于1个独立的供热系统	≥0.92
5	各风口的风量	按风管系统数量抽查10%，且不得少于1个系统	≤15%
6	通风空调系统的总风量	按风管系统数量抽查10%，且不得少于1个系统	≤10%
7	空调机组的水流量	按系统数量抽查10%，且不少于1个系统	≤20%
8	空调系统冷热冷却水中流量	全数	≤10%
9	平均照度与照明功率密度	按同一功能区不少于2处	≤10%

3. 系统节能性能检测的项目和抽样数量也可以在工程合同中约定，必要时可增加其他检测项目，但合同中约定的检测项目和抽样数量不应低于规范的规定。

三、建筑节能分部工程质量验收

1. 建筑节能分部工程的质量验收，应在检验批、分项工程全部验收合格的基础上，进行外墙节能构造实体检验，严寒、寒冷和夏热冬冷地区的外窗气密性现场检测，以及系统节能性能检测和系统联合试运转与调试，确认建筑节能工程质量达到验收条件后方可进行。

2. 建筑节能工程验收的程序和组织应遵守《建筑工程施工质量验收统一标准》（GB 50300—2013）的要求，并应符合下列规定：

（1）节能工程的检验批验收和隐蔽工程验收应由监理工程师主持，施工单位相关专业的质量检查员与施工员参加。

（2）节能分项工程验收应由监理工程师主持，施工单位项目技术负责人和相关专业的质量检查员、施工员参加；必要时可邀请设计单位相关专业的人员参加。

（3）节能分部工程验收应由总监理工程师（建设单位项目负责人）主持，施工单位项目经理、项目技术负责人和相关专业的质量检查员、施工员参加；施工单位的质量或技术负责人应参加；设计单位节能设计人员应参加。

3. 建筑节能工程的检验批质量验收合格，应符合下列规定：

（1）检验批应按主控项目和一般项目验收。

（2）主控项目应全部合格。

（3）一般项目应合格；当采用计数检验时，至少应有90%以上的检查点合格，且其余检查点不得有严重缺陷。

（4）应具有完整的施工操作依据和质量验收记录。

4. 建筑节能分项工程质量验收合格，应符合下列规定：

（1）分项工程应全部合格。

（2）质量控制资料应完整。

（3）外墙节能构造现场实体检验结果应符合设计要求。

（4）严寒、寒冷和夏热冬冷地区的外窗气密性现场实体检测结果应合格。

（5）建筑设备工程系统节能性能检测结果应合格。

5. 建筑节能工程验收时应对下列资料核查，并纳入竣工技术档案：

（1）设计文件、图纸会审记录、设计变更和洽商。

（2）主要材料、设备和构件的质量证明文件、进场检验记录、进场核查记录、进场复验报告、见证试验报告。

（3）隐蔽工程验收记录和相关图像资料。

（4）分项工程质量验收记录；必要时应核查检验批验收记录。

（5）建筑围护结构节能构造现场实体检验记录。

（6）严寒、寒冷和夏热冬冷地区外窗气密性现场检测报告。

（7）风管及系统严密性检验记录。

（8）现场组装的组合式空调机组的漏风量测试记录。

（9）设备单机试运转及调试记录。

（10）系统联合试运转及调试记录。

（11）系统节能性能检验报告。

（12）其他对工程质量有影响的重要技术资料。

第四部分　质量管理理论知识

第一课　项目质量控制的目标、任务与责任

一、工程项目质量管理的基本概念

1. 建设工程项目质量是指通过项目实施形成的工程实体的质量，是反映建筑工程满足相关标准规定或合同约定的要求，包括其在安全、使用功能及其在耐久性能、环境保护等方面所有明显和隐含能力的特性总和。其质量特性主要体现在适用性、安全性、耐久性、可靠性、经济性及与环境的协调性六个方面。

2. 工程项目质量管理是指在工程项目实施过程中，指挥和控制项目参与各方关于质量的相互协调的活动，是围绕着使工程项目满足质量要求，而开展的策划、组织、计划、实施、检查、监督和审核等所有管理活动的总和。它是工程项目的建设、勘察、设计、施工、监理等单位的共同职责，项目参与各方的项目经理必须调动与项目质量有关的所有人员的积极性，共同做好本职工作，才能完成项目质量管理的任务。

3. 工程项目的质量要求是由业主方提出的，即项目的质量目标，是业主的建设意图通过项目策划，包括项目的定义及建设规模、系统构成、使用功能和价值、规格、档次、标准等的定位策划和目标决策来确定的。

工程项目质量控制，就是在项目实施整个过程中，包括项目的勘察设计、招标采购、施工安装、竣工验收等各个阶段，项目参与各方致力于实现业主要求的项目质量总目标的一系列活动。

工程项目质量控制包括项目的建设、勘察、设计、施工、监理各方的质量控制活动。

二、项目质量控制的目标与任务

1. 建设工程项目质量控制的目标，就是实现由项目决策所决定的项目质量目标，使项目的适用性、安全性、耐久性、可靠性、经济性及与环境的协调性等方面满足建设单位需要并符合国家法律、行政法规和技术标准、规范的要求。项目的质量涵盖设计质量、材料质量、设备质量、施工质量和影响项目运行或运营的环境质量等，各项质量均应符合相关的技术规范和标准的规定，满足业主方的质量要求。

2. 工程项目质量控制的任务就是对项目的建设、勘察、设计、施工、监理单位的工程质量行为，以及涉及项目工程实体质量的设计质量、材料质量、设备质量、施工安装质量

进行控制。

3. 项目的质量目标最终由项目工程实体的质量来体现，而项目工程实体的质量最终是通过施工作业过程直接形成的，设计质量、材料质量、设备质量往往也要在施工过程中进行检验，因此，施工质量控制是项目质量控制的重点。

三、建筑单位的质量责任和义务

《中华人民共和国建筑法》和《建设工程质量管理条例》（国务院令第 279 号）规定，建设工程项目的建设单位、勘察单位、设计单位、施工单位、工程监理单位都要依法对建设工程质量负责。

1. 建设单位应当将工程发包给具有相应资质等级的单位，并不得将建设工程肢解发包。

2. 建设单位应当依法对工程建设项目的勘察、设计、施工、监理以及与工程建设有关的重要设备、材料等的采购进行招标。

3. 建设单位必须向有关的勘察、设计、施工、工程监理等单位提供与建设工程有关的原始资料。原始资料必须真实、准确、齐全。

4. 建设工程发包单位不得迫使承包方以低于成本的价格竞标，不得任意压缩合理工期；不得明示或者暗示设计单位或者施工单位违反工程建设强制性标准，降低建设工程质量。

5. 建设单位应当将施工图设计文件报县级以上人民政府建设行政主管部门或者其他有关部门审查。施工图设计文件未经审查批准的，不得使用。

6. 实行监理的建设工程，建设单位应当委托具有相应资质等级的工程监理单位进行监理。

7. 建设单位在领取施工许可证或者开工报告前，应当按照国家有关规定办理工程质量监督手续。

8. 按照合同约定，由建设单位采购建筑材料、建筑构配件和设备的，建设单位应当保证建筑材料、建筑构配件和设备符合设计文件和合同要求。建设单位不得明示或者暗示施工单位使用不合格的建筑材料、建筑构配件和设备。

9. 涉及建筑主体和承重结构变动的装修工程，建设单位应当在施工前委托原设计单位或者具有相应资质等级的设计单位提出设计方案；没有设计方案的，不得施工。房屋建筑使用者在装修过程中，不得擅自变动房屋建筑主体和承重结构。

10. 建设单位收到建设工程竣工报告后，应当组织设计、施工、工程监理等有关单位进行竣工验收。建设工程经验收合格的，方可交付使用。

11. 建设单位应当严格按照国家有关档案管理的规定，及时收集、整理建设项目各环节的文件资料，建立、健全建设项目档案，并在建设工程竣工验收后，及时向建设行政主管部门或者其他有关部门移交建设项目档案。

四、勘察、设计单位的质量责任和义务

1. 从事建设工程勘察、设计的单位应当依法取得相应等级的资质证书，在其资质等级许可的范围内承揽工程，并不得转包或者违法分包所承揽的工程。

2. 勘察、设计单位必须按照工程建设强制性标准进行勘察、设计，并对其勘察、设计的质量负责。注册建筑师、注册结构工程师等注册执业人员应当在设计文件上签字，对设

计文件负责。

3. 勘察单位提供的地质、测量、水文等勘察成果必须真实、准确。

4. 设计单位应当根据勘察成果文件进行建设工程设计。设计文件应当符合国家规定的设计深度要求，注明工程合理使用年限。

5. 设计单位在设计文件中选用的建筑材料、建筑构配件和设备，应当注明规格、型号、性能等技术指标，其质量要求必须符合国家规定的标准。除有特殊要求的建筑材料、专用设备、工艺生产线等外，设计单位不得指定生产厂、供应商。

6. 设计单位应当就审查合格的施工图设计文件向施工单位做出详细说明。

7. 设计单位应当参与建设工程质量事故分析，并对因设计造成的质量事故，提出相应的技术处理方案。

五、施工单位的质量责任和义务

1. 施工单位应当依法取得相应等级的资质证书，在其资质等级许可的范围内承揽工程，并不得转包或者违法分包工程。

2. 施工单位对建设工程的施工质量负责。施工单位应当建立质量责任制，确定工程项目的项目经理、技术负责人和施工管理负责人。建设工程实行总承包的，总承包单位应当对全部建设工程质量负责；建设工程勘察、设计、施工、设备采购的一项或者多项实行总承包的，总承包单位应当对其承包的建设工程或者采购的设备的质量负责。

3. 总承包单位依法将建设工程分包给其他单位的，分包单位应当按照分包合同的约定对其分包工程的质量向总承包单位负责，总承包单位与分包单位对分包工程的质量承担连带责任。

4. 施工单位必须按照工程设计图纸和施工技术标准施工，不得擅自修改工程设计，不得偷工减料。施工单位在施工过程中发现设计文件和图纸有差错的，应当及时提出意见和建议。

5. 施工单位必须按照工程设计要求、施工技术标准和合同约定，对建筑材料、建筑构配件、设备和商品混凝土进行检验，检验应当有书面记录和专人签字；未经检验或者检验不合格的，不得使用。

6. 施工单位必须建立、健全施工质量的检验制度，严格工序管理，作好隐蔽工程的质量检查和记录。隐蔽工程在隐蔽前，施工单位应当通知建设单位和建设工程质量监督机构。

7. 施工人员对涉及结构安全的试块、试件以及有关材料，应当在建设单位或者工程监理单位监督下现场取样，并送具有相应资质等级的质量检测单位进行检测。

8. 施工单位对施工中出现质量问题的建设工程或者竣工验收不合格的建设工程，应当负责返修。

9. 施工单位应当建立、健全教育培训制度，加强对职工的教育培训，未经教育培训或者考核不合格的人员，不得上岗作业。

六、工程监理单位的质量责任和义务

1. 工程监理单位应当依法取得相应等级的资质证书，在其资质等级许可的范围内承担工程监理业务，并不得转让工程监理业务。

2. 工程监理单位与被监理工程的施工承包单位以及建筑材料、建筑构配件和设备供应单位有隶属关系或者其他利害关系的，不得承担该项建设工程的监理业务。

3. 工程监理单位应当依照法律、法规以及有关技术标准、设计文件和建设工程承包合同，代表建设单位对施工质量实施监理，并对施工质量承担监理责任。

4. 工程监理单位应当选派具备相应资格的总监理工程师和监理工程师进驻施工现场。未经监理工程师签字，建筑材料、建筑构配件和设备不得在工程上使用或者安装，施工单位不得进行下一道工序的施工，未经总监理工程师签字，建设单位不拨付工程款，不进行竣工验收。

5. 监理工程师应当按照工程监理规范的要求，采取旁站、巡视和平行检验等形式，对建设工程实施监理。

第二课 建设工程项目质量影响因素

建设工程项目质量的影响因素，主要是指在项目质量目标策划、决策和实现过程中影响质量形成的各种客观因素和主观因素，包括人的因素、机械因素、材料因素、方法因素和环境因素（简称人、机、料、法、环）等。

1. 人的因素

在工程项目质量管理中，人的因素起决定性的作用。项目质量控制应以控制人的因素为基本出发点。影响项目质量的人的因素，包括两个方面：一是指直接履行项目质量职能的决策者、管理者和作业者个人的质量意识及质量活动能力；二是指承担项目策划、决策或实施的建设单位、勘察设计单位、咨询服务机构、工程承包企业等实体组织的质量管理体系及其管理能力。前者是个体的人，后者是群体的人。我国实行建筑业企业经营资质管理制度、市场准入制度、执业资格注册制度、作业及管理人员持证上岗制度等，从本质上说，都是对从事建设工程活动的人的素质和能力进行必要的控制。人，作为控制对象，人的工作应避免失误；作为控制动力，应充分调动人的积极性，发挥人的主导作用。因此，必须有效控制项目参与各方的人员素质，不断提高人的质量活动能力，才能保证项目质量。

2. 机械的影响因素

机械设备对建筑工程重要影响主要体现在施工的进度以及施工的质量，在建筑工程项目的施工阶段，以施工现场条件的综合考虑为基础，施工机械类型与性能参数的合理选取应该全面地考虑到建设技术、施工工艺与方法、建筑结构型式以及机械设备功能等因素，从而促进施工机械的合理装配。

3. 材料的因素

材料包括工程材料和施工用料，又包括原材料、半成品、成品、构配件和周转材料。各类材料是工程施工的基本物质条件，材料质量是工程质量的基础，材料质量不符合要求，工程质量就不可能达到标准。所以加强对材料的质量控制，是保证工程质量的基础。

4. 方法的因素

方法的因素也可以称为技术因素，包括勘察、设计、施工所采用的技术和方法，以及工程检测、试验的技术和方法等。从某种程度上说，技术方案和工艺水平的高低，决定了项目质量的优劣。依据科学的理论，采用先进合理的技术方案和措施，按照规范进设计、施工，必将对保证项目的结构安全和满足使用功能，对组成质量因素的产品精度、强度、平整度、清洁度、耐久性等物理、化学特性等方面起到良好的推进作用。比如建设主管部门近年在建筑业中推广应用的 10 项新的应用技术，包括地基基础和地下空间工程技术、高性能混凝土技术、高效钢筋和预应力技术、新型模板及脚手架应用技术、钢结构技术、建筑防水技术等，对消除质量通病、保证建设工程质量起到了积极作用，收到了明显的效果。

5. 环境的因素

影响项目质量的环境因素，又包括项目的自然环境因素、社会环境因素、管理环境因素和作业环境因素。

（1）自然环境因素。主要指工程地质、水文、气象条件和地下障碍物以及其他不可抗力等影响项目质量的因素。例如，复杂的地质条件必然对地基处理和房屋基础设计提出更高的要求，处理不当就会对结构安全造成不利影响；在地下水位高的地区，若在雨期进行基坑开挖，遇到连续降雨或排水困难，就会引起基坑塌方或地基受水浸泡影响承载力等；在寒冷地区冬期施工措施不当，工程会因受到冻融而影响质量；在基层未干燥或大风天进行卷材屋面防水层的施工，就会导致粘贴不牢及空鼓等质量问题等。

（2）社会环境因素。主要是指会对项目质量造成影响的各种社会环境因素，包括国家建设法律法规的健全程度及其执法力度；建设工程项目法人决策的理性化程度以及建筑业经营者的经营管理理念；建筑市场包括建设工程交易市场和建筑生产要素市场的发育程度及交易行为的规范程度；政府的工程质量监督及行业管理成熟程度；建设咨询服务业的发展程度及其服务水准的高低；廉政管理及行风建设的状况等。

（3）管理环境因素。主要是指项目参建单位的质量管理体系、质量管理制度和各参建单位之间的协调等因素。比如，参建单位的质量管理体系是否健全，运行是否有效，决定了该单位的质量管理能力；在项目施工中根据承发包的合同结构，理顺管理关系，建立统一的现场施工组织系统和质量管理的综合运行机制，确保工程项目质量保证体系处于良好的状态，创造良好的质量管理环境和氛围，则是施工顺利进行，提高施工质量的保证。

（4）作业环境因素。主要指项目实施现场平面和空间环境条件，各种能源介质供应，施工照明、通风、安全防护设施，施工场地给排水，以及交通运输和道路条件等因素。这些条件是否良好，都直接影响到施工能否顺利进行，以及施工质量能否得到保证。

上述因素对项目质量的影响，具有复杂多变和不确定性的特点。对这些因素进行控制，是项目质量控制的主要内容。

第三课　项目质量风险分析和控制

一、项目实施过程中常见的质量风险

1. 自然风险

自然风险包括客观自然条件对项目质量的不利影响和突发自然灾害对项目质量造成的损害。软弱、不均匀的岩土地基，恶劣的水文、气象条件，是长期存在的可能损害项目质量的隐患；地震、暴风、雷电、暴雨以及由此派生的洪水、滑坡、泥石流等突然发生的自然灾害都可能对项目质量造成严重破坏。

2. 技术风险

技术风险包括现有技术水平的局限和项目实施人员对工程技术的掌握、应用不当对项目质量造成的不利影响。人类对自然规律的认识有一定的局限性，现有的科学技术水平不一定能够完全解决和正确处理工程实践中的所有问题；项目实施人员自身技术水平的局限，在项目决策和设计、施工、监理过程中，可能发生技术上的错误：这两方面的问题都可能对项目质量造成不利影响，特别是在不够成熟的新结构、新技术、新工艺、新材料的应用上可能存在的风险更大。

3. 管理风险

工程项目的建设、设计、施工、监理等工程质量责任单位的质量管理体系存在缺陷，组织结构不合理，工作流程组织不科学，任务分工和职能划分不恰当，管理制度不健全，或者各级管理者的管理能力不足和责任心不强，这些因素都可能对项目质量造成损害。

4. 环境风险

环境风险包括项目实施的社会环境和项目实施现场的工作环境可能对项目质量造成的不利影响。社会上的种种腐败现象和违法行为，都会给项目质量带来严重的隐患；项目现场的空气污染、水污染、光污染和噪声、固体废弃物等都可能对项目实施人员的工作质量和项目实体质量造成不利影响。

从风险损失责任承担的角度，项目质量风险可以分为：

（1）业主方的风险。项目决策的失误，设计、施工、监理单位选择错误，向设计、施工单位提供的基础资料不准确，项目实施过程中对项目参与各方的关系协调不当，对项目的竣工验收有疏忽等，由此对项目质量造成的不利影响都是业主方的风险。

（2）勘察设计方的风险。水文地质勘察的疏漏，设计的错误，造成项目的结构安全和主要使用功能方面不满足要求，是勘察设计方的风险。

（3）施工方的风险。在项目实施过程中，由于施工方管理松懈、混乱，施工技术错误，或者材料、机械使用不当，导致发生安全、质量事故，是施工方的风险。

（4）监理方的风险。在项目实施过程中，由于监理方没有依法履行在工程质量和安全方面的监理责任，因而留下质量隐患，或发生安全、质量事故，是监理方的风险。

二、质量风险识别的方法

项目质量风险具有广泛性，影响质量的各方面因素都可能存在风险，项目实施的各个阶段都有不同的风险。进行风险识别应在广泛收集质量风险相关信息的基础上，集合从事项目实施的各方面工作和具有各方面知识的人员参加。风险识别可按风险责任单位和项目实施阶段分别进行，如设计单位在设计阶段或施工阶段的质量风险识别、施工单位在施工阶段或保修阶段的质量风险识别等。识别可分三步进行：

（1）采用层次分析法画出质量风险结构层次图。可以按风险的种类列出各类风险因素可能造成的质量风险；也可以按项目结构图列出各个子项目可能存在的质量风险；还可以按工程流程图列出各个实施步骤（或工序）可能存在的质量风险。不要轻易否定或排除某些风险，对于不能排除但又不能确认存在的风险，宁可信其有不可信其无。

（2）分析每种风险的促发因素。分析的方法可以采用头脑风暴法、专家调查（访谈）法、经验判断法和因果分析图等。

（3）将风险识别的结果汇总成为质量风险识别报告。报告没有固定格式，通常可以采用列表的形式，内容包括：风险编号、风险的种类、促发风险的因素、可能发生的风险事故的简单描述以及风险承担的责任方等。

三、质量风险评估

质量风险评估包括两个方面：一是评估各种质量风险发生的概率；二是各种质量风险可能造成的损失量。

1. 风险评估的方法

质量风险评估应采取定性与定量相结合的方法进行。通常可以采用经验判断法或德尔菲法，对各个风险事件发生的概率和事件后果对项目的结构安全和主要使用功能影响的严重性进行专家打分，然后进行汇总分析，以估算每一个风险事件的风险水平，进而确定其风险等级。

2. 风险评估表

将风险评估的结果汇编成风险评估表，见表4-1。

表4-1　风险评估结果汇编

编号	风险种类	风险因素	风险事件描述	发生概率	损失量	风险等级	备注

四、质量风险响应

质量风险响应就是根据风险评估的结果，针对各种质量风险制定应对策略和编制风险管理计划。

常用的质量风险对策包括风险规避、减轻、转移、自留及其组合等策略。

（1）规避。采取恰当的措施避免质量风险的发生。例如：依法进行招标投标，慎重选择有资质、有能力的项目设计、施工、监理单位，避免因这些质量责任单位选择不当而发生质量风险；正确进行项目的规划选址，避开不良地基或容易发生地质灾害的区域；不选用不成熟不可靠的设计、施工技术方案；合理安排施工工期和进度计划，避开可能发生的水灾、风灾、冻害对工程质量的损害等。以上都是规避质量风险的办法。

（2）减轻。针对无法规避的质量风险，研究制定有效的应对方案，尽量把风险发生的概率和损失量降到最低程度，从而降低风险量和风险等级。例如，在施工中有针对性地制定和落实有效的施工质量保证措施和质量事故应急预案，可以降低质量事故发生的概率和减少事故损失量。

（3）转移。依法采用正确的方法把质量风险转移给其他方承担。转移的方法有：

1）分包转移——例如，施工总承包单位依法把自己缺乏经验、没有足够把握的分项工程，通过签订分包合同，分包给有经验、有能力的单位施工；承包单位依法实行联合承包，也是分担风险的办法。

2）担保转移——例如，建设单位在工程发包时，要求承包单位提供履约担保；工程竣工结算时，扣留一定比例的质量保证金等。

3）保险转移——质量责任单位向保险公司投保适当的险种，把质量风险全部或部分转移给保险公司等。

（4）风险承担，又称风险自留。当质量风险无法避免，或者估计可能造成的质量损害不会很严重而预防的成本很高时，风险承担也常常是一种有效的风险响应策略。风险自留有两种：无计划自留和有计划自留。无计划自留是指不知风险存在或虽预知有风险而未预作处理，一旦风险事件发生，再视造成的质量缺陷情况进行处理。有计划自留指明知有一定风险，经分析由自己承担风险更为合理，预先做好处理可能造成的质量缺陷和承担损失的准备。可以采取设立风险基金的办法，在损失发生后用基金弥补；在建筑工程预算价格中通常预留一定比例的不可预见费，一旦发生风险损失，由不可预见费支付。

五、质量风险控制

项目质量风险控制是在对质量风险进行识别、评估的基础上，按照风险管理计划对各种质量风险进行监控，包括对风险的预测、预警。

项目质量风险控制需要项目的建设单位、设计单位，施工单位和监理单位共同参与。这些单位质量风险控制的主要工作内容如下：

1. 建设单位质量风险控制

（1）确定工程项目质量风险控制方针、目标和策略；根据相关法律法规和工程合同的约定，明确项目参与各方的质量风险控制职责。

（2）对项目实施过程中业主方的质量风险进行识别、评估，确定相应的应对策略，制订质量风险控制计划和工作实施办法，明确项目机构各部门质量风险控制职责，落实风险控制的具体责任。

（3）在工程项目实施期间，对建设工程项目质量风险控制实施动态管理，通过合同约束，对参建单位质量风险管理工作进行督导、检查和考核。

2. 设计单位质量风险控制

（1）设计阶段，做好方案比选工作，选择最优设计方案，有效降低工程项目实施期间和运营期间的质量风险。在设计文件中，明确高风险施工项目质量风险控制的工程措施，施工阶段必要的预控措施和注意事项，提出防范质量风险的指导性建议。

（2）将施工图审查工作纳入风险管理体系，保证其公正独立性，摆脱业主方、设计方和施工方的干扰，提高设计产品的质量。

（3）项目开工前，由建设单位组织设计、施工、监理单位进行设计交底，明确存在重大质量风险源的关键部位或工序，提出风险控制要求或工作建议，并对参建方的疑问进行解答、说明。

（4）工程实施中，及时处理新发现的不良地质条件等潜在风险因素或风险事件，必要时进行重新验算或变更设计。

六、施工单位质量风险控制

（1）制订施工阶段质量风险控制计划和工作实施细则，并严格贯彻执行。

（2）开展与工程质量相关的施工环境、社会环境风险调查，按承包合同约定办理施工质量保险。

（3）严格进行施工图审查和现场地质核对，结合设计交底及质量风险控制要求，编制高风险分部分项工程专项施工方案，并按规定进行论证审批后实施。

（4）按照现场施工特点和实际需要，对施工人员进行针对性的岗前质量风险教育培训；关键项目的质量管理人员、技术人员及特殊作业人员，必须持证上岗。

（5）加强对建筑构件、材料的质量控制，优选构件、材料的合格分供方，构件、材料进场要进行质量复验，确保不将不合格的构件、材料用到项目上。

（6）在项目施工过程中，对质量风险进行实时跟踪监控，预测风险变化趋势，对新发现的风险事件和潜在的风险因素提出预警，并及时进行风险识别评估，制定相应对策。

七、监理单位质量风险控制

（1）编制质量风险管理监理实施细则，并贯彻执行。

（2）组织并参与质量风险源调查与识别、风险分析与评估等工作。

（3）对施工单位上报的专项方案进行审核，重点审查风险控制对策中的保障措施。

（4）对施工现场各种资源配置情况、各风险要素发展变化情况进行跟踪检查，尤其是对专项方案中的质量风险防范措施落实情况进行检查确认，发现问题及时处理。

（5）对关键部位、关键工序的施工质量派专人进行旁站监理；对重要的建筑构件、材料进行平行检验。

第四课　建设工程项目施工质量控制

一、施工质量的基本要求

工程项目施工是实现项目设计意图形成工程实体的阶段，是最终形成项目质量和实现项目使用价值的阶段。项目施工质量控制是整个工程项目质量控制的关键和重点。

施工质量要达到的最基本要求是：通过施工形成的项目工程实体质量经检查验收合格。

项目施工质量验收合格应符合下列要求：

（1）符合《建筑工程施工质量验收统一标准》（GB 50300—2013）和相关专业验收规范的规定。

（2）符合工程勘察、设计文件的要求。

（3）符合施工承包合同的约定。

"合格"是对项目质量的最基本要求，国家鼓励采用先进的科学技术和管理方法，提高建设工程质量。全国和地方（部门）的建设主管部门或行业协会设立的"中国建筑工程鲁班奖（国家优质工程）""金钢奖""白玉兰奖"，以"某某杯"命名的各种优质工程奖等，都是为了鼓励项目参建单位创造更好的工程质量。

二、施工质量控制的依据

1. 共同性依据

指适用于施工质量管理有关的、通用的、具有普遍指导意义和必须遵守的基本法规。主要包括：国家和政府有关部门颁布的与工程质量管理有关的法律法规性文件，如《建筑法》《中华人民共和国招标投标法》和《建设工程质量管理条例》等。

2. 专业技术性依据

指针对不同的行业、不同质量控制对象制定的专业技术规范文件。包括规范、规程、标准、规定等，如：工程建设项目质量检验评定标准，有关建筑材料、半成品和构配件质量方面的专门技术法规性文件，有关材料验收、包装和标志等方面的技术标准和规定，施工工艺质量等方面的技术法规性文件，有关新工艺、新技术、新材料、新设备的质量规定和鉴定意见等。

3. 项目专用性依据

指本项目的工程建设合同、勘察设计文件、设计交底及图纸会审记录、设计修改和技术变更通知，以及相关会议记录和工程联系单等。

三、施工质量控制的基本环节

施工质量控制应贯彻全面、全员、全过程质量管理的思想，运用动态控制原理，进行质量的事前控制、事中控制和事后控制。

1. 事前质量控制

即在正式施工前进行的事前主动质量控制，通过编制施工质量计划，明确质量目标，制定施工方案，设置质量管理点，落实质量责任，分析可能导致质量目标偏离的各种影响因素，针对这些影响因素制定有效的预防措施，防患于未然。

事前质量预控必须充分发挥组织的技术和管理方面的整体优势，把长期形成的先进技术、管理方法和经验智慧，创造性地应用于工程项目。

事前质量预控要求针对质量控制对象的控制目标、活动条件、影响因素进行周密分析，找出薄弱环节，制定有效的控制措施和对策。

2. 事中质量控制

指在施工质量形成过程中，对影响施工质量的各种因素进行全面的动态控制。事中质量控制也称作业活动过程质量控制，包括质量活动主体的自我控制和他人监控的控制方式。自我控制是第一位的，即作业者在作业过程对自己质量活动行为的约束和技术能力的发挥，以完成符合预定质量目标的作业任务；他人监控是对作业者的质量活动过程和结果，由来自企业内部管理者和企业外部有关方面进行监督检查，如工程监理机构、政府质量监督部门等的监控。

施工质量的自控和监控是相辅相成的系统过程。自控主体的质量意识和能力是关键，是施工质量的决定因素；各监控主体所进行的施工质量监控是对自控行为的推动和约束。因此，自控主体必须正确处理自控和监控的关系，在致力于施工质量自控的同时，还必须接受来自业主、监理等方面对其质量行为和结果所进行的监督管理，包括质量检查、评价和验收。自控主体不能因为监控主体的存在和监控职能的实施而减轻或免除其质量责任。

事中质量控制的目标是确保工序质量合格，杜绝质量事故发生；控制的关键是坚持质量标准；控制的重点是工序质量、工作质量和质量控制点的控制。

3. 事后质量控制

事后质量控制也称为事后质量把关，以使不合格的工序或最终产品（包括单位工程或整个工程项目）不流入下道工序、不进入市场。事后控制包括对质量活动结果的评价、认定；对工序质量偏差的纠正；对不合格产品进行整改和处理。控制的重点是发现施工质量方面的缺陷，并通过分析提出施工质量改进的措施，保持质量处于受控状态。

以上三大环节不是互相孤立和截然分开的，它们共同构成有机的系统过程，实质上也就是质量管理 PDCA 循环的具体化，在每一次滚动循环中不断提高，达到质量管理和质量控制的持续改进。

四、施工质量计划的形式和内容

在建筑施工企业的质量管理体系中，以施工项目为对象的质量计划称为施工质量计划。

1. 施工质量计划的形式

现行的施工质量计划有三种形式：

（1）工程项目施工质量计划。

（2）工程项目施工组织设计（含施工质量计划）。

（3）施工项目管理实施规划（含施工质量计划）。

2. 施工质量计划的基本内容

（1）工程特点及施工条件（合同条件、法规条件和现场条件等）分析。

（2）质量总目标及其分解目标。

（3）质量管理组织机构和职责，人员及资源配置计划。

（4）确定施工工艺与操作方法的技术方案和施工组织方案。

（5）施工材料、设备等物资的质量管理及控制措施。

（6）施工质量检验、检测、试验工作的计划安排及其实施方法与检测标准。

（7）施工质量控制点及其跟踪控制的方式与要求。

（8）质量记录的要求等。

3. 施工质量计划的编制

建设工程项目施工任务的组织，无论业主方采用平行发包还是总分包方式，都将涉及多方参与主体的质量责任。也就是说建筑产品的直接生产过程，是在协同方式下进行的，因此，在工程项目质量控制系统中，要按照谁实施、谁负责的原则，明确施工质量控制的主体构成及其各自的控制范围。

（1）施工质量计划的编制主体

施工质量计划应由自控主体即施工承包企业进行编制。在平行发包方式下，各承包单位应分别编制施工质量计划；在总分包模式下，施工总承包单位应编制总承包工程范围的施工质量计划，各分包单位编制相应分包范围的施工质量计划，作为施工总承包方质量计划的深化和组成部分。施工总承包方有责任对各分包方施工质量计划的编制进行指导和审核，并承担相应施工质量的连带责任。

（2）施工质量计划涵盖的范围

施工质量计划涵盖的范围，按整个工程项目质量控制的要求，应与建筑安装工程施工任务的实施范围相一致，以此保证整个项目建筑安装工程的施工质量总体受控；对具体施工任务承包单位而言，施工质量计划涵盖的范围，应能满足其履行工程承包合同质量责任的要求。项目的施工质量计划，应在施工程序、控制组织、控制措施、控制方式等方面，形成一个有机的质量计划系统，确保实现项目质量总目标和各分解目标的控制能力。

4. 施工质量计划的审批

施工单位的项目施工质量计划或施工组织设计文件编成后，应按照工程施工管理程序进行审批，包括施工企业内部的审批和项目监理机构的审查。

（1）企业内部的审批

施工单位的项目施工质量计划或施工组织设计的编制与内部审批，应根据企业质量管理程序性文件规定的权限和流程进行。通常是由项目经理部主持编制，报企业组织管理层批准。

施工质量计划或施工组织设计文件的内部审批过程，是施工企业自主技术决策和管理决策的过程，也是发挥企业职能部门与施工项目管理团队的智慧和经验的过程。

（2）项目监理机构的审查

实施工程监理的施工项目，按照我国建设工程监理规范的规定，施工承包单位必须填写《施工组织设计（方案）报审表》并附施工组织设计（方案），报送项目监理机构审查。规范规定项目监理机构"在工程开工前，总监理工程师应组织专业监理工程师审查承包单位报送的施工组织设计（方案）报审表，提出意见，并经总监理工程师审核、签认后报建设单位"。

（3）审批关系的处理原则

正确执行施工质量计划的审批程序，是正确理解工程质量目标和要求，保证施工部署、技术工艺方案和组织管理措施的合理性、先进性和经济性的重要环节，也是进行施工质量事前预控的重要方法。因此，在执行审批程序时，必须正确处理施工企业内部审批和监理机构审批的关系，其基本原则如下。

1）充分发挥质量自控主体和监控主体的共同作用，在坚持项目质量标准和质量控制能力的前提下，正确处理承包人利益和项目利益的关系；施工企业内部的审批首先应从履行工程承包合同的角度，审查实现合同质量目标的合理性和可行性，以项目质量计划向发包方提供可信任的依据。

2）施工质量计划在审批过程中，对监理机构审查所提出的建议、希望、要求等意见是否采纳以及采纳的程度，应由负责质量计划编制的施工单位自主决策。在满足合同和相关法规要求的情况下，确定质量计划的调整、修改和优化，并对相应执行结果承担责任。

3）经过按规定程序审查批准的施工质量计划，在实施过程中如因条件变化需要对某些重要决定进行修改时，其修改内容仍应按照相应程序经过审批后执行。

五、施工质量控制点的设置

质量控制点应选择那些技术要求高、施工难度大、对工程质量影响大或是发生质量问题时危害大的对象进行设置。一般选择下列部位或环节作为质量控制点：

（1）对工程质量形成过程产生直接影响的关键部位、工序、环节及隐蔽工程。

（2）施工过程中的薄弱环节，或者质量不稳定的工序、部位或对象。

（3）对下道工序有较大影响的上道工序。

（4）采用新技术、新工艺、新材料的部位或环节。

（5）施工质量无把握的、施工条件困难的或技术难度大的工序或环节。

（6）用户反馈指出的和过去有过返工的不良工序。

（7）一般建筑工程质量控制点的设置见表4-2。

表4-2 一般建筑工程质量控制点的设置

分 项 工 程	质量控制点
工程测量定位	标准轴线桩、水平桩、龙门板、定位轴线、标高
地基、基础（含设备基础）	基坑（槽）尺寸、标高、土质、地基承载力，基础垫层标高，基础位置、尺寸、标高，预埋件、预留洞孔的位置、标高、规格、数量，基础杯口弹线
砌体	砌体轴线、皮数杆、砂浆配合比，预留洞孔、预埋件的位置、数量，砌块排列
模板	位置、标高、尺寸，预留洞孔位置、尺寸，预埋件的位置，模板的承载力、刚度和稳定性，模板内部清理及润湿情况
钢筋混凝土	水泥品种、强度等级，砂石质量，混凝土配合比，外加剂比例，混凝土振捣，钢筋品种、规格、尺寸、搭接长度，钢筋焊接、机械连接，预留洞孔及预埋件规格、位置、尺寸、数量，预制构件吊装或出厂（脱模）强度，吊装位置、标高，支承长度，焊缝长度
吊运	吊装设备的起重能力、吊具、索具、地锚
钢结构	翻样图、放大样
焊接	焊接条件、焊接工艺
装修	视具体情况而定

六、质量控制点的重点控制对象

（1）人的行为：某些操作或工序，应以人为重点控制对象，如高空、高温、水下、易燃易爆、重型构件吊装作业以及操作要求高的工序和技术难度大的工序等，都应从人的生理、心理、技术能力等方面进行控制。

（2）材料的质量与性能：这是直接影响工程质量的重要因素，在某些工程中应作为控制的重点。如钢结构工程中使用的高强度螺栓、某些特殊焊接使用的焊条，都应重点控制其材质与性能；又如水泥的质量是直接影响混凝土工程质量的关键因素，施工中就应对进场的水泥质量进行重点控制，必须检查核对其出厂合格证，并按要求进行强度和安定性的复验等。

（3）施工方法与关键操作：某些直接影响工程质量的关键操作应作为控制的重点，如预应力钢筋的张拉工艺操作过程及张拉力的控制，是可靠地建立预应力值和保证预应力构件质量的关键过程。同时，那些易对工程质量产生重大影响的施工方法，也应列为控制的重点，如大模板施工中模板的稳定和组装问题、液压滑模施工时支撑杆的稳定问题、升板法施工中提升量的控制问题等。

（4）施工技术参数：如混凝土外加剂的掺量、水灰比，回填土的含水量，砌体的砂浆饱满度，防水混凝土的抗渗等级，建筑物沉降与基坑边坡稳定监测数据，大体积混凝土内外温差及混凝土冬期施工受冻临界强度等技术参数都是应重点控制的质量参数与指标。

（5）技术间歇：有些工序之间必须留有必要的技术间歇时间，如砌筑与抹灰之间，应在墙体砌筑后留 6～10d 时间，让墙体充分沉陷、稳定、干燥，然后再抹灰，抹灰层干燥后，才能喷白、刷浆；混凝土浇筑与模板拆除之间，应保证混凝土有一定的硬化时间，达到规定拆模强度后方可拆除等。

（6）施工顺序：某些工序之间必须严格控制先后的施工顺序，如对冷拉的钢筋应当先焊接后冷拉，否则会失去冷强；屋架的安装固定，应采取对角同时施焊方法，否则会由于焊接应力导致校正好的屋架发生倾斜。

（7）易发生或常见的质量通病：如混凝土工程的蜂窝、麻面、空洞，墙、地面、屋面工程渗水、漏水、空鼓、起砂、裂缝等，都与工序操作有关，均应事先研究对策，提出预防措施。

（8）新技术、新材料及新工艺的应用：由于缺乏经验，施工时应将其作为重点进行控制。

（9）产品质量不稳定和不合格率较高的工序应列为重点，认真分析，严格控制。

（10）特殊地基或特种结构：对于湿陷性黄土、膨胀土、红黏土等特殊土地基的处理，以及大跨度结构、高耸结构等技术难度较大的施工环节和重要部位，均应予以特别的重视。

七、质量控制点的管理

设定了质量控制点，质量控制的目标及工作重点就更加明晰。首先，要做好施工质量控制点的事前质量预控工作，包括：明确质量控制的目标与控制参数；编制作业指导书和质量控制措施；确定质量检查检验方式及抽样的数量与方法；明确检查结果的判断标准及质量记录与信息反馈要求等。

其次，要向施工作业班组进行认真交底，使每一个控制点上的作业人员明白施工作业规程及质量检验评定标准，掌握施工操作要领；在施工过程中，相关技术管理和质量控制人员要在现场进行重点指导和检查验收。

同时，还要做好施工质量控制点的动态设置和动态跟踪管理。所谓动态设置，是指在工程开工前、设计交底和图纸会审时，可确定项目的一批质量控制点，随着工程的展开、施工条件的变化，随时或定期进行控制点的调整和更新。动态跟踪是应用动态控制原理，落实专人负责跟踪和记录控制点质量控制的状态和效果，并及时向项目管理组织的高层管理者反馈质量控制信息，保持施工质量控制点的受控状态。

对于危险性较大的分部分项工程或特殊施工过程，除按一般过程质量控制的规定执行外，还应由专业技术人员编制专项施工方案或作业指导书，经施工单位技术负责人、项目总监理工程师、建设单位项目负责人签字后执行。超过一定规模的危险性较大的分部分项工程，还要组织专家对专项方案进行论证。作业前施工员、技术员做好交底和记录，使操作人员在明确工艺标准、质量要求的基础上进行作业。为保证质量控制点的目标实现，应严格按照三级检查制度进行检查控制。在施工中发现质量控制点有异常时，应立即停止施工，召开分析会，查找原因采取对策予以解决。

施工单位应积极主动地支持、配合监理工程师的工作，应根据现场工程监理机构的要求，对施工作业质量控制点，按照不同的性质和管理要求，细分为"见证点"和"待检点"进行施工质量的监督和检查。凡属"见证点"的施工作业，如重要部位、特种作业、专门工艺等，施工方必须在该项作业开始前24h，书面通知现场监理机构到位旁站，见证施工作业过程；凡属"待检点"的施工作业，如隐蔽工程等，施工方必须在完成施工质量自检的基础上，提前通知项目监理机构进行检查验收，然后才能进行工程隐蔽或下道工序的施工。未经过项目监理机构检查验收合格，不得进行工程隐蔽或下道工序的施工。

第五课　施工生产要素的质量控制

施工生产要素是施工质量形成的物质基础，其质量的含义包括：作为劳动主体的施工人员，即直接参与施工的管理者、作业者的素质及其组织效果；作为劳动对象的建筑材料、半成品、工程用品、设备等的质量；作为劳动方法的施工工艺及技术措施的水平；作为劳动手段的施工机械、设备、工具、模具等的技术性能；以及施工环境——现场水文、地质、气象等自然环境，通风、照明、安全等作业环境以及协调配合的管理环境。

1. 施工人员的质量控制

施工人员的质量包括参与工程施工各类人员的施工技能、文化素养、生理体能、心理行为等方面的个体素质，以及经过合理组织和激励发挥个体潜能综合形成的群体素质。因此，企业应通过择优录用、加强思想教育及技能方面的教育培训，合理组织、严格考核，并辅以必要的激励机制，使企业员工的潜在能力得到充分的发挥和最好的组合，使施工人员在质量控制系统中发挥主体自控作用。

施工企业必须坚持执业资格注册制度和作业人员持证上岗制度；对所选派的施工项目领导者、组织者进行教育和培训，使其质量意识和组织管理能力能满足施工质量控制的要求；对所属施工队伍进行全员培训，加强质量意识的教育和技术训练，提高每个作业者的质量活动能力和自控能力；对分包单位进行严格的资质考核和施工人员的资格考核，其资质、资格必须符合相关法规的规定，与其分包的工程相适应。

2. 材料设备的质量控制

原材料、半成品及工程设备是工程实体的构成部分，其质量是项目工程实体质量的基础。加强原材料、半成品及工程设备的质量控制，不仅是提高工程质量的必要条件，也是实现工程项目投资目标和进度目标的前提。

对原材料、半成品及工程设备进行质量控制的主要内容为：控制材料设备的性能、标准、技术参数与设计文件的相符性；控制材料、设备各项技术性能指标、检验测试指标与标准规范要求的相符性；控制材料、设备进场验收程序的正确性及质量文件资料的完备性；控制优先采用节能低碳的新型建筑材料和设备，禁止使用国家明令禁用或淘汰的建筑材料和设备等。

施工单位应在施工过程中贯彻执行企业质量程序文件中关于材料和设备封样、采购、进场检验、抽样检测及质保资料提交等方面明确规定的一系列控制标准。

3. 工艺方案的质量控制

施工工艺的先进合理是直接影响工程质量、工程进度及工程造价的关键因素，施工工艺的合理可靠也直接影响到工程施工安全。因此在工程项目质量控制系统中，制定和采用技术先进、经济合理、安全可靠的施工技术工艺方案，是工程质量控制的重要环节。对施工工艺方案的质量控制主要包括以下内容：

（1）深入正确地分析工程特征、技术关键及环境条件等资料，明确质量目标、验收标准、控制的重点和难点。

（2）制定合理有效的有针对性的施工技术方案和组织方案，前者包括施工工艺、施工方法，后者包括施工区段划分、施工流向及劳动组织等。

（3）合理选用施工机械设备和施工临时设施，合理布置施工总平面图和各阶段施工平面图。

（4）选用和设计保证质量和安全的模具、脚手架等施工设备。

（5）编制工程所采用的新材料、新技术、新工艺的专项技术方案和质量管理方案。

（6）针对工程具体情况，分析气象、地质等环境因素对施工的影响，制定应对措施。

4. 施工机械的质量控制

施工机械是指施工过程中使用的各类机械设备，包括起重运输设备、人货两用电梯、加工机械、操作工具、测量仪器、计量器具以及专用工具和施工安全设施等。施工机械设备是所有施工方案和工法得以实施的重要物质基础，合理选择和正确使用施工机械设备是保证施工质量的重要措施。

（1）对施工所用的机械设备，应根据工程需要从设备选型、主要性能参数及使用操作要求等方面加以控制，符合安全、适用、经济、可靠和节能、环保等方面的要求。

（2）对施工中使用的模具、脚手架等施工设备，除可按适用的标准定型选用之外，一般需按设计及施工要求进行专项设计，对其设计方案及制作质量的控制及验收应作为重点进行控制。

（3）按现行施工管理制度要求，工程所用的施工机械、模板、脚手架，特别是危险性较大的现场安装的起重机械设备，不仅要对其设计安装方案进行审批，而且安装完毕交付使用前必须经专业管理部门的验收，合格后方可使用。同时，在使用过程中尚需落实相应的管理制度，以确保其安全正常使用。

5. 施工环境因素的控制

环境的因素主要包括施工现场自然环境因素、施工质量管理环境因素和施工作业环境因素。环境因素对工程质量的影响，具有复杂多变和不确定性的特点，具有明显的风险特性。要减少其对施工质量的不利影响，主要是采取预测预防的风险控制方法。

（1）对施工现场自然环境因素的控制。对地质、水文等方面影响因素，应根据设计要求，分析工程岩土地质资料，预测不利因素，并会同设计等方面制定相应的措施，采取如基坑降水、排水、加固围护等技术控制方案。对天气气象方面的影响因素，应在施工方案中制定专项紧急预案，明确在不利条件下的施工措施，落实人员、器材等方面的准备，加强施工过程中的监控与预警。

（2）对施工质量管理环境因素的控制。施工质量管理环境因素主要指施工单位质量保证体系、质量管理制度和各参建施工单位之间的协调等因素。要根据工程承发包的合同结构，理顺管理关系，建立统一的现场施工组织系统和质量管理的综合运行机制，确保质量保证体系处于良好的状态，创造良好的质量管理环境和氛围，使施工顺利进行，保证施工质量。

（3）对施工作业环境因素的控制。施工作业环境因素主要是指施工现场的给水排水条件，各种能源介质供应，施工照明、通风、安全防护设施，施工场地空间条件和通道，以及交通运输和道路条件等因素。要认真实施经过审批的施工组织设计和施工方案，落实保证措施，严格执行相关管理制度和施工纪律，保证上述环境条件良好，使施工顺利进行以及施工质量得到保证。

第六课　施工准备的质量控制

1. 施工技术准备工作的质量控制

施工技术准备是指在正式开展施工作业活动前进行的技术准备工作。这类工作内容繁多，主要在室内进行，例如：熟悉施工图纸，组织设计交底和图纸审查；进行工程项目检查验收的项目划分和编号；审核相关质量文件，细化施工技术方案和施工人员、机具的配置方案，编制施工作业技术指导书，绘制各种施工详图（如测量放线图、大样图及配筋、配板、配线图表等），进行必要的技术交底和技术培训。如果施工准备工作出错，必然影响施工进度和作业质量，甚至直接导致质量事故的发生。

技术准备工作的质量控制，包括对上述技术准备工作成果的复核审查，检查这些成果是否符合设计图纸和施工技术标准的要求；依据经过审批的质量计划审查、完善施工质量控制措施；针对质量控制点，明确质量控制的重点对象和控制方法；尽可能地提高上述工作成果对施工质量的保证程度等。

2. 现场施工准备工作的质量控制

（1）计量控制。这是施工质量控制的一项重要基础工作。施工过程中的计量，包括施工生产时的投料计量、施工测量、监测计量以及对项目、产品或过程的测试、检验、分析计量等。开工前要建立和完善施工现场计量管理的规章制度；明确计量控制责任者和配置必要的计量人员；严格按规定对计量器具进行维修和校验，统一计量单位，组织量值传递，保证量值统一，从而保证施工过程中计量的准确。

（2）测量控制。工程测量放线是建设工程产品由设计转化为实物的第一步。施工测量质量的好坏，直接决定工程的定位和标高是否正确，并且制约施工过程有关工序的质量。因此，施工单位在开工前应编制测量控制方案，经项目技术负责人批准后实施。要对建设单位提供的原始坐标点、基准线和水准点等测量控制点进行复核，并将复测结果上报监理工程师审核，批准后施工单位才能建立施工测量控制网，进行工程定位和标高基准的控制。

（3）施工平面图控制。建设单位应按照合同约定并充分考虑施工的实际需要，事先划定并提供施工用地和现场临时设施用地的范围，协调平衡和审查批准各施工单位的施工平面设计。施工单位要严格按照批准的施工平面布置图，科学合理地使用施工场地，正确安装设置施工机械设备和其他临时设施，维护现场施工道路畅通无阻和通信设施完好，合理控制材料的进场与堆放，保持良好的防洪排水能力，保证充分的给水和供电。建设（监理）

单位应会同施工单位制定严格的施工场地管理制度、施工纪律和相应的奖惩措施，严禁乱占场地和擅自断水、断电、断路，及时制止和处理各种违纪行为，并做好施工现场的质量检查记录。

第七课　工序施工质量控制

施工过程的质量控制，是在工程项目质量实际形成过程中的事中质量控制。

建设工程项目施工是由一系列相互关联、相互制约的作业过程（工序）构成，因此施工质量控制，必须对全部作业过程，即各道工序的作业质量持续进行控制。从项目管理的立场看，工序作业质量的控制，首先是质量生产者即作业者的自控，在施工生产要素合格的条件下，作业者能力及其发挥的状况是决定作业质量的关键。其次，是来自作业者外部的各种作业质量检查、验收和对质量行为的监督，也是不可缺少的设防和把关的管理措施。

工序是人、材料、机械设备、施工方法和环境因素对工程质量综合起作用的过程，所以对施工过程的质量控制，必须以工序作业质量控制为基础和核心。因此，工序的质量控制是施工阶段质量控制的重点。只有严格控制工序质量，才能确保施工项目的实体质量。工序施工质量控制主要包括工序施工条件质量控制和工序施工效果质量控制。

1. 工序施工条件控制

工序施工条件是指从事工序活动的各生产要素质量及生产环境条件。工序施工条件控制就是控制工序活动的各种投入要素质量和环境条件质量。控制的手段主要有：检查、测试、试验、跟踪监督等。控制的依据主要是：设计质量标准、材料质量标准、机械设备技术性能标准、施工工艺标准以及操作规程等。

2. 地基基础工程工序施工效果控制

工序施工效果主要反映工序产品的质量特征和特性指标。对工序施工效果的控制就是控制工序产品的质量特征和特性指标能否达到设计质量标准以及施工质量验收标准的要求。工序施工效果控制属于事后质量控制，其控制的主要途径是：实测获取数据、统计分析所获取的数据、判断认定质量等级和纠正质量偏差。

按有关施工验收规范规定，下列工序质量必须进行现场质量检测，合格后才能进行下道工序：

（1）地基及复合地基承载力检测。对灰土地基、砂和砂石地基、土工合成材料地基、粉煤灰地基、强夯地基、注浆地基、预压地基、其竣工后的结果（地基强度或承载力）必须达到设计要求的标准。检验数量：每单位工程不应少于 3 点，1000m^2 以上工程，每100m^2 至少应有 1 点，3000m^2 以上工程，每 300m^2 至少应有 1 点。每一独立基础下至少应有 1 点，基槽每 20 延米应有 1 点。

对水泥土搅拌桩复合地基、高压喷射注浆桩复合地基、砂桩地基、振冲桩复合地基、土和灰土挤密桩复合地基、水泥粉煤灰碎石桩复合地基及夯实水泥土桩复合地基，其承载力检验，数量为总数的 0.5% ~1%，但不应小于 3 处。有单桩强度检验要求时，数量为总数的 0.5% ~1%，但不应少于 3 根。

（2）工程桩的承载力检测。对于地基基础设计等级为甲级或地质条件复杂，成桩质量可靠性低的灌注桩，应采用静载荷试验的方法进行检验，检验桩数不应少于总数的1％，且不应少于3根，当总桩数少于50根时，不应少于2根。

设计等级为甲级、乙级的桩基或地质条件复杂，桩施工质量可靠性低，本地区采用的新桩型或新工艺的桩基应进行桩的承载力检测。检测数量在同一条件下不应少于3根，且不宜少于总桩数的1％。

（3）桩身质量检验。对设计等级为甲级或地质条件复杂，成桩质量可靠性低的灌注桩，抽检数量不应少于总数的30％，且不应少于20根；其他桩基工程的抽检数量不应少于总数的20％，且不应少于10根；对混凝土预制桩及地下水位以上且终孔后经过核验的灌注桩，检验数量不应少于总桩数的10％，且不得少于10根。每个柱子承台下不得少于1根。

3. 主体结构工程工序控制

（1）混凝土、砂浆、砌体强度现场检测。检测同一强度等级同条件养护的试块强度，以此检测结果代表工程实体的结构强度。

混凝土：按统计方法评定混凝土强度的基本条件是，同一强度等级的同条件养护试件的留置数量不宜少于10组，按非统计方法评定混凝土强度时，留置数量不应少于3组。

砂浆抽检数量：每一检验批且不超过$250m^3$砌体的各种类型及强度等级的砌筑砂浆，每台搅拌机应至少抽检一次。

砌体：普通砖15万块、多孔砖5万块、灰砂砖及粉灰砖10万块各为一检验批，抽检数量为一组。

（2）钢筋保护层厚度检测。钢筋保护层厚度检测的结构部位，应由监理（建设）、施工等各方根据结构构件的重要性共同选定。对梁类、板类构件，应各抽取构件数量的2％且不少于5个构件进行检验。

（3）混凝土预制构件结构性能检测。对成批生产的构件，应按同一工艺正常生产的不超过1000件且不超过3个月的同类型产品为一批。在每批中应随机抽取一个构件作为试件进行检验。

4. 建筑幕墙工程工序控制

（1）铝塑复合板的剥离强度检测。

（2）石材的弯曲强度；室内用花岗石的放射性检测。

（3）玻璃幕墙用结构胶的邵氏硬度、标准条件拉伸粘结强度、相容性试验；石材用结构胶结强度及石材用密封胶的污染性检测。

（4）建筑幕墙的气密性、水密性、风压变形性能、层间变位性能检测。

（5）硅酮结构胶相容性检测。

5. 钢结构及管道工程工序控制

（1）钢结构及钢管焊接质量无损检测：对有无损检验要求的焊缝，竣工图上应标明焊缝编号、无损检验方法、局部无损检验焊缝的位置、底片编号、热处理焊缝位置及编号、焊缝补焊位置及施焊焊工代号；焊缝施焊记录及检查、检验记录应符合相关标准的规定。

（2）钢结构、钢管防腐及防火涂装检测。

（3）钢结构节点、机械连接用紧固标准件及高强度螺栓力学性能检测。

第八课 施工作业质量的自控

1. 施工作业质量自控的意义

施工作业质量的自控，从经营的层面上说，强调的是作为建筑产品生产者和经营者的施工企业，应全面履行企业的质量责任，向顾客提供质量合格的工程产品；从生产的过程来说，强调的是施工作业者的岗位质量责任，向后道工序提供合格的作业成果（中间产品）。因此，施工方是施工阶段质量自控主体。施工方不能因为监控主体的存在和监控责任的实施而减轻或免除其质量责任。我国《建筑法》和《建设工程质量管理条例》规定，建筑施工企业对工程的施工质量负责；建筑施工企业必须按照工程设计要求、施工技术标准和合同的约定，对建筑材料、建筑构配件和设备进行检验，不合格的不得使用。

施工方作为工程施工质量的自控主体，既要遵循本企业质量管理体系的要求，也要根据其在所承建的工程项目质量控制系统中的地位和责任，通过具体项目质量计划的编制与实施，有效地实现施工质量的自控目标。

2. 施工作业质量自控的程序

施工作业质量的自控过程是由施工作业组织的成员进行的，其基本的控制程序包括：作业技术交底、作业活动的实施和作业质量的自检自查、互检互查以及专职管理人员的质量检查等。

（1）施工作业技术的交底。技术交底是施工组织设计和施工方案的具体化，施工作业技术交底的内容必须具有可行性和可操作性。

从项目的施工组织设计到分部分项工程的作业计划，在实施之前都必须逐级进行交底，其目的是使管理者的计划和决策意图为实施人员所理解。施工作业交底是最基层的技术和管理交底活动，施工总承包方和工程监理机构都要对施工作业交底进行监督。作业交底的内容包括作业范围、施工依据、作业程序、技术标准和要领、质量目标以及其他与安全、进度、成本、环境等目标管理有关的要求和注意事项。

（2）施工作业活动的实施。施工作业活动是由一系列工序所组成的。为了保证工序质量的受控，首先要对作业条件进行再确认，即按照作业计划检查作业准备状态是否落实到位，其中包括对施工程序和作业工艺顺序的检查确认，在此基础上，严格按作业计划的程序、步骤和质量要求展开工序作业活动。

（3）施工作业质量的检验。施工作业的质量检查，是贯穿整个施工过程的最基本的质量控制活动，包括施工单位内部的工序作业质量自检、互检、专检和交接检查；以及现场监理机构的旁站检查、平行检验等。施工作业质量检查是施工质量验收的基础，已完检验批及分部分项工程的施工质量，必须在施工单位完成质量自检并确认合格之后，才能报请现场监理机构进行检查验收。

前道工序作业质量经验收合格后，才可进入下道工序施工。未经验收合格的工序，不得进入下道工序施工。

3. 施工作业质量自控的要求

工序作业质量是直接形成工程质量的基础，为达到对工序作业质量控制的效果，在加强工序管理和质量目标控制方面应坚持以下要求：

（1）预防为主。严格按照施工质量计划的要求，进行各分部分项施工作业的部署。同时，根据施工作业的内容、范围和特点，制定施工作业计划，明确作业质量目标和作业技术要领，认真进行作业技术交底，落实各项作业技术组织措施。

（2）重点控制。在施工作业计划中，一方面要认真贯彻实施施工质量计划中的质量控制点的控制措施，同时，要根据作业活动的实际需要，进一步建立工序作业控制点，深化工序作业的重点控制。

（3）坚持标准。工序作业人员在工序作业过程应严格进行质量自检，通过自检不断改善作业，并创造条件开展作业质量互检，通过互检加强技术与经验的交流。对已完工序作业产品，即检验批或分部分项工程，应严格坚持质量标准。对不合格的施工作业质量，不得进行验收签证，必须按照规定的程序进行处理。

《建筑工程施工质量验收统一标准》（GB 50300—2013）及配套使用的专业质量验收规范，是施工作业质量自控的合格标准。有条件的施工企业或项目经理部应结合自己的条件编制高于国家标准的企业内控标准或工程项目内控标准，或采用施工承包合同明确规定的更高标准，列入质量计划中，努力提升工程质量水平。

（4）记录完整。施工图纸、质量计划、作业指导书、材料质保书、检验试验及检测报告、质量验收记录等，是形成可追溯性的质量保证依据，也是工程竣工验收所不可缺少的质量控制资料。因此，对工序作业质量，应有计划、有步骤地按照施工管理规范的要求进行填写记载，做到及时、准确、完整、有效，并具有可追溯性。

4. 施工作业质量自控的有效制度

根据实践经验的总结，施工作业质量自控的有效制度有：

（1）质量自检制度。

（2）质量例会制度。

（3）质量会诊制度。

（4）质量样板制度。

（5）质量挂牌制度。

（6）每月质量讲评制度等。

第九课　施工作业质量的监控

1. 施工作业质量的监控主体

为了保证项目质量，建设单位、监理单位、设计单位及政府的工程质量监督部门，在施工阶段依据法律法规和工程施工承包合同，对施工单位的质量行为和项目实体质量实施监督控制。

设计单位应当就审查合格的施工图纸设计文件向施工单位做出详细说明；应当参与建设工程质量事故分析，并对因设计造成的质量事故，提出相应的技术处理方案。

建设单位在领取施工许可证或者开工报告前，应当按照国家有关规定办理工程质量监督手续。

作为监控主体之一的项目监理机构，在施工作业实施过程中，根据其监理规划与实施细则，采取现场旁站、巡视、平行检验等形式，对施工作业质量进行监督检查，如发现工程施工不符合工程设计要求、施工技术标准和合同约定的，有权要求建筑施工企业改正。监理机构应进行检查而没有检查或没有按规定进行检查的，给建设单位造成损失时应承担赔偿责任。

必须强调，施工质量的自控主体和监控主体，在施工全过程相互依存、各尽其责，共同推动着施工质量控制过程的展开和最终实现工程项目的质量总目标。

2. 现场质量检查的内容

现场质量检查是施工作业质量监控的主要手段。

（1）开工前的检查，主要检查是否具备开工条件，开工后是否能够保持连续正常施工，能否保证工程质量。

（2）工序交接检查，对于重要的工序或对工程质量有重大影响的工序，应严格执行"三检"制度（即自检、互检、专检），未经监理工程师（或建设单位技术负责人）检查认可，不得进行下道工序施工。

（3）隐蔽工程的检查，施工中凡是隐蔽工程必须检查认证后方可进行隐蔽掩盖。

（4）停工后复工的检查，因客观因素停工或处理质量事故等停工复工时，经检查认可后方能复工。

（5）分项、分部工程完工后的检查，应经检查认可，并签署验收记录后，才能进行下一工程项目的施工。

（6）成品保护的检查，检查成品有无保护措施以及保护措施是否有效可靠。

3. 现场质量检查目测法

即凭借感官进行检查，也称观感质量检验，其手段可概括为"看、摸、敲、照"四个字。

（1）看：就是根据质量标准要求进行外观检查，例如，清水墙面是否洁净，喷涂的密实度和颜色是否良好、均匀，工人的操作是否正常，内墙抹灰的大面及口角是否平直，混凝土外观是否符合要求等。

（2）摸：就是通过触摸手感进行检查、鉴别，例如油漆的光滑度，浆活是否牢固、不掉粉等。

（3）敲：就是运用敲击工具进行音感检查，例如，对地面工程、装饰工程中的水磨石、面砖、石材饰面等，均应进行敲击检查。

（4）照：就是通过人工光源或反射光照射，检查难以看到或光线较暗的部位，例如，管道井、电梯井等内部管线、设备安装质量，装饰吊顶内连接及设备安装质量等。

4. 现场质量检查实测法

就是通过实测数据与施工规范、质量标准的要求及允许偏差值进行对照，以此判断质量是否符合要求，其手段可概括为"靠、量、吊、套"四个字。

（1）靠：就是用直尺、塞尺检查诸如墙面、地面、路面等的平整度。

（2）量：就是指用测量工具和计量仪表等检查断面尺寸、轴线、标高、湿度、温度等的偏差，例如，大理石板拼缝尺寸，摊铺沥青拌合料的温度，混凝土坍落度的检测等。

（3）吊：一就是利用托线板以及线坠吊线检查垂直度，例如，砌体垂直度检查、门窗的安装等。

（4）套：是以方尺套方，辅以塞尺检查，例如，对阴阳角的方正、踢脚线的垂直度、预制构件的方正、门窗口及构件的对角线检查等。

5. 现场质量检查试验法

是指通过必要的试验手段对质量进行判断的检查方法，主要包括以下内容：

（1）理化试验。工程中常用的理化试验包括物理力学性能方面的检验和化学成分及化学性能的测定两个方面。物理力学性能的检验，包括各种力学指标的测定，如抗拉强度、抗压强度、抗弯强度、抗折强度、冲击韧性、硬度、承载力等，以及各种物理性能方面的测定，如密度、含水量、凝结时间、安定性及抗渗、耐磨、耐热性能等。化学成分及化学性质的测定，如钢筋中的磷、硫含量，混凝土中粗骨料中的活性氧化硅成分，以及耐酸、耐碱、抗腐蚀性等。此外，根据规定有时还需进行现场试验，例如，对桩或地基的静载试验、下水管道的通水试验、压力管道的耐压试验、防水层的蓄水或淋水试验等。

（2）无损检测。利用专门的仪器仪表从表面探测结构物、材料、设备的内部组织结构或损伤情况。常用的无损检测方法有超声波探伤、X射线探伤、γ射线探伤等。

6. 技术核定与见证取样送检

（1）技术核定。在建设工程项目施工过程中，因施工方对施工图纸的某些要求不甚明白，或图纸内部存在某些矛盾，或工程材料调整与代用，改变建筑节点构造，管线位置或走向等，需要通过设计单位明确或确认的，施工方必须以技术核定单的方式向监理工程师提出，报送设计单位核准确认。

（2）见证取样送检。为了保证建设工程质量，我国规定对工程所使用的主要材料、半成品、构配件以及施工过程留置的试块、试件等应实行现场见证取样送检。见证人员由建设单位及工程监理机构中有相关专业知识的人员担任；送检的试验室应具备经国家或地方工程检验检测主管部门核准的相关资质；见证取样送检必须严格按执行规定的程序进行，包括取样见证并记录、样本编号、填单、封箱、送试验室、核对、交接、试验检测、报告等。

检测机构应当建立档案管理制度。检测合同、委托单、原始记录、检测报告应当按年度统一编号，编号应当连续，不得随意抽撤、涂改。

7. 隐蔽工程验收与成品质量保护

（1）隐蔽工程验收。凡被后续施工所覆盖的施工内容，如地基基础工程、钢筋工程、预埋管等均属隐蔽工程。加强隐蔽工程质量验收，是施工质量控制的重要环节。其程序要求施工方首先应完成自检并合格，然后填写专用的《隐蔽工程验收单》。验收单所列的验收内容应与已完的隐蔽工程实物相一致，并事先通知监理机构及有关方面，按约定时间进行验收。验收合格的隐蔽工程由各方共同签署验收记录；验收不合格的隐蔽工程，应按验收整改意见进行整改后重新验收。严格隐蔽工程验收的程序和记录，对于预防工程质量隐患，提供可追溯质量记录具有重要作用。

（2）施工成品质量保护。建设工程项目已完施工的成品保护，目的是避免已完施工成品受到来自后续施工以及其他方面的污染或损坏。已完施工的成品保护问题和相应措施，在工程施工组织设计与计划阶段就应该从施工顺序上进行考虑，防止施工顺序不当或交叉作业造成相互干扰、污染和损坏；成品形成后可采取防护、覆盖、封闭、包裹等相应措施进行保护。

第十课 施工质量与设计质量的协调

建设工程项目施工是按照工程设计图纸（施工图）进行的，施工质量离不开设计质量，优良的施工质量要靠优良的设计质量和周到的设计现场服务来保证。

1. 项目设计质量的控制

要保证施工质量，首先要控制设计质量。项目设计质量的控制，主要是从满足项目建设需求入手，包括国家相关法律法规、强制性标准和合同规定的明确需求以及潜在需求，以使用功能和安全可靠性为核心，进行下列设计质量的综合控制：

（1）项目功能性质量控制。功能性质量控制的目的，是保证建设工程项目使用功能的符合性，其内容包括项目内部的平面空间组织、生产工艺流程组织，如满足使用功能的建筑面积分配以及宽度、高度、净空、通风、保暖、日照等物理指标和节能、环保、低碳等方面的符合性要求。

（2）项目可靠性质量控制。主要是指建设工程项目建成后，在规定的使用年限和正常的使用条件下，保证使用安全和建筑物、构筑物及其设备系统性能稳定、可靠。

（3）项目观感性质量控制。对于建筑工程项目，主要是指建筑物的总体格调、外部形体及内部空间观感效果，整体环境的适宜性、协调性，文化内涵的韵味及其魅力等的体现；道路、桥梁等基础设施工程同样也有其独特的构型格调、观感效果及其环境适宜的要求。

（4）项目经济性质量控制。建设工程项目设计经济性质量，是指不同设计方案的选择对建设投资的影响。设计经济性质量控制目的，在于强调设计过程的多方案比较，通过价值工程、优化设计，不断提高建设工程项目的性价比。在满足项目投资目标要求的条件下，做到经济高效，防止浪费。

（5）项目施工可行性质量控制。任何设计意图都要通过施工来实现，设计意图不能脱离现实的施工技术和装备水平，否则再好的设计意图也无法实现。设计一定要充分考虑施工的可行性，并尽量做到方便施工，施工才能顺利进行，保证项目施工质量。

2. 施工与设计的协调

从项目施工质量控制的角度来说，项目建设单位、施工单位和监理单位，都要注重施工与设计的相互协调。这个协调工作主要包括以下几个方面：

（1）设计联络。项目建设单位、施工单位和监理单位应组织施工单位到设计单位进行设计联络，其任务主要是：

1）了解设计意图、设计内容和特殊技术要求，分析其中的施工重点和难点，以便有针对性地编制施工组织设计，及早做好施工准备；对于以现有的施工技术和装备水平实施有困难的设计，要及时提出意见，协商修改设计，或者探讨通过技术攻关提高技术装备水平来实施的可能性，同时向设计单位介绍和推荐先进的施工新技术、新工艺和工法，争取通过适当的设计，使这些新技术、新工艺和工法在施工中得到应用。

2）了解设计进度，根据项目进度控制总目标、施工工艺顺序和施工进度安排，提出设计出图的时间和顺序要求，对设计和施工进度进行协调，使施工得以连续顺利进行。

3）从施工质量控制的角度，提出合理化建议，优化设计，为保证和提高施工质量创造更好的条件。

（2）设计交底和图纸会审。建设单位和监理单位应组织设计单位向所有的施工实施单位进行详细的设计交底，使实施单位充分理解设计意图，了解设计内容和技术要求，明确质量控制的重点和难点；同时认真地进行图纸会审，深入发现和解决各专业设计之间可能存在的矛盾，消除施工图的差错。

（3）设计现场服务和技术核定。建设单位和监理单位应要求设计单位派出得力的设计人员到施工现场进行设计服务，解决施工中发现和提出的与设计有关的问题，及时做好相关设计核定工作。

（4）设计变更。在施工期间无论是建设单位、设计单位或施工单位提出，需要进行局部设计变更的内容，都必须按照规定的程序，先将变更意图或请求报送监理工程师审查，经设计单位审核认可并签发《设计变更通知书》后，再由监理工程师下达《变更指令》。

第十一课　工程质量问题和质量事故的分类

一、工程质量不合格

1. 质量不合格和质量缺陷

根据我国标准《质量管理体系　基础和术语》（GB/T 19000—2008/ISO 9000：2005）的规定，凡工程产品没有满足某个规定的要求，就称之为质量不合格；而未满足某个与预期或规定用途有关的要求，称为质量缺陷。

2. 质量问题和质量事故

凡是工程质量不合格，影响使用功能或工程结构安全，造成永久质量缺陷或存在重大质量隐患，甚至直接导致工程倒塌或人身伤亡，必须进行返修、加固或报废处理，按照由此造成直接经济损失的大小分为质量问题和质量事故。

二、工程质量事故

根据住房和城乡建设部《关于做好房屋建筑和市政基础设施工程质量事故报告和调查处理工作的通知》（建质〔2010〕111 号），工程质量事故是指由于建设、勘察、设计、施工、监理等单位违反工程质量有关法律法规和工程建设标准，使工程产生结构安全、重要使用功能等方面的质量缺陷，造成人身伤亡或者重大经济损失的事故。

工程质量事故具有成因复杂、后果严重、种类繁多、往往与安全事故共生的特点，建设工程质量事故的分类有多种方法，不同专业工程类别对工程质量事故的等级划分也不尽相同。

1. 按事故造成损失的程度分级

根据工程质量事故造成的人员伤亡或者直接经济损失，将工程质量事故分为 4 个等级：

（1）特别重大事故，是指造成 30 人以上死亡，或者 100 人以上重伤，或者 1 亿元以上直接经济损失的事故。

（2）重大事故，是指造成 10 人以上 30 人以下死亡，或者 50 人以上 100 人以下重伤，或者 5000 万元以上 1 亿元以下直接经济损失的事故。

（3）较大事故，是指造成 3 人以上 10 人以下死亡，或者 10 人以上 50 人以下重伤，或者 1000 万元以上 5000 万元以下直接经济损失的事故。

（4）一般事故，是指造成 3 人以下死亡，或者 10 人以下重伤，或者 100 万元以上 1000 万元以下直接经济损失的事故。

2. 按事故责任分类

（1）指导责任事故：指由于工程实施指导或领导失误而造成的质量事故。例如，由于工程负责人片面追求施工进度，放松或不按质量标准进行控制和检验，降低施工质量标准等。

（2）操作责任事故：指在施工过程中，由于实施操作者不按规程和标准实施操作，而造成的质量事故。例如，浇筑混凝土时随意加水，或振捣疏漏造成混凝土质量事故等。

（3）自然灾害事故：指由于突发的严重自然灾害等不可抗力造成的质量事故。例如地震、台风、暴雨、雷电、洪水等对工程造成破坏甚至倒塌。这类事故虽然不是人为责任直接造成，但灾害事故造成的损失程度也往往与人们是否在事前采取了有效的预防措施有关，相关责任人员也可能负有一定责任。

三、施工质量事故的预防

建立健全施工质量管理体系，加强施工质量控制，就是为了预防施工质量问题和质量事故，在保证工程质量合格的基础上，不断提高工程质量。所以，施工质量控制的所有措施和方法，都是预防施工质量问题和质量事故的手段。具体来说，施工质量事故的预防，应运用风险管理的理论和方法，从寻找和分析可能导致施工质量事故发生的原因入手，抓住影响施工质量的各种因素和施工质量形成过程的各个环节，采取针对性的预防控制措施。

1. 施工质量事故发生的原因

施工质量事故发生的原因大致有如下四类：

（1）技术原因：指引发质量事故是由于在项目勘察、设计、施工中技术上的失误。例如，地质勘察过于疏略，对水文地质情况判断错误，致使地基基础设计采用不正确的方案；或结构设计方案不正确，计算失误，构造设计不符合规范要求；施工管理及实际操作人员的技术素质差，采用了不合适的施工方法或施工工艺等。这些技术上的失误是造成质量事故的常见原因。

（2）管理原因：指引发的质量事故是由于管理上的不完善或失误。例如，施工单位或监理单位的质量管理体系不完善，质量管理措施落实不力，施工管理混乱，不遵守相关规范，违章作业，检验制度不严密，质量控制不严格，检测仪器设备管理不善而失准，以及材料质量检验不严等原因引起质量事故。

（3）社会、经济原因：指引发的质量事故是由于社会上存在的不正之风及经济上的原因，滋长了建设中的违法违规行为，而导致出现质量事故。例如，违反基本建设程序，无立项、无报建、无开工许可、无招投标、无资质、无监理、无验收的"七无"工程，边勘察、边设计、边施工的"三边"工程，屡见不鲜，几乎所有的重大施工质量事故都能从这个方面找到原因；某些施工企业盲目追求利润而不顾工程质量，在投标报价中随意压低标价，中标后则依靠违法的手段或修改方案追加工程款，甚至偷工减料等，这些因素都会导致发生重大工程质量事故。

（4）人为事故和自然灾害原因：指造成质量事故是由于人为的设备事故、安全事故，导致连带发生质量事故，以及严重的自然灾害等不可抗力造成质量事故。

2. 施工质量事故预防的具体措施

（1）严格按照基本建设程序办事

首先要做好项目可行性论证，不可未经深入的调查分析和严格论证就盲目拍板定案；要彻底搞清工程地质水文条件方可开工；杜绝无证设计、无图施工；禁止任意修改设计和不按图纸施工；工程竣工不进行试车运转、不经验收不得交付使用。

（2）认真做好工程地质勘察

地质勘察时要适当布置钻孔位置和设定钻孔深度。钻孔间距过大，不能全面反映地基实际情况；钻孔深度不够，难以查清地下软土层、滑坡、墓穴、孔洞等有害地质构造。地质勘察报告必须详细、准确，防止因根据不符合实际情况的地质资料而采用错误的基础方案，导致地基不均匀沉降、失稳，使上部结构及墙体开裂、破坏、倒塌。

3. 科学地加固处理好地基

对软弱土、冲填土、杂填土、湿陷性黄土、膨胀土、岩层出露、岩溶、土洞等不均匀地基要进行科学的加固处理。要根据不同地基的工程特性，按照地基处理与上部结构相结合使其共同工作的原则，从地基处理与设计措施、结构措施、防水措施、施工措施等方面综合考虑治理。

4. 进行必要的设计审查复核

要请具有合格专业资质的审图机构对施工图进行审查复核，防止因设计考虑不周、结构构造不合理、设计计算错误、沉降缝及伸缩缝设置不当、悬挑结构未通过抗倾覆验算等原因，导致质量事故的发生。

5. 严格把好建筑材料及制品的质量关

要从采购订货、进场验收、质量复验、存储和使用等几个环节，严格控制建筑材料及制品的质量，防止不合格或是变质、损坏的材料和制品用到工程上。

6. 对施工人员进行必要的技术培训

要通过技术培训使施工人员掌握基本的建筑结构和建筑材料知识，懂得遵守施工验收规范对保证工程质量的重要性，从而在施工中自觉遵守操作规程，不蛮干，不违章操作，不偷工减料。

7. 依法进行施工组织管理

施工管理人员要认真学习、严格遵守国家相关政策法规和施工技术标准，依法进行施工组织管理；施工人员首先要熟悉图纸，对工程的难点和关键工序、关键部位应编制专项施工方案并严格执行；施工作业必须按照图纸和施工验收规范、操作规程进行；施工技术措施要正确，施工顺序不可搞错，脚手架和楼面不可超载堆放构件和材料；要严格按照制度进行质量检查和验收。

8. 做好应对不利施工条件和各种灾害的预案

要根据当地气象资料的分析和预测，事先针对可能出现的风、雨、高温、严寒、雷电等不利施工条件，制定相应的施工技术措施；还要对不可预见的人为事故和严重自然灾害做好应急预案，并有相应的人力、物力储备。

9. 加强施工安全与环境管理

许多施工安全和环境事故都会连带发生质量事故，加强施工安全与环境管理，也是预防施工质量事故的重要措施。

第十二课　施工质量问题和质量事故的处理

一、施工质量事故处理的依据

1. 质量事故的实况资料

包括质量事故发生的时间、地点；质量事故状况的描述；质量事故发展变化的情况；有关质量事故的观测记录、事故现场状态的照片或录像；事故调查组调查研究所获得的第一手资料。

2. 有关合同及合同文件

包括工程承包合同、设计委托合同、设备与器材购销合同、监理合同及分包合同等。

3. 有关的技术文件和档案

主要是有关的设计文件（如施工图纸和技术说明）、与施工有关的技术文件、档案和资料（如施工方案、施工计划、施工记录、施工日志、有关建筑材料的质量证明资料、现场制备材料的质量证明资料、质量事故发生后对事故状况的观测记录、试验记录或试验报告等）。

4. 相关的建设法规

主要有《建筑法》《建设工程质量管理条例》和《关于做好房屋建筑和市政基础设施工程质量事故报告和调查处理工作的通知》（建质〔2010〕111号）等与工程质量及质量事故处理有关的法规，以及勘察、设计、施工、监理等单位资质管理和从业者资格管理方面的法规，建筑市场管理方面的法规，以及相关技术标准、规范、规程和管理办法等。

二、施工质量事故报告和调查处理程序

施工质量事故报告和调查处理的一般程序见图4-1。

1. 事故报告

工程质量事故发生后，事故现场有关人员应当立即向工程建设单位负责人报告；工程建设单位负责人接到报告后，应于1小时内向事故发生地县级以上人民政府住房和城乡建设主管部门及有关部门报告；同时应按照应急预案采取相应措施。情况紧急时，事故现场有关人员可直接向事故发生地县级以上人民政府住房和城乡建设主管部门报告。

事故报告应包括下列内容：

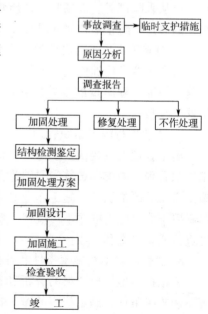

图4-1　施工质量事故处理的一般程序

（1）事故发生的时间、地点、工程项目名称、工程各参建单位名称。

（2）事故发生的简要经过、伤亡人数和初步估计的直接经济损失。

（3）事故原因的初步判断。

（4）事故发生后采取的措施及事故控制情况。

（5）事故报告单位、联系人及联系方式。

（6）其他应当报告的情况。

2. 事故调查

事故调查要按规定区分事故的大小分别由相应级别的人民政府直接或授权委托有关部门组织事故调查组进行调查。未造成人员伤亡的一般事故，县级人民政府也可以委托事故发生单位组织事故调查组进行调查。事故调查应力求及时、客观、全面，以便为事故的分析与处理提供正确的依据。调查结果要整理撰写成事故调查报告，其主要内容应包括：

（1）事故项目及各参建单位概况。

（2）事故发生经过和事故救援情况。

（3）事故造成的人员伤亡和直接经济损失。

（4）事故项目有关质量检测报告和技术分析报告。

（5）事故发生的原因和事故性质。

（6）事故责任的认定和事故责任者的处理建议。

（7）事故防范和整改措施。

3. 事故的原因分析

原因分析要建立在事故情况调查的基础上；避免情况不明就主观推断事故的原因。特别是对涉及勘察、设计、施工、材料和管理等方面的质量事故，事故的原因往往错综复杂，因此，必须对调查所得到的数据、资料进行仔细的分析，依据国家有关法律法规和工程建设标准分析事故的直接原因和间接原因，必要时组织对事故项目进行检测鉴定和专家技术论证，去伪存真，找出造成事故的主要原因。

4. 制定事故处理的技术方案

事故的处理要建立在原因分析的基础上，要广泛地听取专家及有关方面的意见，经科学论证，决定事故是否要进行技术处理和怎样处理。在制定事故处理的技术方案时，应做到安全可靠、技术可行、不留隐患、经济合理、具有可操作性、满足项目的安全和使用功能要求。

5. 事故处理

事故处理的内容包括：事故的技术处理，按经过论证的技术方案进行处理，解决事故造成的质量缺陷问题；事故的责任处罚，依据有关人民政府对事故调查报告的批复和有关法律法规的规定，对事故相关责任者实施行政处罚，负有事故责任的人员涉嫌犯罪的，依法追究刑事责任。

6. 事故处理的鉴定验收

质量事故的技术处理是否达到预期的目的，是否依然存在隐患，应当通过检查鉴定和验收做出确认。事故处理的质量检查鉴定，应严格按施工验收规范和相关质量标准的规定进行，必要时还应通过实际量测、试验和仪器检测等方法获取必要的数据，以便准确地对事故处理的结果作出鉴定，形成鉴定结论。

7. 提交事故处理报告

事故处理后，必须尽快提交完整的事故处理报告，其内容包括：事故调查的原始资料、测试的数据；事故原因分析和论证结果；事故处理的依据；事故处理的技术方案及措施；实施技术处理过程中有关的数据、记录、资料；检查验收记录；对事故相关责任者的处罚情况和事故处理的结论等。

三、施工质量事故处理的基本要求

1. 质量事故的处理应达到安全可靠、不留隐患、满足生产和使用要求、施工方便、经济合理的目的。

2. 消除造成事故的原因，注意综合治理，防止事故再次发生。

3. 正确确定技术处理的范围和正确选择处理的时间和方法。

4. 切实做好事故处理的检查验收工作，认真落实防范措施。

5. 确保事故处理期间的安全。

四、施工质量缺陷处理的基本方法

1. 返修处理

当项目的某些部分的质量虽未达到规范、标准或设计规定的要求，存在一定的缺陷，但经过采取整修等措施后可以达到要求的质量标准，又不影响使用功能或外观的要求时，可采取返修处理的方法。例如，某些混凝土结构表面出现蜂窝，麻面，或者混凝土结构局部出现损伤，如结构受撞击、局部未振实、冻害、火灾、酸类腐蚀、碱骨料反应等，当这些缺陷或损伤仅仅在结构的表面或局部，不影响其使用和外观，可进行返修处理。再比如对混凝土结构出现裂缝，经分析研究后如果不影响结构的安全和使用功能时，也可采取返修处理。当裂缝宽度不大于 0.2mm 时，可采用表面密封法；当裂缝宽度大于 0.3mm 时，采用嵌缝密闭法；当裂缝较深时，则应采取灌浆修补的方法。

2. 加固处理

主要是针对危及结构承载力的质量缺陷的处理。通过加固处理，使建筑结构恢复或提高承载力，重新满足结构安全性与可靠性的要求，使结构能继续使用或改作其他用途。对混凝土结构常用的加固方法主要有：增大截面加固法、外包角钢加固法、粘钢加固法、增设支点加固法、增设剪力墙加固法、预应力加固法等。

3. 返工处理

当工程质量缺陷经过返修、加固处理后仍不能满足规定的质量标准要求，或不具备补救可能性，则必须采取重新制作、重新施工的返工处理措施。例如，某防洪堤坝填筑压实后，其压实土的干密度未达到规定值，经核算将影响土体的稳定且不满足抗渗能力的要求，须挖除不合格土，重新填筑，重新施工；某公路桥梁工程预应力按规定张拉系数为 1.3，而实际仅为 0.8，属严重的质量缺陷，也无法修补，只能重新制作。再比如某高层住宅施工中，有几层的混凝土结构误用了安定性不合格的水泥，无法采用其他补救办法，不得不爆破拆除重新浇筑。

4. 限制使用

当工程质量缺陷按修补方法处理后无法保证达到规定的使用要求和安全要求，而又无法返工处理的情况下，不得已时可作出诸如结构卸荷或减荷以及限制使用的决定。

5. 不作处理

某些工程质量问题虽然达不到规定的要求或标准，但其情况不严重，对结构安全或使用功能影响很小，经过分析、论证、法定检测单位鉴定和设计单位等认可后可不作专门处理。一般可不作专门处理的情况有以下几种。

（1）不影响结构安全和使用功能的。例如，有的工业建筑物出现放线定位的偏差，且严重超过规范标准规定，若要纠正会造成重大经济损失，但经过分析、论证其偏差不影响生产工艺和正常使用，在外观上也无明显影响，可不作处理。又如，某些部位的混凝土表面的裂缝，经检查分析，属于表面养护不够的干缩微裂，不影响安全和外观，也可不作处理。

（2）后道工序可以弥补的质量缺陷。例如，混凝土结构表面的轻微麻面，可通过后续的抹灰、刮涂、喷涂等弥补，也可不作处理。再比如，混凝土现浇楼面的平整度偏差达到10mm，但由于后续垫层和面层的施工可以弥补，所以也可不作处理。

（3）法定检测单位鉴定合格的。例如，某检验批混凝土试块强度值不满足规范要求，强度不足，但经法定检测单位对混凝土实体强度进行实际检测后，其实际强度达到规范允许和设计要求值时，可不作处理。对经检测未达到要求值，但相差不多，经分析论证，只要使用前经再次检测达到设计强度，也可不作处理，但应严格控制施工荷载。

（4）出现的质量缺陷，经检测鉴定达不到设计要求，但经原设计单位核算，仍能满足结构安全和使用功能的。例如，某一结构构件截面尺寸不足，或材料强度不足，影响结构承载力，但按实际情况进行复核验算后仍能满足设计要求的承载力时，可不进行专门处理。这种做法实际上是挖掘设计潜力或降低设计的安全系数，应谨慎处理。

6. 报废处理

出现质量事故的项目，通过分析或实践，采取上述处理方法后仍不能满足规定的质量要求或标准，则必须予以报废处理。

参 考 文 献

［1］中华人民共和国住房和城乡建设部，中华人民共和国国家质量监督检验检疫总局．建筑工程施工质量验收统一标准：GB 50300—2013［S］．北京：中国建筑工业出版社，2014.

［2］住房和城乡建设部，国家工商行政管理总局．建筑工程施工合同（示范文本）：GF—2013—0201［S］2013.

［3］全国一级建造师执业资格考试用书编写委员会．建设工程项目管理全国一级建造师执业考试用书［M］．北京：中国建筑工业出版社，2014.

［4］《建筑工程施工手册》（第五版）编委会．建筑工程施工手册［M］.5 版．北京：中国建筑工业出版社，2013.

［5］中华人民共和国住房和城乡建设部，中华人民共和国国家质量监督检验检疫总局．混凝土结构工程施工质量验收规范：GB 50204—2015［S］．北京：中国建筑工业出版社，2016.